"不确定SkyLine分布"并行查询技术研究

Research on Uncertain Skyline Distribution Parallel Query Technology

李小勇　任开军　李小玲　任小丽　朱浩洋◎著

电子科技大学出版社
University of Electronic Science and Technology of China Press

· 成都 ·

图书在版编目（CIP）数据

不确定 Skyline 分布并行查询技术研究／李小勇等著. —
成都：电子科技大学出版社，2025.3
ISBN 978-7-5647-9497-2

Ⅰ. ①不… Ⅱ. ①李… Ⅲ. ①地理信息系统-数据库
系统-研究 Ⅳ. ①P208

中国版本图书馆 CIP 数据核字（2022）第 154100 号

不确定 **Skyline** 分布并行查询技术研究
BUQUEDING Skyline FENBU BINGXING CHAXUN JISHU YANJIU
李小勇　任开军　李小玲　任小丽　朱浩洋　著

策划编辑　卢　莉　高小红
责任编辑　兰　凯
责任校对　卢　莉
责任印制　梁　硕

出版发行　电子科技大学出版社
　　　　　成都市一环路东一段 159 号电子信息产业大厦九楼　邮编　610051
主　　页　www.uestcp.com.cn
服务电话　028-83203399
邮购电话　028-83201495

印　　刷　成都市火炬印务有限公司
成品尺寸　170mm×240mm
印　　张　17.75
字　　数　300 千字
版　　次　2025 年 3 月第 1 版
印　　次　2025 年 3 月第 1 次印刷
书　　号　ISBN 978-7-5647-9497-2
定　　价　89.80 元

　　不确定数据作为一种特殊的数据类型,广泛存在于诸如传感器网络、RFID 网络、金融数据分析、基于位置的服务以及移动对象管理等各种实际应用中。不确定数据的 Skyline 查询在信息检索、数据挖掘、决策制定和环境监控等众多应用中发挥着重要作用,目前已成为数据库领域的一个研究热点。随着分布式不确定性应用的广泛存在和普及,当前不确定数据的 Skyline 查询应用已逐步向分布式应用拓展。对于广泛分布的不确定数据集上的 Skyline 查询,当前研究的挑战在于探索优化分布式查询处理的剪枝策略,高效渐进地返回查询结果,以提高分布式不确定 Skyline 查询处理的效率。随着近年来不确定数据流应用的兴起和发展,如何高效处理不确定数据流的 Skyline 查询成为当前亟待解决的问题。由于不确定流数据源源不断地高速到达且用户关注的滑动窗口逐渐增大,已有的集中式不确定数据流 Skyline 查询方法难以满足数据流应用对查询效率的需求。当前诸如数据中心等分布式计算环境的兴起和广泛运用,为实现不确定数据流的分布并行 Skyline 查询处理提供了有利条件。对于高速到达的不确定数据流上的 Skyline 查询,当前研究的挑战在于如何充分利用分布式计算环境实现并行查询处理,以提高不确定数据流 Skyline 查询处理的效率。以上研究挑战表明,不确定数据的分布并行 Skyline 查询技术研究具有极其重要的现实意义,且已成为当前 Skyline 查询技术研究的必然趋势。本书围绕上述研究挑战,分别针对不确定数据集和不确定数据流开展分布并行 Skyline 查询技术的研究工作。

　　针对已有的分布式概率 Skyline 查询方法因剪枝效率不高而导致查询的通信开销较大的问题,提出了一种基于网格过滤的分布式概率 Skyline 查询方法 GDPS。GDPS 查询处理过程包括基于网格概要剪枝的预处理阶段和基于迭代剪枝的处理阶段。在预处理阶段,对数据空间进行网格划分并收集全局网格概要信息,利用该信息提前过滤大部分不可能成为最终结果的对象。在迭代剪枝处理阶段,一方面,协调节点充分利用历史处理信息最大化地过滤候选对象,并选择具有最大支配能力的候选元组传输至各局部节点;另一方面,各局部节点不断更新元组的临时 Skyline 概率并基于此剪枝局部节点内的候选元组,同时选择该概率值最大的元组传输至协调节点,以增强候选元组的剪枝能力。实验结果表明,相比已有方法,GDPS 方法不仅能够满足用户渐进式的查询需求、保证查询结果的正确性,而且能够显著降低查询所需的通信开销。

针对已有的 Skyline 查询技术在分布式区间 Skyline 查询建模和查询效率方面不足的问题,提出了一种基于迭代反馈的分布式区间 Skyline 查询方法 DISQ。在 DISQ 方法中,先对区间 Skyline 查询问题进行有效建模,并采用一种四阶段的迭代反馈机制执行查询处理。对于各局部节点,根据协调节点的反馈信息不断更新元组的临时区间 Skyline 概率,并快速剪枝该概率值低于阈值的元组;选择最具代表性的元组及其概率信息发送至协调节点,以优化反馈对象的剪枝效率;选择最优的返回元组数目,以进一步降低查询的通信开销。对于协调节点,一方面,不断收集并遴选来自各局部节点的优势元组,以最大化反馈元组的剪枝效率;另一方面,利用历史信息剪枝候选反馈元组,以优化反馈对象的选择和减少反馈元组的数目。实验结果表明,相对于已有方法,DISQ 不仅能够有效建模分布式区间 Skyline 查询问题,满足查询的正确性和渐进性,而且能够极大地减少查询的通信开销。

　　针对已有的分布并行处理模型(如 MapReduce),由于其自身结构的原因而难以支持不确定数据流的并行 Skyline 查询的问题,提出了一种基于窗口划分的分布并行查询模型 WPS。在 WPS 模型中,在逻辑上将全局滑动窗口划分为多个局部窗口,并将各局部窗口中的查询任务映射至各计算节点,以实现并行查询处理;基于排队理论建模分析流数据的到达速率、处理速率和缓存容量之间的关系,自适应地调整窗口滑动的粒度;根据滑动窗口的综合处理能力划分各局部窗口长度,以优化各计算节点上的负载均衡性能。特别地,为了适应各种分布式计算环境和并行查询需求,WPS 模型中实现了集中式、轮转式、分布式和角划分四种流数据映射策略。集中式策略中各计算节点均维护着全局窗口,计算节点之间无须通信,适合带宽受限的处理环境;轮转式策略以轮转的方式依次按序更新完各计算节点上的局部窗口,能够降低各局部窗口的动态变化性且适合高带宽网络环境;分布式策略逐个交替地将流数据按序映射至各计算节点,能够最大化并行处理的效率且具有较好的负载均衡性;角划分策略根据流数据的角坐标确定其映射的计算节点,能够通过强化流数据之间的支配关系来提高查询效率,适合高带宽环境且无须完全负载均衡的查询应用。实验结果表明:与已有方法相比,基于 WPS 模型实现的分布并行 Skyline 查询方法的处理效率显著提高,且对于不同的更新粒度、数据维度和窗口长度,能够维持较好的查询处理和负载均衡性能。

　　针对已有的不确定数据流 Skyline 查询方法难以解决高吞吐率数据流环境下对大规模滑动窗口进行高效 Skyline 查询的问题,提出了一种基于两级优化的分布并行 Skyline 查询方法——PSS。在 PSS 方法中,利用基于窗口划分的 WPS 模型实现基本的分布并行查询处理框架,并利用计算节点之间以及计算节点内部的两级优化处理来实现高效的并行查询处理。在计算节点之间,利用新到达流数据的映射策略对计算节点进行有效组织,并对其各自维护的局部窗口中的元组建立支配关系,以减少各计算节点所维护的元组之间的支配测试次数。在计算节点内部,采用网格索引结构优化其内部计算,包括元组之间的支配测试、候选对象的 Skyline 概率计算与更新等;采用一种基于 Z - order 曲线的管理策略对大量网格元胞的进行高效管理,并利用 Z - order 列表的单调性优化网格元胞之间的支配关系测试。实验结果表明,相对于已有方法,PSS 方法能够极大地改进并行查询处理的效率,同时其所消耗的通信开销较小且具有较好的负载均衡性能。

针对在不确定数据流的分布并行 Skyline 查询过程中,由于故障而发生查询结果不准确和查询中断的问题,提出了一种基于复制的容错分布并行 Skyline 查询方法——FTPS。在 FTPS 方法中,一方面,采用了基于 WPS 模型和两级优化策略实现的分布并行查询处理框架,以实现不确定数据流上 Skyline 查询的高效并行查询处理;另一方面,将各种基于复制的容错优化策略与并行查询处理框架有效结合,以实现高效的容错并行查询处理。在 FTPS 中,选择参与并行处理的计算节点作为副本节点,并对各计算节点上的多个副本进行层次化管理,通过选择优先级高的副本恢复数据,以保证数据恢复的高效性;同时,将故障检测、丢失数据恢复和查询过程恢复贯穿于整个查询更新过程中,以减少容错处理的额外通信和计算开销并实现快速的容错并行查询。实验结果表明:FTPS 方法能够快速有效地检测故障并恢复并行查询处理过程,不仅在无故障发生和单个节点失效时具有较高的查询处理效率,而且随着失效节点数的上升,仍然能够保证较高的查询处理速率且足以满足用户快速准确的查询处理需求。

本书可为相关从业人员在决策制定、市场分析、环境监控和数据挖掘等方面提供重要参考,具有重要的研究和应用价值。本书也适用不确定 Skyline 分布并行查询相关研究人员参考阅读,也对企事业单位从事相关工作的实践工作人员有一定的借鉴作用。

要特别感谢谭家明、林家润、曹睿馨、徐伟峰和李奇怵在本书校稿过程中所付出的辛勤劳动和宝贵意见。他们的细致校对和建议极大地提升了书稿的质量,使本书能够更加完善地呈现给读者。在此,我们向他们表示最诚挚的感谢!

目录 CONTENTS

第 1 章

绪　　论

1.1　不确定数据概述

1.1.1　不确定数据的应用

随着信息技术的飞速发展和现实应用需求的不断扩大，在无线传感器网络(wireless sensor networks，WSN)、无线射频识别(radio frequency identification，RFID)网络、移动对象管理、气象雷达网络和基于位置的服务(location-based service，LBS)等应用中，逐渐涌现出了一类特殊的数据，即不确定数据。无论是在科学研究、商业应用等领域，还是在军事、金融等应用中，不确定数据普遍存在。

当前众多实际应用中产生的数据常常受到各种不确定因素的影响，使得数据对象本身具有不确定性。不确定数据产生的具体原因众多，概括而言主要包括以下五个方面：(1)由于原始数据本身不准确或不完整而无法用精确的数据表达，此类数据通常采用统计方法获得，并采用区间范围、概率函数或模糊函数表达；(2)在原始数据采集或测量的过程中，由于仪器本身测量精度的限制，数据不精确；(3)在操作或者传输的过程中，操作不当或者受到干扰而造成数据的不精确，例如传感器数据在传输过程中受到噪声干扰、传输延时和能量衰竭等影响；(4)数据在转换的过程中易产生不精确性，例如数据由粗粒度转换为细粒度时会造成数据的不一致或不精确；(5)为了满足某些特殊的应用需求，例如为了保护数据的隐私性而无法获得精确的原始数据，只能得到变换或近似处理后的不精确数据。

目前不确定数据已广泛存在于众多的现实应用中，其中最为常见的应用包括以下几种：

1. 无线传感器网络

在 WSN 应用中，传感器易受检测环境干扰，采集的数据通常带有噪声；同时受带宽、传输延时和能量等影响，数据传输的准确性不稳定。此外，由于不同节点的精度不同以及采样时间同步不准确等原因，容易导致数据不一致。

2. RFID 网络

在 RFID 应用中，读卡器不断读取无线射频标签并产生大量的数据序列。然而，读卡器对标签对象的漏读、多读和脏读等现象易导致其误读率高达 30% ~40%，同时由于人为对数据的干扰也会带来数据的不确定性。

3. 移动对象管理

定位设备易受环境的干扰性、定位技术的局限性、移动数据存储的间断性、位置信息的隐私性、移动对象位置的不确定性、查询请求的模糊性和人为处理的失误等因素，导致在移动对象管理应用中不确定数据广泛存在。

4. 互联网(Internet) 环境

在 Internet 环境中，缺乏统一的信息发布机构且信息维护和更新的机构各不相同，以及人为误操作等因素，易导致不同数据源对相同数据描述的不一致。

5. 基于位置的服务

移动物体的位置受 GPS 等定位技术的制约，存在一定的误差；同时，由于隐私保护等原因使得移动对象的位置经常模糊不准确。

6. 气象勘测应用

由于气候本身具有不确定性因素，且在气象信息获取和数据格式压缩、信息合并和传输等的过程中，易受各种因素的影响而导致信息不确定。

7. 金融数据管理

金融数据本身可能含有虚假信息，工作人员操作引起的错误信息，以及信息传递、预处理等过程中产生的数据偏差等因素，使得金融数据也常带有不确定性。

8. 社会信息收集

在诸如对社会事件的问卷调查、采样、测量和评估等各种社会信息采集和收集的过程中，存在大量的估计或者信息误差而导致数据具有不确定性。

综合分析以上各种应用中数据不确定性产生的原因，可将不确定性分为主观不确定性和客观不确定性两个方面。主观不确定性是指由于人为对数据处理不当或出于特殊目的，对数据进行干扰等引起的不确定性；例如隐私保护导致的位置信息不确定性、人工对数据清洗转换所导致的不确定性等。客观不确定性是指由于客观原因而出现数据本身所存在的不精确性等，包括物理设备测量精度的局限性、数据不完整、数据传输延迟和丢失等；例如 RFID 阅读器由于其感应范围有限而导致的标签数据漏读，在无线传感器网络中收集的数据受硬件设备的精度影响和环境影响等导致的不准确，基于位置的服务中 GPS 等定位技术精度的影响等。

由于不确定数据的广泛存在性和用户需求的不断扩大，使得高效分析和管理不确定数据具有重要的现实意义。当前对不确定数据的分析和研究方兴未艾，目前已经涌现出众多关于不确定数据管理的研究项目，典型的如斯坦福大学的 Trio、多伦多大学的 CONQUER、华盛顿大学的 MystiQ、普度大学的 ORION、滑铁卢大学的 URank、加州大学伯克利分校的 BayesStore、美国佛罗里达大学的 MCDB、康奈尔大学的 MayBMS、牛津大学的 SPROUT、美国马里兰大学的 PrDB、美国马萨诸塞大学的 PODS 和 CLARO 等。

1.1.2 不确定数据的来源

对于不确定数据的来源，BARBARÁ 等人[25]指出其主要包括以下两个方面：第一，用户根据相应值的置信水平（confidence）或者信念（belief）对数据对象赋予一定的概率；第二，根据相应的抽样统计等方式获得。通常不确定数据采用概率的形式表达，而在不同的研究领域和不同的实际应用中均有一定的概率求取方式，对于离散型概率和连续型概率数据分别采用不同的方式获得。

对于离散型的概率值，一般通过某种经验估计或者统计的方式获得相应的数值。例如根据日常经验习惯得到相应的概率值，如医生通过病人发热的症状来判断疾病等。在信息检索领域，CHAUDHURI 等人[28]利用用户在进行相似查询时在数据库中保留的历史记录，根据用户以往的查询习惯获得查询请求与查询目标相似性的概率值。特别地，在字符串匹配中，字符串的属性值中经常会出现形如"John R. Smith"、"Johnson Richard Smith"或者"John Randall Smith"等的匹配错误问题。为了描述两个字符串之间的相似性程度，可通过概率的形式表述，而概率值可通过 Q-grams 等度量方法获取。如表 1.1 所示为文本字段匹配概率表示的一个典型示例。

表 1.1　文本字段匹配概率表示示例

Text："…87　A　Goregaon　West　Mumbai …"				
ID	House-No	Area	City	Probability
1	87	Goregaon　West	Mumbai	0.1
1	87-A	Goregaon　West	Mumbai	0.5
1	87	Goregaon	West　Mumbai	0.2
1	87-A	Goregaon	West　Mumbai	0.3

对于连续型概率通常结合两个步骤获得：第一，通过对连续型变量进行建模来发现连续变量的概率分布模型；第二，获取相应概率分布的具体参数值。通常现实中的某项数据符合哪种具体的概率分布类型是未知的，在数理统计领域中通常采用抽样的方式，依据一定的统计方式（如直方图方法等）描述数据的分布，并通过对抽样数据的拟合来发现概率数据的规律。例如，在考查某一地区成人身高的分布时，通过数据抽样以及数据拟合发现其符合一定的规律，即在某一数据附近特别集中，两边却相对稀疏，则可采用高斯分布表达。同时，对于 A 国人和 B 国人其身高的均值不同，可能 A 国人的身高在 1.7 米左右，而 B 国人的身高在 1.8 米左右，即数据的峰值不同。对此情形采用高斯混合模型去拟合具有较好的效果。

对于连续型随机变量建模，最常用的是高斯混合模型。该模型是一种具有普遍意义的通用概率分布模型，既包含了高斯分布，同时也能够较好地建模多种其他的概率分布类型。一般地，高斯混合模型的相关参数可通过多种方式从真实数据中获得。例如，KANAGAL 等人[32]利用图模型从原始数据中推测数据分布；同样也可通过抽样并利用标准密度函数、插值函数或者时间序列(time series)技术获得。此外，在概率统计领域中，可利用小样本抽样数据获取相应概率统计参数的方法，常见的有 Bayes 方法和 GUM 方法等。

此外，由于客观事物的复杂性和不确定性，以及人类思维的模糊性和有限性，人们往往难以明确地给出属性的信息量，且通过大量的实验也无法给出属性的具体数值，而是只能给出一定的区间范围，即以区间的形式来表示数据值。特别地，在工程系统中，由于实际测量、数据处理计算所带来的数据误差，以及信息不完全带来的数据缺失等，造成了研究中的客观误差，所以最后表征原始数据的往往不是一个确定的数值，而是一些区间范围，即区间数据。采用区间数来表示数据的不确定性，不但能够避免主观误差和客观误差，而且更加符合实际应用的需要。

1.1.3　不确定数据的类型

通常数据可分为确定性数据和不确定数据，目前对不确定数据的定义和分类尚无严格的标准。在不确定世系(lineage 或 provenance)数据库 Trio 中，将数据分为精确数据(exact data)和不精确数据(inexact data)两种。此处的不精确数据即为不确定数据，是指数值无法直接准确确定的一类数据的总称。目前存在多种对于不确定数据的描述或称法，常见的有不确定数据、概率数据、模糊数据(fuzzy data)、近似数据、区间数据、不完全数据和不准确数据等。

在数据库应用中，通常将具有不确定性的数据称为不确定数据，而根据不确定实体的不同粒度，可将数据的不确定性分为三个级别：基于组的(或表格的)不确定性、基于对象的(或元组的)不确定性，以及基于属性的不确定性，其中目前研究较多的是元组级不确定性和属性级不确定性。

- **元组级不确定性**：又称为"存在不确定性"(existential uncertainty)，主要描述元组的存在或出现概率(occurrence probability)，目前较为普遍。
- **属性级不确定性**：是指仅涉及属性的不确定性，通常对于属性的不确定性可分为模糊型和二义型两种。

对于元组级不确定性，通常假定数据集中各元组的属性之间、各元组的存在概率之间均相互独立。对于属性级不确定性，模糊型主要是指属性值难以精确指定，由模糊引起的不确定信息的处理通常采用模糊集合理论；而二义型主要是指属性在多个精确值之间以一定的概率随机取值，由二义性引起的不确定信息的处理主要采用概率统计理论。

元组级不确定性和属性级不确定性，在一些文献中又被分别称为"成员不确定性（membership uncertainty）"和"值不确定性（value uncertainty）"。成员不确定性将元组视为隶属于某一数据集的不确定事件，且这些事件的概率来源广泛，例如数据源在数据集成环境中的可靠性，或者在近似匹配中的相似性测量等。值不确定性则通过概率分布对连续或离散的不确定属性建立不确定模型，如对传感器设备的读数建模等。

在数据库领域中，不确定数据存在多种分类形式，通常可根据数据不确定性的粒度、类型以及数据形态的不同来加以分类。根据数据不确定性粒度的不同，可将不确定数据分为表（或组）级不确定数据、元组（或对象）级不确定数据和属性级不确定数据；根据数据不确定性类型的不同，可将不确定数据分为概率数据、不完全数据、区间数据和模糊数据等；根据数据形态的不同，可将不确定数据分为静态的不确定数据集和动态的不确定数据流。

1.1.4 不确定数据的模型

由于在不同的不确定数据应用中，数据对象的不确定性复杂多样，分析并建模不确定数据对象的类型，以及实例和对象之间的关系等是不确定数据管理的重要组成部分。TAO Y，ZHANG W 等人指出，数据的不确定性可采用三种模型来表示：模糊模型（fuzzy model）、面向证据的模型（evidence-orient model）和概率模型。然而，随着不确定数据应用的普及和对其研究的不断发展，目前已经有多种不确定数据模型被提出，其中最典型且最常用的不确定数据模型主要有概率关系模型、不确定世系模型和概率图数据模型。

1. 概率关系模型

概率关系模型是不确定数据在传统关系数据库模型上的扩展，也是最基本的不确定数据模型。与确定性数据的最大区别在于，不确定数据通常含有概率维度，而概率模型能够较好地表达关系数据库中元组和属性、元组之间，以及属性之间的关系。由于不确定数据通常采用概率的形式描述，因此在众多研究中均将概率表示的不确定数据称为概率数据，而不确定数据流又称为"概率数据流"。通常概率数据的表示模型包括点概率模型、概率分布模型和概率密度函数模型。

（1）点概率模型：通常采用如 $\langle A_1, A_2, \cdots, A_m, p \rangle$ 的形式表示，其中 $A_1, A_2, \cdots, A_m$ 表示元组的确定性属性信息，而 p 则表示元组的存在概率。

（2）概率分布模型：通常表示为 $\{<a_1, p_1>, \cdots, <a_m, p_m>\}$ 的形式，其中 a_i 表示元组中的确定性属性，p_i 为该属性所对应的概率值，且满足 $\sum_i p_i \leqslant 1$。

（3）概率密度函数模型：采用概率密度函数（probability density function, PDF）来描述不确定数据，且常用的有高斯分布和均匀分布的概率密度函数。

由于不确定数据对象通常存在多个属性，且每个属性具有不同的取值，这些概率取值可能离散也可能连续。对于离散型不确定数据对象可能具有多个实例，而不同数据对象的不同实例进行组合便会产生指数级数目的可能世界实例（possible world instance）。每个可能世界实例是指所有不确定数据分别处于某一可能状态时的一个状态组合，其出现的概率取决于元组间的概率关联性（如互斥元组映射到同一现实世界实体），而这种关联关系通常被称为产生规则（generation rules），即产生规则控制着可能世界实例的产生。对于连续型属性值通常采用概率密度函数或多元概率密度函数表示，通过对概率密度函数中参数的分析来查询和管理不确定数据对象。特别地，对于高斯分布可通过期望和方差参数值来描述；对于均匀分布，可用各维度的起始值和结束值来描述。

2. 不确定世系模型

不确定世系模型将世系集成至不确定性建模中，并通过定义以下概念来扩展概率关系模型，尤其是用于建模元组级不确定性：

（1）元组可选值（tuple alternatives）：包含一系列可能的元组值；

（2）可能元组（maybe tuples）：代表元组可能存在或不存在；

（3）世系函数（lineage function）：用于将元组可选值映射至一系列相应的值；

（4）置信值（confidence values）：表示元组取某个值的可能性高低。

所谓数据世系，是指数据产生并随时间推移而演变的整个过程。数据世系可用于理解和解析数据的不确定性。除了数据世系之外，该模型通常采用独立模型来表示元组的不确定性，同时利用可能世界语义来分析和评估查询处理，其中每一个可能世界实例均为现实中概率数据库的一个可能实例。因此，该模型适用于对独立元组级不确定数据进行建模，并采用离散概率模型表示。特别地，该模型满足两个基于可能世界语义的属性：第一，所有元组可能实例的概率之和为1；第二，一个可能元组的置信值等于该元组所有可能实例被选取的概率之和。

3. 概率图数据模型

概率图数据模型主要针对概率数据库中关联性不确定数据进行建模，并提供了多种方法以精简表示和推理大规模不确定数据的联合概率分布。该模型综合了概率理论和图论的优点，能够高效处理与不确定性相关的计算和表示的复杂性问题。通常该模型包括两个基本构成要素：①节点（nodes）和边（edges）：节点表示随机变量，而边表示节点间的关系；②因子（factors）：一系列关于随机变量的函数，使得模型更易于理解、推理和操作。除了上述两个基本的构成要素外，该模型还开发了独立（independence）、互斥（mutual exclusivity）、蕴含（implies）和差异（different）等操作，且能够支持不同的关联类型，如完全独立、互斥和正相关等。此外，根据变量之间交互本质的不同，可将图数据模型分为以下两类：

（1）贝叶斯网络（bayesian networks）：也称为"信念网络"或"因果网络"，该模型定义于离散无环图之上，具有更优的紧致性，能够将完全联合分布形式压缩为简单的条件分布形式；

（2）马尔科夫网络（markov networks）：也称为"马尔科夫随机域"，该模型遵循无向图的表示形式，可用于表示无方向性的变量。

对具有关联性的不确定数据对象进行建模是一项富有挑战性的任务，目前主要采用的有统计建模和概率图建模两种方法，例如 PrDB 系统中采用联合概率分布建模，而在 BayesStore 系统中采用概率图模型建模。然而，考虑到数据关联的复杂性，众多研究中直接假设数据之间相互独立，以简化查询处理过程。除了上述两种模型外，还有许多高级不确定数据模型被提出，典型的如 BayesStore 模型、PODS 模型、OLAP 模型、Orion 模型和 CLARO 模型等。此外，为了便于对不确定数据进行查询分析，主要采用可能世界语义进行解析，而根据不确定对象之间关系的不同，可将已有的可能世界解析模型分为独立模型和一般模型两种。在独立模型中，对象通常相互独立，目前大多数研究均假设不确定数据满足此模型；在一般模型中，数据对象之间通常相互关联，因此一般性规则通常用于描述不确定对象之间的关系。

1.1.5　不确定数据的查询

不确定数据广泛存在于各种应用领域中，已深刻影响着社会生活的各个方面。然而，不确定数据本身所固有的特点，使得传统的面向确定性数据的查询方法难以解决不确定数据上的查询问题。近年来，不确定数据查询已成为数据库领域的一个研究热点，在 SIGMOD、VLDB、ICDE、PODS、EDBT、INFOCOM 和 ICDCS 等国际顶级会议，著名的 *TODS*、*VLDBJ*、*TOIS* 和 *TKDE* 等国际期刊，以及国内的中国科学、*JCST* 和一级学报等中，涌现出了大批的相关研究成果。

1. 不确定数据查询的分类

CHENG 等人[58]最早对不确定数据查询类型进行了分类，其分类依据包括查询结果的返回类型以及查询中是否包含聚集操作两个方面。特别地，此处的聚集是指查询包含数据对象之间的交互操作。按照其划分标准将不确定数据查询分为基于值的非聚集查询、基于实体的非聚集查询、基于值的聚集查询、基于实体的聚集查询四种。基于实体的查询返回满足查询条件的对象集合；基于值的查询返回具体的查询数值，例如查询特定维度的值或者计算对象集合统计函数且满足某种约束条件的值等。尽管当时对不确定数据的查询研究才刚刚起步，此分类中涉及的方法种类不多，然而此划分方法至今依然具有指导性的意义。

根据查询方式的定义不同，目前不确定数据查询的类型主要包括不确定 Skyline 查询、不确定 Top-k 查询(或称为"不确定排序查询")、不确定最近邻查询、不确定聚集查询、不确定范围查询、不确定连接查询和不确定阈值查询(threshold query)等。此外，在当前各种不确定性应用中，已经涌现出多种类型的不确定数据，典型的如不确定图数据、不确定 XML 数据、不确定无线传感器网络(WSN)感知数据、不确定世系数据和模糊数据等。由于各种不确定数据的特征各不相同，其查询处理方式和方法相差甚远。因此，根据不确定数据类型的不同，又可将不确定数据查询分为不确定图数据查询、不确定 XML 数据查询、不确定 WSN 感知数据查询、不确定世系查询和模糊数据查询等。

2. 不确定数据查询的特点

与传统确定性数据上的查询不同，不确定数据查询作为一种新的查询模式具有其自身的特点，综合分析可将其归纳为以下四个方面。

(1)查询类型复杂多样。

不确定数据上的查询种类繁多，通常在传统确定性数据上的查询类型均有其对应的不确定查询类型。这反映了在数据库等领域数据查询研究的一种发展趋势，即由传统确定性数据向不确定数据方向发展。由于当前不确定数据的来源丰富，不确定查询处理的应用极为广泛，各种确定性数据上的查询任务在不确定数据中同样具有重要的现实意义。由于查询任务的类型较多且具体查询任务又有多种不同的查询目标，使得不确定查询类型更加复杂多样。例如，针对不确定 Top-k 查询，便有 U-Top$k$、U-kRanks、PT-k、Pk-Top$k$ 和 PTD 等查询类型；概率聚集查询对于各种不同的聚集函数，便有各种针对该聚集函数的查询方式等。

(2)数据类型的多样性。

不确定数据查询处理面向的是不确定数据。然而，由于不确定数据来源广泛，且在不同的实际应用中，数据的描述形式各不相同。根据数据形态的不同，不确定数据包括静态的不确定数据集和动态的不确定数据流。根据数据组成结构的不同，有结构化数据、半结构化数据和非结构化数据。当前查询针对的不确定数据的类型主要包括多维数据集、半结构化数据(如 XML 数据)、流数据、空间数据、模糊数据、世系数据、图数据以及存储在概率数据库中的各种数据对象等，而以上各种数据类型又可进一步划分，且不同类型数据上的查询均有其自身的特点，使得各种专门针对特定的不确定数据类型的查询研究屡见不鲜。

（3）不确定维度的特殊性。

由于不确定特征的引入，使得传统的各种确定性数据查询技术难以运用于不确定数据中。不确定维度的特殊性使得数据查询定义、存储和索引、处理过程、结果呈现等多个方面发生了变化，其特殊性主要体现在以下三个方面：第一，由于不确定性的引入，各种查询类型需要重新定义；在研究具体的不确定查询问题时，通常首先需要对不确定查询类型进行明确定义。第二，不确定数据的存储显然与传统的确定性数据库不同，且传统的索引技术（如 B$^+$ 树或 R 树等）难以直接运用于不确定数据，需要根据查询方法建立新的索引结构或间接使用传统索引技术来辅助查询。第三，不确定维度的引入使得众多查询类型返回的结果带有概率的信息，如概率 Top-k 查询、概率最近邻（NN）查询和概率范围查询等。可见，不确定维度增加了查询的复杂性，改变了传统数据查询处理的模式。

（4）数据模型的复杂性。

不确定数据查询研究中所涉及的数据模型较为复杂，周傲英等人[42]对此进行了详细论述。不同的数据类型和数据表示形式，通常均对应着不同的数据模型。概率数据的模型有点概率模型、概率分布模型和概率密度函数模型；根据所关注的窗口范围的不同，不确定数据流模型便有界标模型（landmark model）、滑动窗口模型（sliding-window model）和衰减窗口模型（damped-window model）等；关系型数据的建模有？-table、or-set-table 和 or-set-？-tables 模型，以及概率类型的扩展模型，如 Probabilistic ？-table、Probabilistic or-set table、Probabilistic or-set-？table（或称为"x-relation"）和 Probabilistic c-table 等；半结构化数据有 p-文档模型、概率树模型、PXDB 模型和 PXML 模型等。特别地，在不确定数据查询中，最为广泛使用的是可能世界模型；该模型是不确定数据查询研究中的通用处理模型，而且众多与数据相关的模型均可转化为可能世界模型。

1.2   Skyline 查询概述

1.2.1   Skyline 查询及其应用

随着信息技术在各个行业的广泛应用，数据的来源和产生的形式日益多样化，数据存储和处理的成本大为降低，导致数据的采集、传播速度和规模达到空前的水平。然而，人们逐渐发现，从浩瀚的数据海洋中迅速而准确地获取自己最需要的信息，变得异常困难。例如，给定一个待考查的数据集合，可衡量的指标（或属性、维度）通常较多，而这些指标之间可能又彼此矛盾且互相不可替代。用户希望能够选择不同的属性组合集进行查询，并且不同用户对不同的属性希望能够给予不同的关注度。然而，数据库传统查询语言中各种已有操作与以上操作均有着显著区别，并且即便组合前者的各种操作也无法高效地解决上述问题。因此，研究者们开始针对上述问题探索新的高效解决方法。

最初为了解决以上问题，数学领域的研究者们提出了最大化向量的概念，并探索了多种高效求解最大化向量的方法。然而，这些方法一般仅适用于小数据集的求解，即只有当数据集能够完全放入内存中时，方可进行快速求解。然而，随着现实应用中数据规模的不断增大，以及用户对数据高效管理和分析需求的不断扩大，迫切需要研究一种能够用于分析大型数据的最大化向量求解方法。为此，在 2001 年的数据工程国际会议（ICDE）上，BÖRZSONYI 等人[84]最先将 Skyline 操作的概念引入数据库领域，并给出了标准的 Skyline 查询定义和外存处理方法。

Skyline 查询（通常译为"轮廓查询"），也称为"Pareto 最优化查询"，是一个典型的多目标优化问题，目前在数据库领域中引起了广泛关注。Skyline 查询在诸如多目标决策制定、市场分析、环境监控、数据挖掘、数据库可视化和计量经济学等众多现实应用中，发挥着重要作用。不失一般性，假定多维数据在各维度上的取值以小为优，通常可定义 Skyline 的概念如下：

定义 1.1（Skyline）：点 $p \in S$ 支配（dominate）点 $q \in S$（记为 $p \prec q$），当且

仅当在每个维度 $d_i \in D$ 上均满足 $p_i \leqslant q_i$，且至少存在一个维度 $d_j \in D$，使得 $p_j < q_j$。数据集合 S 中的 Skyline 即为 S 中不被其他点所支配的对象集合。

最经典的描述 Skyline 应用的是假日酒店选择问题，该问题具体描述如下：

例 1.1：某旅客希望到巴哈马(Bahamas)的首都拿骚(Nassau)去度假。他希望能够找到一家既便宜又离沙滩比较近的酒店住宿。然而，鱼和熊掌不可兼得，酒店的这两个属性往往是互斥的，即距离沙滩近的酒店价格较高，而价格便宜的酒店距离沙滩又较远。旅行社的传统数据库管理系统无法运用传统的数据库查询操作，为游客找到合适的酒店。然而，若酒店的数据库系统能够支持 Skyline 查询操作，则能够为旅客快速推荐出一些旅客可能感兴趣的酒店信息，即在价格和沙滩距离这两个属性上均不输于其他酒店的酒店。如图 1.1 所示，用 X 轴表示酒店的价格，Y 轴表示酒店距离沙滩的距离。通常旅客只需考虑位于折线上的酒店即可，不在折线上的酒店在某一方面必然较位于折线中的某个酒店差，即被其他点所支配，位于折线上的点即为 Skyline 查询的结果集。

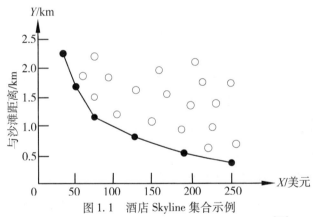

图 1.1　酒店 Skyline 集合示例

除了上述基本的 Skyline 查询定义之外，DELLIS 等人[87]提出了反(或逆，reverse) Skyline 查询的概念，其也称为"动态(或相对)Skyline 查询"，其基本定义如下：

定义 1.2（动态 Skyline）：给定数据集 S 和维度函数 f_1，f_2，$\cdots$，f_m，在动态查询中，每个对象的属性值基于查询谓词动态计算，如根据某个映射函数将 d 维对象 p 映射为 d' 维对象 p'，其中 $p' = \langle f_1(p), f_2(p), \cdots, f_d{}'(p) \rangle$

且 f_i 为动态函数。动态 Skyline 即为基于该动态属性计算的不被其他对象所支配的对象集合。

为加以简化，假定 $d' = d$，对于给定的查询点 q，$f_i(p) = \mid q_i - p_i \mid$（动态函数可任意定义）。图 1.2 中通过一个示例对比了静态 Skyline 查询与动态 Skyline 查询。由图 1.2 可知，点 q 为点 b 的一个动态 Skyline 点，b 称作 q 的一个反 Skyline 点，点 q 比其他点在至少一个维度上距离反 Skyline 点 b 更近。

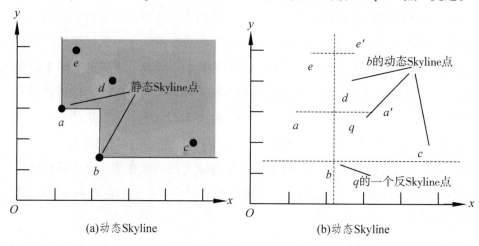

图 1.2　静态与动态 Skyline 查询示例

反 Skyline 查询在许多监控应用中极为实用。例如，在森林监控系统中，部署了大量的传感器以收集温度和湿度等信息。假定查询点代表森林可能发生火灾的参数阈值，通常数据监控采用的方法是所有传感器均汇报温度和湿度超过阈值的信息。然而，此方式可能会返回过多的候选集合，需要花费大量的时间和计算开销以验证信息的可靠性（如可能由传感器故障所致），从而延迟了结果的输出，加大了灾害的危害性。反 Skyline 查询考虑属性间的支配关系，只返回支配所设定的点（如火灾数据）的对象，能够节省大量的时间且快速定位最危险的地方。

Skyline 查询具有重要的现实意义，目前已深刻影响着社会生活的各个方面，典型的如电影评测、基于位置的服务、公共环境监控、证券交易、推荐系统和 Web 服务选择等。由于 Skyline 查询有着良好的应用前景，使其成为当前数据库领域研究的热点之一，受到了学术界和工业界的广泛关注。近年来，国际国内已经掀起了研究 Skyline 查询的热潮，在数据库和网络计算等领域的高水平国际会议和国际顶级期刊上均发表了大量高水平的研究成果。

1.2.2　Skyline 查询技术分类

目前，对于传统 Skyline 查询的研究已较为成熟，已有的相关技术和方法较多，尚无完全规范和统一的分类方式；而对于已有的 Skyline 查询技术，依据不同的分类标准，可得到不同的分类结果。当前根据数据的确定性、数据的形态、查询的数据空间、借助索引与否、查询处理方式和属性参照关系的不同，对当前的 Skyline 查询技术加以分类，其具体分类依据和分类结果如图 1.3 所示。

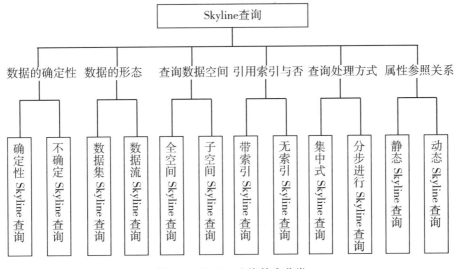

图 1.3　Skyline 查询技术分类

对于已有的 Skyline 查询技术，根据所查询数据确定性的不同，可将其分为确定性数据的 Skyline 查询（简称为"确定性 Skyline 查询"）和不确定数据的 Skyline 查询（简称为"不确定 Skyline 查询"）；根据所查询数据形态的不同，可将其分为静态数据集 Skyline 查询和动态数据流 Skyline 查询；根据查询所针对的数据空间的不同，可将其分为全空间 Skyline 查询（即"单 Skyline 查询"）和子空间 Skyline 查询（即"多 Skyline 查询"）；根据查询过程中是否引用索引结构，可将其分为带索引 Skyline 查询和无索引 Skyline 查询；根据 Skyline 查询处理方式的不同，可将其划分为集中式 Skyline 查询和分布并行 Skyline 查询；根据对象属性参照关系的不同，可将其分为静态 Skyline 查询和动态（或相对）Skyline 查询。

在 Skyline 查询研究的早期，主要关注于静态数据集上的 Skyline 查询，并提出了多种性能优化的集中式内存和外存方法。对于集中式 Skyline 查询，用户可能关注于全空间上的 Skyline 查询，也可能局限于某些子空间上的 Skyline 查询。在全空间 Skyline 查询中，用户针对某一数据集的全部维度空间进行 Skyline 查询，由于查询空间固定而使得其查询结果唯一；子空间 Skyline 查询是仅仅针对数据的某些维度而展开的 Skyline 查询，不同用户关注的维度不同往往导致查询结果不同。根据查询过程中是否采用索引结构，可将已有的集中式 Skyline 查询方法分为带索引的方法和无索引的方法。其中，典型的索引结构包括位图结构、B 树索引、R 树索引、Lattice 结构和 ZBtree 索引等。此外，与传统的静态 Skyline 查询不同，动态 Skyline 查询（也称为"相对 Skyline 查询"或"反 Skyline 查询"）设定了查询的参考点，对象的属性基于用户定义的函数计算获得，其查询结果反映的是与查询参考点对应的相关信息。

随着研究的不断深入，Skyline 查询已逐步由集中式查询向分布并行查询方向发展，目前涌现出了许多在各种分布式应用环境[如 Web 信息系统、P2P（peer-to-peer）网络和移动计算环境等]和分布式计算环境（如云计算环境、分布式集群和高速局域网等）中的 Skyline 查询处理方法。特别地，已有的分布并行 Skyline 查询研究，主要针对全空间上的静态 Skyline 查询定义展开。

此外，随着网络技术和数据采集技术的发展，一种新的数据形式，即数据流（data stream），广泛存在于诸如金融证券、无线传感器网络、RFID 网络、雷达网络、气象卫星分析和数据通信等众多现实应用中，使得数据流上的 Skyline 查询成为当前研究的热点之一。同时，由于不确定性应用的不断拓展和对其查询应用需求的不断扩大，不确定数据上的 Skyline 查询已成为 Skyline 查询技术发展的必然趋势，目前已受到研究者们的广泛关注。

1.2.3 Skyline 查询度量标准

由 Skyline 查询的定义可知，最简单的 Skyline 查询处理方法是将数据对象相互完全比较；然而其计算效率过低，研究如何避免对象之间不必要的支配测试，以尽可能少的测试次数完成计算，是 Skyline 查询面临的首要挑战。在不同的应用场景和需求下，Skyline 查询所关注的问题也不尽相同。通常地，考查一个 Skyline 查询方法的优劣，可参考以下多个方面的度量标准：

(1)正确性：方法应返回正确且完全的 Skyline 结果集，并且无任何非 Skyline 点被返回。尽管有时为了提高方法查询处理的效率，可能将支配关系在某些方面加以弱化以在损失少量精度的情况下更快地获得查询结果，但始终需要保证查询结果满足用户的查询精度需求。

(2)友好性：方法应能够按照用户的要求有序地输出结果，优先返回更符合用户偏好的结果。由于查询返回的 Skyline 点通常较多，根据重要性返回结果对用户更具有实用价值。

(3)公平性：若维度值重要性相同，方法不应偏向于那些在某一维上取值特别优越的数据点。尽管维持方法的公平性能够保证 Skyline 查询方法的正确性，然而当用户偏好于某一个维度的数值时，公平性则变得不重要。

(4)可扩展性：方法应能够应用于不同数据规模、数据分布和数据维数的数据集中。由于目前多数 Skyline 查询应用中数据规模庞大，数据分布多样且维数较大，使得可扩展性成为研究中需要重点考虑的因素。

(5)高效性：方法应要求查询以最短时间、最小输入输出开销和通信开销完成查询。在集中式查询中高效性主要体现在查询处理时间和开销方面，而在分布式查询中通信开销则是体现高效性最重要的方面。

(6)渐进性：方法应能够快速地输出部分查询结果，并逐步返回更多的结果。当所要查询的数据集规模较大时，容易导致查询的响应时间过长；方法若能逐步输出查询结果，将在很大程度上缓解总响应时间长所带来的不便，并让用户能够在获得足够 Skyline 点的时候随时中断查询。

(7)适应性：方法应能够适应于不同的用户偏好需求、分布类型、数据类型和数据形式等，适应性要求方法不完全受限于某种特定的查询需求或者特定的数据形式和规模等，而应具有较强的普适性。

渐进性(也称为"增量式")地返回查询结果是众多 Skyline 查询研究的重点之一，由于在较大的数据集中查询 Skyline 结果并返回全部结果需要消耗较长的时间，使得其在需要即时或者快速查询响应的应用中极为重要。因此，各种渐进性 Skyline 查询方法应运而生。由于网络传输所带来的各种开销，Skyline 查询在分布式环境下将耗费比集中式环境下更多的时间，渐进性在分布式环境下显得尤为重要。在分布式环境下，Skyline 查询必须考虑如何减少节点之间的数据传输量，这一方面有利于减小网络传输开销，另一方面也是缩短查询响应时间的重要保证。

此外，Skyline 查询方法的适应性主要体现在两个方面。(1) 对用户偏好查询的适应性：由于高维数据集频繁出现且不同用户的查询偏好各不相同，主要包括选择不同的查询属性集（即"子空间 Skyline 查询"）以及对选择查询的属性给予不同的偏好权重两种类型。然而，若数据集的维度过高，则对数据集任意子空间的 Skyline 查询易出现"维度灾难"（curse of dimensionality）问题，即维度过大而导致 Skyline 查询结果集过大的问题。(2) 对数据集多样性的适应性：一方面，由于各数据集的不同分布类型和尺寸大小均直接影响着方法的性能；另一方面，数据集的类型不同，导致当前 Skyline 查询方法在特殊数据集，如多媒体数据集和类别属性数据集等中难以适用。因此，研究满足偏好查询以及适应数据集多样性的 Skyline 查询处理方法是当前研究的重要方向之一。

1.2.4　Skyline 查询研究趋势

随着数据往海量化、高维化、分布化和动态化方向发展，用户的查询需求也逐渐呈复杂化和多样化发展的趋势。传统的 Skyline 查询技术已经难以满足用户的实际需求，因此 Skyline 查询研究也在不断深化和拓展。Skyline 查询研究自从其提出至今，从总体上呈现出由静态数据集向动态数据流、由集中式处理向分布并行处理，由静态向动态，由全空间向子空间、由确定性向不确定查询发展的趋势。特别地，当前 Skyline 查询研究的重点和趋势主要体现在以下四个方面。

1. 新型 Skyline 查询处理研究

当前随着 Skyline 查询研究的不断深入以及现实应用的不断拓展，各种新型的 Skyline 查询和应用不断被提出。典型的如子空间 Skyline 查询、k-支配 Skyline 查询、Ranked Skyline 查询、范围 Skyline 查询、k 个最具代表性的 Skyline 查询、隐私保护的 Skyline 查询、度量空间中的 Skyline 查询、移动对象的连续 Skyline 监控查询、反（或动态）Skyline 查询、计数 Skyline 查询、k-

Skyband 查询、Skyline 频率查询、Top-k 支配查询，以及基于欧氏距离计算的 Skyline 查询等。随着数据集维度和规模的不断增大，在全空间上求解出一个极大的 Skyline 集合已变得意义不大。相反，针对用户的特殊偏好，查询在具体应用中获取用户最感兴趣的 Skyline 集合，对于用户的实际多目标决策支持更有现实意义。随着 Skyline 查询应用需求的不断拓展，各种 Skyline 查询的扩展研究将不断呈现。

2. 分布并行 Skyline 查询研究

分布并行 Skyline 查询研究是伴随着分布式应用环境和分布式计算环境的发展而出现的一类新型研究。分布并行 Skyline 查询是集中式 Skyline 查询在分布式环境下的扩展。其中分布式环境主要包括两种类型：分布式应用环境和分布式计算环境。在分布式应用环境(如 Web 信息系统、传感器网络、移动计算和 P2P 网络等)中，数据往往存储于地理上广泛分布的多个节点上，其查询处理过程需要根据自身环境的特点设计相应的分布式优化处理策略；通常在保证查询效率的同时，该类分布并行 Skyline 查询研究更关注于查询的通信开销。对于分布式计算环境中的 Skyline 查询研究，往往伴随着需要较强处理能力需求的 Skyline 查询应用而产生，例如复杂不确定数据流上的 Skyline 查询；该类研究更强调于利用高带宽的分布式计算环境高效分布并行处理 Skyline 查询，目前此类型的分布并行查询研究较少。此外，由于不确定数据的广泛存在和现实应用需求的不断驱动，使得不确定数据的分布并行 Skyline 查询成为当前最热门的研究方向之一。

3. 数据流的 Skyline 查询研究

数据流查询通常具有基于内存的查询处理要求、实时性要求和适应性要求等特点。当前数据流的 Skyline 查询处理研究主要包括确定性数据流的 Skyline 查询和不确定数据流的 Skyline 查询两个方面；根据其查询处理方式的不同，又可将其分为集中式确定性数据流的 Skyline 查询、分布并行确定性数据流的 Skyline 查询、集中式不确定数据流的 Skyline 查询和分布并行不确定数据流的 Skyline 查询四个方面。确定性数据流的 Skyline 查询方法目前研究较为广泛，已经有较多的研究成果出现；集中式不确定数据流上的 Skyline 查询研究已成为当前研究的热点，而不确定数据流的分布并行 Skyline 查询研究目前才刚刚兴起。由于不确定数据流应用的广泛出现以及 Skyline 查询应用的不断拓展，不确定数据流的分布并行 Skyline 查询研究具有重要的理论价值和现实意义。

4. 不确定数据的 Skyline 查询

不确定数据的 Skyline 查询是为适应不断出现的不确定性应用而提出的一种 Skyline 查询类型。自从裴建等人[53]将 Skyline 查询引入不确定数据中之后，其相关研究已受到研究者的广泛关注。当前不确定数据的 Skyline 查询研究主要包括四个方面：第一，不确定数据流的 Skyline 查询研究，例如研究除元组级不确定性数据模型之外的不确定数据流的 Skyline 查询等；第二，分布并行不确定 Skyline 查询研究，包括针对广泛分布的不确定数据的分布式查询，以及利用集群或云计算数据中心等高带宽分布式计算环境高效分布并行处理 Skyline 查询等研究；第三，新型不确定 Skyline 查询的定义研究，例如将 Top-k 查询和 Skyline 查询结合而产生的 Top-k 支配查询等；第四，针对各种特殊类型的不确定数据的 Skyline 查询技术研究，例如不完全数据的 Skyline 查询和图数据的 Skyline 查询研究等。

综上可知，Skyline 查询研究的主体在向分布并行处理、不确定数据和数据流的 Skyline 查询方向发展。目前针对不确定数据上的 Skyline 查询研究已悄然兴起，分布并行不确定 Skyline 查询、不确定数据流 Skyline 查询、不确定反 Skyline 查询、基于隐私保护的不确定 Skyline 查询、子空间不确定 Skyline 查询以及支持不确定 Skyline 查询的索引技术等研究，均是未来不确定 Skyline 查询研究的主要方向。

1.3 不确定数据的 Skyline 查询

1.3.1 不确定 Skyline 查询的应用

近年来，不确定数据的 Skyline 查询作为当前不确定数据查询研究的一个重要方面，已成为数据库领域中的一个研究热点。不确定 Skyline 查询是传统

Skyline 查询在不确定数据上的进一步延伸，其查询计算过程不仅需要考虑数据对象之间的维度属性，同时还需要考虑数据本身的不确定性。在不确定数据的 Skyline 查询中，查询的目标在于查找出满足查询定义条件的数据子集。然而，数据对象的不确定性，导致支配关系和 Skyline 查询计算方法与确定数据集上 Skyline 查询均不相同。其主要原因在于，不确定数据集上 Skyline 查询需要进行 Skyline 概率的计算，Skyline 概率即某不确定数据对象成为 Skyline 点的概率。为了进一步遴选出最有参考意义的数据对象集合，通常对查询返回的对象限定一个 Skyline 概率阈值(如 q)，此类不确定数据的 Skyline 查询即为概率阈值 Skyline(或 q-Skyline)查询。以下对 NBA 球员能力的 Skyline 查询分析，即为一个典型的 q-Skyline 查询应用实例。

　　例 1.2：传统的分析方式通过聚集函数将球员的数据进行综合，例如取均值或者中值的方法，然而此方式并不总能获取球员的真实情况。以比赛中的助攻和抢断数据为参考对球员进行分析，不同球员在不同比赛中会呈现不同的数值。如图 1.4 所示，Arbor 的比赛数据相对集中，而 Eddy 的则相对离散。在 b 点处 Eddy 的数据很优秀，然而他只是在某一场比赛中超常发挥，Eddy 的总体数据比 Arbor 要差。Bob 的数据也相对集中，但是在 a 点处 Bob 的数据明显偏离他的数据均值。因此，不能由于 Eddy 在 b 点处的超常发挥，便认定其能够支配 Arbor，而是以一定的概率支配 Arbor，此方式能更合理地表达出球员的真实水平。

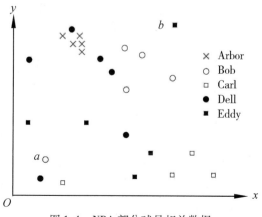

图 1.4　NBA 部分球员相关数据

为了更进一步阐述不确定 Skyline 查询在现实生活中的应用，以下将通过一个实例来分析不确定 Skyline 查询的重要作用。

例 1.3：为了分析和比较五个高水平球员能力的高低，抽取了他们在 1999—2008 年这段时间的比赛数据。在分析时假定只参考他们在得分数、助攻数和篮板数三个方面的数据，且每个球员均被视为一个不确定对象，而每个球员的每场比赛视为一个不确定对象的一个具体实例。因此，可将分析五个球员的能力高低问题转换为一个典型的概率 Skyline 计算问题。假定将所有球员的数据按时间顺序排序，每次查询时仅分析其最近 200 场比赛的 Skyline 概率结果，其最终的结果如图 1.5 所示。图中的结果清晰地显示了五个球员在不同时期的 Skyline 概率，能够直接地反映他们在不同时期相对水平的高低。此外，该示例的建模问题实际上可视为一个不确定数据流上的 Skyline 查询问题，其滑动窗口的尺寸为 200。

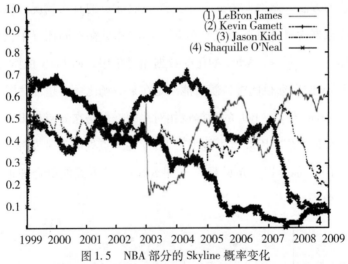

图 1.5　NBA 部分的 Skyline 概率变化

根据 1.2.1 小节的分析可知，Skyline 查询在诸如多目标决策制定、市场分析、环境监视、数据挖掘、数据库可视化和计量经济学等众多应用中发挥着重要作用；不确定 Skyline 查询作为其在不确定数据应用中的扩展研究，同样在涉及不确定数据的各种应用中具有重要的现实意义。例如，在证券交易策略评估中，可根据大量股票历史数据训练的结果（如包含置信度、支持度、利润率、风险和误报率等），来挑选指导能力最强的 k 个策略组合，而不确定 Skyline 查询便能够较好地用于评估各种策略组合以便于用户决策支持。

随着不确定性应用的不断发展和用户查询需求的不断扩大，传统的对集中式不确定数据集上的 Skyline 查询分析已难以满足现实应用的需求。一方面，随着分布式不确定性应用的广泛存在和普及，数据的采集和收集形式往往呈现出分布式的特点。另一方面，在诸如传感器网络、RFID 网络、GPS 网络和气象卫星分析等众多的不确定性应用中，数据以流的形式高速动态产生；对复杂的不确定数据流进行高效的 Skyline 查询分析，已成为当前大数据（big data）分析的一个重要方面。

1. 分布式不确定 Skyline 查询应用

由于在诸如 Web 信息系统，传感器网络和 P2P 网络等众多实际系统和应用中，不确定数据的产生和存储逐渐向分布式方向发展。因此，研究分布式应用中不确定数据的 Skyline 查询已成为必然趋势。尽管传统的 Skyline 查询在分布式应用中目前已得到了较为广泛研究。然而，针对不确定数据上的 Skyline 查询研究则很少，目前尚处于研究的初级阶段。实际上，与确定性数据的分布式 Skyline 查询一样，不确定数据的分布式 Skyline 查询在现实生活中同样具有非常重要的意义，比如商品交易、股票交易和环境监控等应用。以下是三个关于分布式不确定 Skyline 查询应用的典型实例。

例 1.4：在分布式股票交易系统中，股票交易者通常想根据历史的股票信息，挖掘出最有投资潜力的股票信息。然而，这些股票信息往往存储于地域上广泛分布的多个网络节点上，例如纽约、东京、伦敦和上海证券交易所等。通常地，可根据多个属性信息评价每只股票，如平均价格、最后收盘价、预售价和成交量等。然而，在数据收集、传输或者转换的过程中，容易出现延迟、干扰和近似等问题，抑或工作人员的操作失误而导致数据具有不确定性。为此，可将每只股票的记录信息视为一条不确定数据记录，并对其赋予一定的概率值以表征该记录的真实或准确程度。因此，对整个分布式系统中的所有股票记录进行概率 Skyline 查询分析，能够快速找出成为 Skyline 概率较高的那些股票，从而为用户决策提供有效支持。

例 1.5：在美国的一家房屋出租网络应用中，系统中维护了多个州的用户所提供的房屋出租信息，其信息广泛存储于地理上不同的多个服务节点上。在该系统提供的大量房屋信息中，存在着大量的不确定数据信息。图 1.6 中即描述了部分可供出租的位于美国洛杉矶的房屋信息。在这些信息中具有很多精确的信息，同时也包含了很多区间数据类型的不确定信息，例如图中的 Rent 和 Sq. Ft. 信息。由于系统中大多数出租的房屋信息均有此特征，如何对分布于多个服务节点上的不确定的房屋信息进行分布式 Skyline 查询分析，为用户提供较好的决策支持，在现实生活中具有重要的意义。

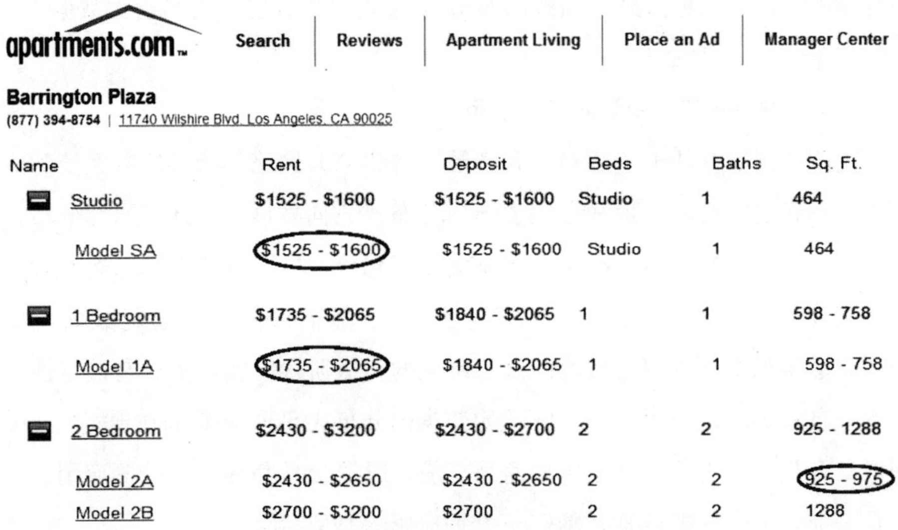

apartments.com | Search | Reviews | Apartment Living | Place an Ad | Manager Center

Barrington Plaza

(877) 394-8754 | 11740 Wilshire Blvd. Los Angeles, CA 90025

Name	Rent	Deposit	Beds	Baths	Sq. Ft.
Studio	$1525 - $1600	$1525 - $1600	Studio	1	464
Model SA	$1525 - $1600	$1525 - $1600	Studio	1	464
1 Bedroom	$1735 - $2065	$1840 - $2065	1	1	598 - 758
Model 1A	$1735 - $2065	$1840 - $2065	1	1	598 - 758
2 Bedroom	$2430 - $3200	$2430 - $2700	2	2	925 - 1288
Model 2A	$2430 - $2650	$2430 - $2650	2	2	925 - 975
Model 2B	$2700 - $3200	$2700	2	2	1288

图 1.6　房屋出租应用中的不确定数据示例

例 1.6：某个监测河流各段水质情况的系统，它由一个基于客户端/服务器 (C/S) 架构的无线传感器网络组成。该系统在河床的各个位置上均部署了无线传感器，用于测量并记录水温、含氧量、水流速度和 pH 值等数据，然后将其发送至主服务器上进行存储。通过对整个数据集进行连续 Skyline 查询，该系统能够及时发现水质出现极端情况的位置，以便及时通知相关部门紧急反应并进行相应处理。然而，考虑网络环境、电池电量以及设备本身精度的影响，以及数据在传输、清洗和转换的过程中，受环境的干扰和人为操作失误等因素的影响，使得传感器装置获得的数据在大多数应用场景下具有不确定性的特点。因此，在此情形下，传统的分布式确定性数据上的 Skyline 查询处理方法无法直接运用，而迫切需要研究一种高效的分布式不确定 Skyline 查询处理方法。

在上述应用中，由于频繁的数据传递会耗费大量的传感器能量和通信开销。特别地，客户端与服务器之间过多的通信不但会造成大量的能量浪费，而且也在时间上严重制约了分布式不确定 Skyline 查询的效率。在假定服务器具有充足的计算资源进行计算的前提条件下，客户端与服务器之间的通信代价将成为影响能量消耗和方法查询处理效率的最主要因素。

2. 不确定数据流 Skyline 查询应用

随着信息化时代的来临和网络技术的飞速发展，在诸如 Internet 网络、传感器网络、RFID 网络、移动对象管理、气象雷达网络和金融数据管理等众多应用中，不确定数据往往以数据流的形式源源不断产生，并逐渐演变成一种新的应用类型，即不确定数据流应用。由于众多不确定数据流应用的出现，使得不确定数据流的管理和查询备受关注。Skyline 查询作为解决多标准决策的一种有效方法，是不确定数据流上的一种重要查询操作，在诸如金融领域、传感器网络、Web 事务日志分析和军事领域等众多现实应用中发挥着重要作用。

（1）金融领域的应用。

股市交易所和证券公司等需要不断实时地获取各种股票和基金的价格，而这些信息往往以数据流的形式不断产生，及时有效地分析与挖掘相关数据流中的有用信息，意味着更多攫取财富的机会和更小的金融风险。然而，金融数据本身可能含有虚假信息和工作人员的误操作，极易导致金融数据的不确定性。

（2）传感器网络的应用。

在诸如森林火警预报和气象信息收集等传感器应用中，传感器需要实时更新所采集的信息并对其进行实时处理。然而，在采集的信息中多数信息属于冗余信息而无需对其进行存储分析。因此，可通过数据流上的 Skyline 查询处理技术对不确定数据流信息进行分析并获取其中的热点信息，以达到实时预警的目的。

（3）Web 事务日志分析。

Web 使用日志、电话呼叫记录以及自动化银行机处理事务等均符合不确定数据流的模式特征。通过对大型网站点击流的 Skyline 查询分析，能够为用户提供个性化的服务；通过对电话呼叫记录、自动化银行机交易事务数据进行 Skyline 查询分析，能够挖掘客户的行为模式，鉴别可疑消费行为并对未来业务进行预测等。

(4)军事领域的应用。

在复杂的动态军事战场环境中，常常将战场信息以数据流的形式及时准确地发送至军事指挥人员以支持即时的决策制定，通过 Skyline 查询技术可快速地返回战场环境中的关键作战信息。

当前不确定数据流上的 Skyline 查询应用，已经逐步出现在各种现实应用中，以下即为两个关于不确定数据流上 Skyline 查询的典型实例：

例 1.7：在世界各国的海啸监控系统中，往往在海洋中或者岸边部署了大量的海洋浮标，如压力式海啸监测浮标和 GPS 海啸监测浮标等。通常海洋浮标中装有各种监测海洋数据的传感器，以测量气温、湿度、气压、风向、风速和海面高度等。各传感器将采集到的数据，通过仪器或者嵌入式系统处理，由发射机定时发出，并由海啸预警中心的地面监测系统将收到的信息进行处理。传感器本身的精度限制，及其在收集、传输和预处理过程中的干扰等，极易导致其最终处理的数据具有不确定性。因此，对这些大量实时且源源不断产生的不确定数据流进行高效的 Skyline 查询分析，对于海啸预警具有重要的现实意义。

例 1.8：在一个网上购物系统中，通常对于商品的评价指标有多种，例如出厂时间、价格、状态和品牌等。此外，商品一般还拥有一个可信度值，该值可视为由客户反馈的关于商家的产品质量、送货效率等方面信息的综合评价，也可将其视为商品实际情况与广告或产品描述的匹配程度。表 1.2 中列出了四个候选商品的部分信息，根据传统 Skyline 查询的定义可知，L1 和 L4 为 Skyline 对象，因为 L1 支配 L2，而 L4 支配 L3。然而由于 L1 出厂时间较久，而 L4 的可信度又太低。由于可信度值的引入，使得难以采用传统的 Skyline 查询方式公平有效地评价各商品信息。为此，可将每一条商品信息视为一个元组级不确定数据对象，且可信度值即为该元组的出现或存在概率。由于系统中的商品信息在源源不断地更新，许多新的商品信息会不断加入至系统中，而某些过期的商品信息会被不断剔除。因此，可将基于商品信息对商品进行评价的问题建模为不确定数据流的 Skyline 查询问题，其中某个商品成为 Skyline 的概率越高，则表明其综合性能更优。

表 1.2　某些笔记本电脑的参考信息

商品 ID	出厂时间	价格/元	性能	可信度
L1	107 days ago	5 500	Excellent	0.7
L2	4 days ago	6 800	Excellent	0.8
L3	2 days ago	5 300	Good	1.0
L4	today	2 000	Good	0.5

综合上述所有实例可知，无论是集中式不确定数据上的 Skyline 查询，还是分布式不确定 Skyline 查询，或者不确定数据流的 Skyline 查询，均为众多的实际应用提供了决策支持、环境监控和数据分析等作用，在社会生活中发挥着重要作用。由此可见，研究不确定数据的 Skyline 查询具有极其重要的意义。

1.3.2　不确定 Skyline 查询的定义

由于数据不确定性的引入，使得不确定 Skyline 查询与传统 Skyline 查询存在显著差异。同时，由于不确定数据类型复杂多样且其不确定性的表示模型众多，使得在各种研究中不断衍生出新的不确定 Skyline 查询定义。

1. 基于离散概率模型的定义

PEI 等人[53]首先提出在不确定数据集上处理 Skyline 查询，并采用概率密度函数如 f 表示不确定对象。在其研究中，基于离散概率分布模型将不确定数据对象建模为多维空间中点的有限集合。该集合中的点称为不确定对象的实例（instance），且实例之间的支配关系仍为传统 Skyline 定义中的支配关系。假定 $U = \{u^1, \cdots, u^{l_1}\}$ 和 $V = \{v^1, \cdots, v^{l_2}\}$ 分别表示两个不确定对象，其对应的概率密度函数分别为 f 和 f'，同时假设各对象所有实例出现的概率相同，则 V 支配 U 的概率可定义为如下：

$$P[V < U] = \int_{u \in D} f(u) \left(\int_{v < u} f'(v) \, dv \right) du$$

$$= \int_{u \in D} \int_{v < u} f(u) f'(v) \, dv du \tag{1.1}$$

以上公式描述的是一般概念上的不确定对象之间的支配关系。对于实际应用中所用的离散概率分布模型，可得 V 支配 U 的概率如下：

$$P[V < U] = \sum_{i=1}^{l_1} \frac{1}{l_1} \cdot \frac{|\{v_j \in V \mid v_j < u_i\}|}{l_2} = \frac{1}{l_1 l_2} \sum_{i=1}^{l_1} |\{v_j \in V \mid v_j < u_i\}| \quad (1.2)$$

公式(1.2)表明不确定对象之间支配概率的计算最终可转化为确定的实例之间的支配计算。对于任意多维空间中的两个点 u 和 v，它们之间的关系必定为下列三者之一：$u < v$、$v < u$、u 和 v 互不支配。因此，对于任意两个不确定对象 U 和 V，必然满足条件 $P[U < V] + P[V < U] \leqslant 1$。

同样地，可定义不确定对象 U 的 Skyline 概率如下：

$$P(U) = \int_{u \in D} f(u) \prod_{V \neq U} \left(1 - \int_{v \in u} f'(v)\,\mathrm{d}v\right) \mathrm{d}u \quad (1.3)$$

离散概率分布模型下其相应的定义如下：

$$P(U) = \frac{1}{l} \sum_{i=1}^{l} \prod_{V \neq U} \left(1 - \frac{|\{v \in V \mid v < u_i\}|}{|V|}\right) \quad (1.4)$$

对于数据集合 S，给定概率阈值 p，可定义不确定对象 U 的概率 Skyline 集合（即 p-Skyline 集合）如下：

$$\mathrm{Skyline}(p) = \{U \in S \mid P(U) > p\} \quad (1.5)$$

在上述针对离散型概率分布的概率 Skyline 定义中，不确定对象 U 的 Skyline 概率采用可能世界语义解释。实际上，令 U^1，U^2，$\cdots$，U^m 为 m 个不确定对象且每个不确定对象中的实例以概率 $1/|U^i|$ 出现，则 m 个不确定对象的可能世界实例的个数为 $\prod_{i=1}^{m} |U^i|$。给定实例 $u_{i,j} \in U^i$，则 $u_{i,j}$ 的 Skyline 概率为其在这些可能世界实例中成为 Skyline 的概率。若所有可能世界实例均为等概率出现，则 $u_{i,j}$ 的 Skyline 概率即为其成为 Skyline 点的可能世界实例数量占可能世界实例总数的比率。特别地，令 $P(u_{i,j})$ 表示实例 $u_{i,j}$ 的 Skyline 概率，则可定义其值如下：

$$P(u_{i,j}) = \prod_{V \neq U} \left(1 - \frac{|\{v \in V \mid v < u_i\}|}{|V|}\right) \quad (1.6)$$

进一步地，由根据公式(1.4)可得整个不确定对象 U 的 Skyline 概率如下：

$$P(U) = \frac{1}{|U|} \sum_{u \in U} P(u) \quad (1.7)$$

2. 基于连续概率模型的定义

前面所述的定义主要针对离散型概率分布表示的不确定对象，若对象需要用连续概率密度函数表示时，以上定义虽然在逻辑上是可靠的，然而其计算过程必须使用积分计算，导致其计算的复杂性过高。为此，BÖHM 等人[119] 研究了使用连续概率密度函数建模不确定对象时的 Skyline 查询问题，并在 d 维实数空间 $\mathbf{R}^d$ 上将不确定对象 $f(\boldsymbol{x})$ 的 Skyline 概率定义如下：

$$P_S(f(\boldsymbol{x})) = P(\bigwedge_{g(\boldsymbol{y}) \in \mathrm{DB}'} g(\boldsymbol{y}) < f(\boldsymbol{x}))$$

$$= \int_{\mathbf{R}^d} f(\boldsymbol{x}) \prod_{g(\boldsymbol{y} \in \mathrm{DB}')} \left(1 - \int_{\mathbf{R}^d} g(\boldsymbol{y}) \cdot \begin{cases} 1, & \boldsymbol{y} < \boldsymbol{x} \\ 0, & \text{otherwise} \end{cases} \mathrm{d}\boldsymbol{y} \right) \mathrm{d}\boldsymbol{x} \quad (1.8)$$

其中，DB 为不确定数据集且 $\mathrm{DB}' = \mathrm{DB} - f(\boldsymbol{x})$。给定概率阈值 τ，PEI 等人[53] 同样定义了与 p-Skyline 类似的 τ-Skyline，即 $S_\tau = \{ f(\boldsymbol{x}) \in \mathrm{DB} \mid P_S(f(\boldsymbol{x})) \geqslant \tau \}$。

然而，基于上述定义仍然难以直接计算 Skyline 概率。为此，BÖHM 等人[119] 将不确定对象直接建模为多元高斯分布函数，其中均值为 $\overrightarrow{\mu_x} = (\mu_{x,1}, \cdots, \mu_{x,d})^\mathrm{T}$，协方差为对角矩阵 $\sum_x = \mathrm{diag}(\sigma_{x,1}^2, \cdots, \sigma_{x,d}^2)$，从而将多元高斯分布函数表示不确定数据对象转化为各个维度上独立的单变量高斯函数处理。同时利用期望和方差参数来表示概率密度函数，将数据空间表示为参数空间 $(\mu_1, \sigma_1, \cdots, u_d, \sigma_d)$，且通过参数计算对象间的支配概率和 Skyline 概率。

令 $n_{\mu,\sigma^2}(x)$ 表示期望为 μ、方差为 σ^2 的高斯分布函数，则对象 $f(\boldsymbol{x})$ 可表示为：

$$f(\boldsymbol{x}) = \prod_{1 \leqslant i \leqslant d} n_{\mu_{x,i}, \sigma_{x,i}^2}(x_i) = \prod_{1 \leqslant i \leqslant d} \frac{1}{2\pi\sigma_{x,i}^2} \mathrm{e}^{\frac{(x_i - \mu_{x,i}^2)}{\sigma_{x,i}^2}} \quad (1.9)$$

若对象集合表示为 $\mathrm{DS} = \{ f_1(\boldsymbol{x}_1), \cdots, f_n(\boldsymbol{x}_n) \}$，则对象间的支配概率可表示为：

$$P(f_i(\boldsymbol{x}_i) < f_j(\boldsymbol{x}_j)) = \iint f_i(\boldsymbol{x}_i) \cdot f_j(\boldsymbol{x}_j) \cdot \begin{cases} 1, & \boldsymbol{x}_i < \boldsymbol{x}_j \\ 0, & \boldsymbol{x}_i \not< \boldsymbol{x}_j \end{cases} \mathrm{d}\boldsymbol{x}_i \mathrm{d}\boldsymbol{x}_j \quad (1.10)$$

同时，不确定对象的 Skyline 概率可定义为：

$$P_{\text{skyline}}(f_i(\boldsymbol{x}_i)) = P(\bigcap_j f_i(\boldsymbol{x}_i) \not< f_j(\boldsymbol{x}_j)) \quad (1.11)$$

将高斯分布函数扩展为高斯混合模型（gaussian mixture model，GMM）后，上述结论仍然成立。GMM 是多个多元高斯函数的加权线性组合。图 1.7（a）中显示了由一元高斯分布概率密度函数表示的两个不确定对象，分别为虚线表示的 $n(0, 1)$ 和 $n(2, 4)$。通过支配概率计算可得两者的支配关系的概率密度

函数为 $n(0,5)$，如图 1.7 中的实线表示。具体而言，两者之间的支配概率值为 $N_{0,5}(2)$，如图 1.7(b) 中阴影部分所示。如图 1.8 所示为二元高斯分布对象的概率支配关系示例，其中图 1.8(a) 中所示即为两个二元高斯分布对象，其参数分别为 $u_1 = [0 \quad 0]$，$\sum_1 = [0.5 \quad 0; 0 \quad 0.5]$ 和 $u_2 = [1 \quad 0]$，$\sum_1 = [0.5 \quad 0; 0 \quad 0.5]$，图 1.8(b) 中显示的覆盖区域即为两个对象间的支配概率。

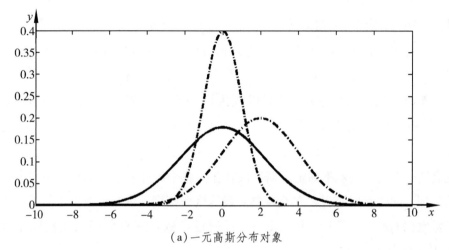

（a）一元高斯分布对象

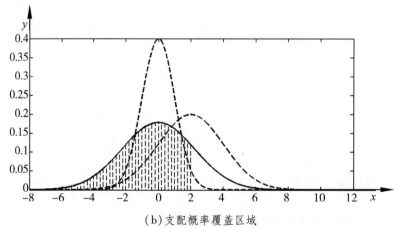

（b）支配概率覆盖区域

图 1.7　一元高斯模型建模的数据对象及其支配概率

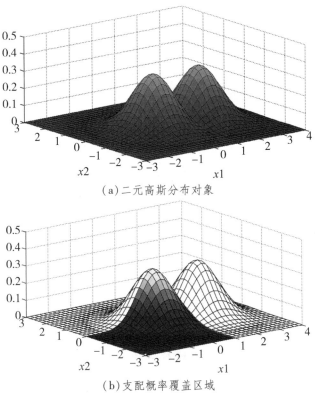

（a）二元高斯分布对象

（b）支配概率覆盖区域

图 1.8 二元高斯模型建模的数据对象及其支配概率

3. 不完全数据的 Skyline 定义

在不少实际应用中，例如在某电影评价系统中，由于评价电影的指标通常较多，而每个用户极有可能只对其中自己感兴趣的一些指标进行评价。因此对于某些数据项而言，其值可能是不完全的。在 NBA 信息统计应用中，每个球员存在大量的信息，对于某些球员而言，可能在某些年份或者某些场次因伤等原因而未参加比赛等情况，其数据也是不完全的。对于不完全数据如 p =(1, -, 3)和 q=(-, 2, -)，根据传统的支配关系定义，则无法判定其支配关系。为此，KHALEFA 等人[38]提出了如下针对不完全数据的支配关系定义：

定义 1.3（不完全支配）：给定两个不完全数据对象 P 和 Q，假定数据中各维度上的值均以大为优，则当同时满足以下两个条件时，称 P 支配 Q：第一，至少存在一个维度上的值 $P.u_i$ 和 $Q.u_i$ 均已知，且满足 $P.u_i > Q.u_i$；第二，对于任一其他维度 $j(j \neq i)$，或者 $P.u_j$ 未知、$Q.u_j$ 未知，或者 $P.u_j \geqslant Q.u_j$。

由上述定义可知，对于点 $p = (1, -, -, 3)$ 和点 $q = (-, -, 3, 1)$，满足 p 支配 q，记为 $p < q$。而对于 $p' = (2, -, -, 3)$ 和 $q' = (-, 1, 2, -)$，则无法判断它们之间的支配关系。此外，传统的 Skyline 查询满足支配关系的传递性，即若 $p_1 < p_2$ 且 $p_2 < p_3$，则必然有 $p_1 < p_3$。然而，不完全数据之间的支配关系则不存在传递性和循环性。例如，对于不完全对象 $p_1 = (4, 3, 4, -)$、$p_2 = (2, 1, -, 5)$ 和 $p_3 = (-, -, 5, 2)$，有 $p_1 < p_2$ 且 $p_2 < p_3$，但是 $p_3 < p_1$。不完全数据的 Skyline 查询的目标在于查询数据集中所有不被其他数据对象不完全支配的对象的集合。

1.3.3　不确定 Skyline 查询的挑战

由 1.3.1 小节中对不确定 Skyline 查询应用的分析可知，当前不确定数据的 Skyline 查询应用已逐步向分布式应用和数据流应用扩展。传统的集中式不确定数据集上的 Skyline 查询方法已难以满足现实应用的需求，分布并行不确定 Skyline 查询成为当前研究的必然趋势和主要方向。当前分布并行不确定 Skyline 查询研究的主要任务体现在以下两个方面：第一，针对分布式不确定数据集上的 Skyline 查询，研究低通信开销且能够渐进式地返回查询结果的高效分布式不确定 Skyline 查询方法；第二，针对高吞吐率的不确定数据流环境，且在用户对大规模滑动窗口查询的条件下，研究利用云计算数据中心、分布式集群或高速局域网等高带宽的分布式计算环境，高效并行处理不确定数据流 Skyline 查询的方法。

1. 分布式不确定 Skyline 查询面临的挑战

尽管目前确定性数据上的 Skyline 查询在众多分布式应用中已得到了较为广泛而深入的研究，典型的如 P2P 系统、Web 信息系统、分布式数据流和无线传感器网络（WSN）等。然而，以上研究解决的均为确定性数据上的 Skyline 查询问题。数据不确定性的引入，使得查询的定义、存储和索引、处理方法以及结果呈现等方面均发生了巨大变化，导致已有的这些分布式确定性 Skyline 查询方法难以运用于不确定数据中。自从 PEI 等人[53]首次提出不确定数据上的 Skyline 查询（即概率 Skyline 查询）之后，各种不确定性应用场景下的集中式不确定 Skyline 查询方法不断被提出。然而，目前针对分布式环境下的不确定 Skyline 查询研究较少，目前尚处于研究的初级阶段。

由 1.1.3 小节所述可知，当前不确定数据可分为元组级不确定数据和属性级不确定数据。对于元组级不确定数据，其典型的表示形式为 $<\alpha_1$，α_2，$\cdots$，α_n，$p_i>$，通常采用离散型概率表示元组的存在或者出现概率。因此，此类型的不确定数据通常又称为"概率数据"，而对此类不确定数据的分布式 Skyline 查询称为"分布式概率 Skyline 查询"。为便于描述，本书中同样将此类离散型概率表示的元组级不确定数据称为概率数据，而对此类分布式数据集上的查询称为分布式概率 Skyline 查询。对于属性级不确定数据，一般具有多个属性，其中每个属性的值可能是精确的，也可能是不确定的。其中每个不确定属性又有多种表示形式，其中最为典型的一种形式是将不确定属性值表示为一个区间（如 $[a, b]$），而在区间 $[a, b]$ 中的取值可能服从某种连续概率分布形式，比如均匀分布或者正态分布等。同样为便于描述，将此类采用连续型概率表示的属性级不确定数据称为区间数据，而对此类分布式数据集上的查询称为分布式区间 Skyline 查询。由 1.3.1 小节的分析可知，对上述两类分布式不确定数据集进行 Skyline 查询具有十分重要的现实意义，然而同样也面临着诸多方面的挑战。

（1）分布式概率 Skyline 查询的效率问题。

一个设计良好的分布式概率 Skyline 查询方法不仅能够最小化通信开销，同时应该满足查询的渐进性以及最小化查询时间和计算开销等。对于分布式概率 Skyline 查询，一种低效但最直接的方法是将所有的局部节点内的不确定数据全部传输至某个集中式的协调节点处，然后在该节点处执行集中式的概率 Skyline 查询。因此，可将分布式概率 Skyline 查询转化为集中式 Skyline 查询。然而，采用此方式将消耗大量的通信开销和计算开销，在实际处理过程中难以适用。为此，DING 等人[123]提出了两种基于反馈机制的分布式概率 Skyline 查询方法，以提高查询处理的效率并减少通信开销。然而，由于此类方法使用局部信息剪枝不合格的元组，其剪枝能力严重受限。此外，该反馈机制虽然能够利用支配能力较强的元组来剪枝各局部节点内不可能成为最终

Skyline 的元组，但是其剪枝策略并未能充分利用历史处理的信息来实现最大化的剪枝处理。虽然与上述最基础的方法相比，此类方法在处理性能上已有较大的提升，然而其处理的通信开销仍然相对较大，容易影响用户的快速查询体验。因此，如何有效收集各分布式概率数据集中全部元组的全局信息，并探索最优化的迭代反馈处理过程，从而设计一种高效渐进的分布式概率 Skyline 查询方法是当前面临的严峻挑战。

（2）分布式区间 Skyline 查询的建模和效率问题。

区间数据作为一种特殊的不确定数据类型，广泛存在于众多的实际应用中。与概率数据不同，概率数据中只有存在概率一个维度的不确定属性，而区间数据可能在多个属性维度上具有不确定性，而且其不确定性通常采用连续型区间概率模型表示，其计算和处理的复杂程度显然更高。尽管目前已有多种分布式 Skyline 查询方法相继被提出。然而，已有的技术均无法满足分布式区间 Skyline 查询的需求，其原因主要包括以下两个方面：

①传统确定性数据中的支配关系不能运用于区间数据，而已有的不确定数据上的 Skyline 查询研究中的概率 Skyline 定义，主要基于可能世界模型，同样难以适用于区间不确定数据；

②已有分布式 Skyline 查询研究中的各种优化技术和策略，典型的如索引技术（如网格索引、B 树索引、R 树索引及其各种变种等）和节点组织策略（如CAN 结构和 BATON 结构）等，均难以适用于区间类型的分布式不确定数据集上的 Skyline 查询。

此外，目前对此类不确定数据的查询研究较少，而且缺乏分布式区间不确定数据的 Skyline 查询方法。相对于分布式概率 Skyline 查询而言，分布式区间 Skyline 查询更具挑战性：一方面，缺乏区间 Skyline 查询的规范化定义，且对其建模和计算的复杂程度更高；另一方面，缺乏有效的优化分布式 Skyline 查询的相应技术和策略。因此，设计一种能够高效解决分布式区间数据集上 Skyline 查询的方法，具有重要的现实意义，同时也充满了挑战性。

2. 不确定数据流 Skyline 查询面临的挑战

近年来，数据流的 Skyline 查询已受到研究者们的广泛关注，其研究的挑战主要在于：流数据的高度动态性、无限容量和查询的及时性需求。尽管目前已有不少数据流的 Skyline 查询方法被提出，但是由于数据不确定性的影响，使得其查询在定义、索引和计算等方面与确定性数据流上的 Skyline 查询存在显著差异。以下是一个不确定数据流查询的典型示例。

例 1.9: 在一个在线商品评估系统中，每个商品的记录均被视为具有多个属性的对象，典型的属性包括扫描码、类型、制造商、价格和生产日期等。假定仅考虑后面两个属性，且其值分别对应坐标轴中的 X 轴和 Y 轴。此外，每条记录均关联一个概率值 e，代表商品的信誉值。所有的商品记录值均以数据流的形式到达，且 u_i 表示第 i 个到达的流数据，则可提出以下查询内容：查询出最近 10 条商品记录中所有 Skyline 概率值不低于 0.3 的记录。如表 1.3 所示。

表 1.3　不确定数据流示例

属性	u_1	u_2	u_3	u_4	u_5	u_6	u_7	u_8	u_9	u_{10}	u_{11}
X	0.40	0.95	0.48	0.22	0.65	0.43	0.58	0.64	0.62	0.16	0.37
Y	0.25	0.35	0.38	0.46	0.42	0.44	0.54	0.70	0.40	0.64	0.80
e	0.20	0.60	0.40	0.30	0.30	0.50	0.80	0.60	0.50	0.70	0.60

通常地，一个流数据元组 e 的 Skyline 概率等于这样一个事件发生的概率，即对象 e 存在且所有支配对象 e 的对象均不存在。如图 1.9(a) 中所示，对象 u_6 的 Skyline 概率为 $u_6.e \times (1 - u_1.e) = 0.4$。类似地，同样可得对象 u_2、u_3 和 u_4 的 Skyline 概率分别为 0.48、0.32 和 0.3。因此，当对象 u_8 到达后，Skyline 对象包括 u_2、u_3、u_4 和 u_6，如图 1.9(a) 中的圆点所示，其他情形下的 Skyline 对象如图 1.9 所示。

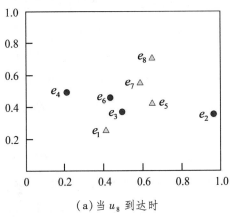

(a) 当 u_8 到达时

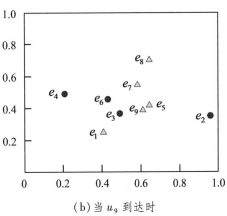

(b) 当 u_9 到达时

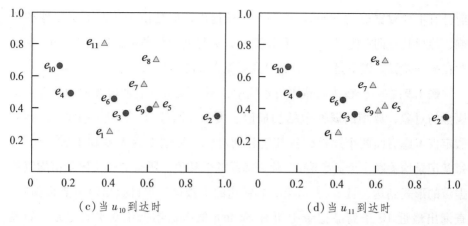

(c) 当 u_{10} 到达时　　　　　　　　　(d) 当 u_{11} 到达时

图 1.9　不确定数据流上 Skyline 集合变化示例

通过上述示例可知，与传统静态数据集上的 Skyline 查询相比，不确定数据流上的 Skyline 查询具有以下两个方面的复杂性：

①不确定数据流上的 Skyline 计算不仅需要检测对象之间的支配关系，而且需要计算对象的 Skyline 概率，其查询涉及的计算为 CPU 计算密集型，比传统 Skyline 查询计算的复杂程度更高。

②由于流数据源源不断到达且通常需要及时地返回查询结果，若不确定数据流的到达速率较高且用户关注的滑动窗口规模较大，已有集中式不确定数据流 Skyline 查询方法由于单个节点计算能力不足而难以满足查询需求。

尽管近几年已有少数不确定数据流上的 Skyline 查询方法被提出，然而这些方法主要关注于集中式环境，特别是单处理器环境下不确定数据流的 Skyline 查询。这不仅严重限制了方法的可扩展性，而且无法满足查询的计算能力需求。在当前云计算和大数据处理的时代潮流下，由于诸如云计算数据中心、网格计算、多处理器集群和高速局域网等高带宽的分布式计算环境的兴起和广泛使用，为解决复杂的不确定数据流上的 Skyline 查询提供了良好的分布并行处理环境。并行 Skyline 查询不仅能够极大地减少查询处理的时间，而且能够有效地提高整个查询系统的灵活性和有效性，也是当前学术界研究的热点之一。

目前，分布并行 Skyline 查询已成为研究的热点之一，且当前已有少数分布并行方法被提出。这些分布并行方法的主要思想在于：首先，将整个大数据集划分成多个小的数据集；其次，各个计算节点局部并行处理查询；最后，将各个局部节点上的计算结果进行归并处理。此类方法的正确性源于 Skyline 查询操作的可加性。然而不幸的是，以上方法专门设计用于处理静态数据集上的 Skyline 查询，不仅难以适用于数据流环境，而且不确定 Skyline 查询由于不满足可加性而对其无法适用。具体而言，当前不确定数据流的 Skyline 查询面临以下三个方面的挑战。

(1)不确定数据流的分布并行 Skyline 查询模型问题。

尽管针对一些分布式计算环境(如云计算环境)下，目前已有多种分布并行处理模型被提出，如 MapReduce、HOP、Twister、HaLoop 和 Hadoop ++ 等。然而，这些分布并行查询模型均难以适用于不确定数据流上的 Skyline 查询，主要源于以下三个方面的事实：第一，这些分布并行查询模型主要面向于基于分布式文件系统的静态数据上的分布并行查询处理，而难以实现无文件系统支持的数据流的 Skyline 查询处理；第二，众多复杂查询中的任务难以直接采用分而治之的思想进行各自独立的处理，特别是对于那些不满足可加性的不确定 Skyline 查询操作；第三，不确定 Skyline 查询上的分布并行查询处理需要多个节点之间直接大量的交互，甚至需要某些辅助节点的支持来优化处理，然而基于 MapReduce 的框架无法有效支持计算节点之间频繁地通信，例如 Map 节点之间无法通信等。此外，已有的确定性数据上的分布并行 Skyline 查询模型和方法同样无法解决不确定数据流的分布并行 Skyline 查询问题。因此，如何设计一种有效的不确定数据流的分布并行 Skyline 查询模型，成为当前研究首先需要解决的问题。

(2)大规模滑动窗口的 Skyline 查询效率问题。

不确定数据流的 Skyline 查询计算面临诸多方面的挑战，其复杂性主要源自三个方面：计算复杂性、数据流复杂性和查询需求的扩大。首先，对于不确定数据流上的 Skyline 查询，其计算过程不仅涉及大量的流元组之间的支配关系测试，而且需要频繁地更新计算元组的 Skyline 概率。因此，传统的剪枝和索引等优化策略难以用于不确定数据流的分布并行 Skyline 查询过程中。其次，在众多大数据应用中，流数据的到达速率较传统的数据流更大，比如单个雷达节点产生的速率可达 200MB/s。这些高速产生流数据的应用，对及时甚至实时的流查询处理提出了新的挑战。最后，随着用户需求的不断扩大，为不确定数据流的分布并行 Skyline 查询提出了更为严峻的挑战。特别地，当用户关心的最近的元组数目规模（即滑动窗口尺寸）较大时，已有的集中式处理方法和一般的分布并行处理模型，均难以满足查询处理的计算需求和快速查询需求。因此，如何基于分布并行查询模型设计一种高效的不确定数据流的分布并行 Skyline 查询方法，是当前研究的关键所在，也是必须面对的挑战和亟待解决的问题之一。

（3）不确定数据流分布并行 Skyline 查询的容错问题。

虽然高带宽的分布式计算环境（如云计算数据中心环境）为不确定数据流的分布并行 Skyline 查询处理提供了良好条件，然而也带来了一系列的挑战，其中最为典型的是容错问题。例如，云计算通过数据中心管理所需的应用程序和其他海量计算资源和存储资源，且数据中心往往规模巨大，通常由成千上万的节点以集群模式构成分布式系统。尽管现代数据中心中采用的服务器及各种软硬件资源已具备较好的性能，然而在如此巨大规模的数据中心内部，依然存在各种因素会导致系统故障的发生。常见的故障类型包括：硬件故障、软件故障、网络故障、人为故障、不可抗力和自然灾害等。据统计，在 Google 运行的 MapReduce 应用中，平均 5 台工作机就有一台会发生失效，且在 4 000 台计算节点的集群上运行 6 个小时 MapReduce 任务的过程中，最少便有一个节点发生磁盘失效故障。由此可见，在数据中心环境中，故障的发生应被视为常态而非例外情形来对待。然而，若在分布并行查询处理的过程中发生节点或者网络中断等故障，将引起查询结果出错、查询中断以及浪费大量的系统资源等问题，严重影响用户的查询体验。此外，在不确定数据流 Skyline 查询的过程中，前后到达的数据可能直接影响最终的查询结果，若故障发生后直接丢弃已有的计算和数据，并等待故障恢复后再继续执行查询，不仅会浪费大量的系统资源，而且会导致查询结果出错，显然无法满足用户的查询需求。因此，如何设计一种高效容错的不确定数据流的分布并行 Skyline 查询方法具有重要意义，同时也面临着严峻的挑战。

1.4　本书工作

当前不确定数据广泛存在于诸如传感器网络、RFID 网络、基于位置的服务以及移动对象管理等各种实际应用中。受众多现实不确定性应用的驱动，不确定数据上的 Skyline 查询近年来在数据库领域受到广泛关注。随着分布式不确定性应用和不确定数据流应用的普及和发展，Skyline 查询已逐步向分布式不确定数据集和不确定数据流的 Skyline 查询方向发展。

对于分布式不确定数据集，主要包含两种类型：一种是采用离散型概率形式表示的元组级不确定数据集，即概率数据集；另一种是采用连续型概率形式表示的属性级不确定数据集，即区间数据集。对于分布式不确定数据集上的 Skyline 查询，要求能够以较低通信开销渐进式地返回查询结果。然而，已有的分布式不确定 Skyline 查询方法或者查询过程中剪枝效率较低而导致查询的通信开销较大，或者无法解决某些分布式不确定数据集（如区间数据集）上的 Skyline 查询问题。

对于不确定数据流上的 Skyline 查询，其自身所具有的计算复杂性、数据流复杂性和查询需求的扩大，导致传统的集中式处理技术已无法满足查询处理的需求，研究利用高带宽的分布式计算环境（如数据中心环境）对不确定数据流 Skyline 查询进行分布并行处理，已成为当前研究的主题和未来研究的必然趋势。对于数据流应用中复杂的不确定数据流上的 Skyline 查询，要求能够快速准确地返回查询结果。该研究的首要问题在于研究有效的分布并行查询模型，并在此基础上研究高效的分布并行查询处理方法以及容错分布并行查询处理方法。

本书针对不确定数据集和不确定数据流开展分布并行 Skyline 查询技术的研究工作，重点围绕分布式概率数据集和区间数据集上的 Skyline 查询，以及不确定数据流的分布并行 Skyline 查询模型、高效性和容错性五个方面的问题展开深入研究，主要包括以下五个方面的内容。

1. 基于网格过滤的分布式概率 Skyline 查询方法

已有的分布式概率 Skyline 查询方法由于其剪枝效率不高而出现查询的通信开销过大。为进一步减小查询处理的通信开销，实现高效渐进式的分布式查询处理，本书中提出了一种基于网格过滤的分布式概率 Skyline 查询方法 GDPS（grid-filtering based distributed probabilistic skyline query）。

本书在明确定义分布式概率 Skyline 查询的概念和查询目标的基础上，重点分析并研究优化分布式概率 Skyline 查询的过程。在 GDPS 方法中，其查询处理过程主要包括两个阶段：预处理阶段和迭代处理阶段。在预处理阶段，首先对数据空间进行网格划分，并基于所划分的网格结构尽可能地收集各分布式节点上元组数据的全局网格概要信息；在此基础上，利用全局网格概要信息进行剪枝，以过滤不可能成为最终概率 Skyline 的对象集合。在迭代处理阶段，分别对协调节点和局部节点的处理过程进行优化。在协调节点的处理过程中，充分利用历史处理信息最大化地过滤非概率 Skyline 对象，并选择候选元组中具有最大支配能力的元组传输至局部节点，以尽可能多地剪枝局部节点中的非概率 Skyline 对象。在各局部节点的处理过程中，一方面，不断更新各元组的临时 Skyline 概率信息，以充分利用历史的查询计算过程优化剪枝；另一方面，选择综合支配能力最强的元组传输至协调节点，以增强候选反馈元组的剪枝能力。大量合成数据和真实数据集下的实验测试结果表明，相对于已有方法，GDPS 方法不仅能够满足用户渐进性的查询需求、保证查询结果的正确性，而且能够显著降低查询处理的通信开销。

2.基于迭代反馈的分布式区间 Skyline 查询方法

已有的 Skyline 查询研究缺乏有效建模区间不确定数据上 Skyline 查询的方法，而且已有分布式 Skyline 查询方法中的各种优化处理策略（如索引和节点组织策略等），均难以适用于分布式区间数据集上的 Skyline 查询。为了高效解决分布式区间数据集上的 Skyline 查询问题，本书中提出了一种基于迭代反馈的分布式区间 Skyline 查询方法 DISQ（iterative-feedback based distributed interval skyline query）。

在 DISQ 方法中，先对区间 Skyline 查询问题进行了建模，规范化定义了分布式区间 Skyline 查询问题以及区间对象 Skyline 概率的计算方法，并采用一种四阶段的迭代反馈机制进行分布式查询处理。在局部节点的处理过程中，其查询处理的优化主要包括三个方面：第一，根据由协调节点反馈的元组信息，不断更新各区间元组的临时区间 Skyline 概率信息，并快速剪枝临时区间 Skyline 概率低于阈值的元组；第二，选择最具代表性的元组（即临时区间

Skyline 概率最大的元组），及其概率信息至协调节点，以优化候选反馈对象的剪枝效率并节省计算的开销；第三，选择最优的返回协调节点的元组数目，以最大化降低查询处理的通信开销。在协调节点的处理过程中，一方面，不断收集并遴选来自各局部节点的优势元组以选择最优的反馈元组，从而最大化反馈元组的剪枝效率；另一方面，收集在协调节点处被剪枝的元组，并根据这些元组信息剪枝其维护的候选反馈元组集合，以优化反馈对象的选择和减少反馈元组的数目。大量合成数据和真实数据集下的实验测试结果表明，相对于已有方法，DISQ 不仅能够有效建模分布式区间 Skyline 查询问题，满足查询的正确性和渐进性，而且能够极大地减少查询的通信开销。

3. 不确定数据流的分布并行 Skyline 查询模型

已有基于分布式计算环境的分布并行处理模型（如 MapReduce 模型）及其各种变种，其自身结构的原因（如 Map 节点之间无法直接通信等）而导致其难以支持不确定数据流上的分布并行 Skyline 查询。为了有效解决不确定数据流上的分布并行 Skyline 查询处理问题，本书中提出了一种基于窗口划分的分布并行查询模型 WPS（window-partitioning based distributed parallel Skyline query model）。

在 WPS 模型中，首先通过将管理不确定数据流的全局滑动窗口划分为多个局部窗口，并将各局部窗口中的查询任务映射至各计算节点，从而将原本集中式的查询处理过程转换为多个计算节点共同处理的并行查询过程。同时，为进一步优化查询处理的过程：一方面，基于排队理论建模分析流数据的到达速率、处理速率和缓存容量之间的关系，自适应地调整窗口滑动的粒度；另一方面，根据滑动窗口的综合处理能力划分各局部窗口长度，以尽可能地实现各计算节点上的负载均衡。特别地，为了适应各种分布式计算环境和查询处理需求，在 WPS 模型中专门实现了四种典型的流数据映射策略，即集中式映射策略 CMS（centralized mapping strategy）、轮转式映射策略 AMS（alternate mapping strategy）、分布式映射策略 DMS（distributed mapping strategy）和角划分映射策略 APS（angle-based partitioning mapping strategy）。在 CMS 策略中，流数据被映射至所有计算节点上，且各计算节点均维护着全局窗口，计算节点之间无须通信；该策略适合于带宽受限的分布式计算环境。

在 AMS 策略中，监控节点以轮转的方式依次按序填满各个计算节点上的局部窗口；该策略能够降低各局部窗口的动态变化性，适合于高带宽的分布式网络环境。在 DMS 策略中，监控节点逐个交替地将流数据按序映射至各计算节点，其查询完全采用分布式的形式进行；该策略能够最大化并行处理的效率且具有较好的负载均衡性。在 APS 策略中，监控节点根据流数据的角坐标确定其映射的计算节点；该策略能够通过强化流数据之间的支配关系来提高查询效率，适合于高带宽环境且无须完全负载均衡的查询应用。大量合成流数据和真实流数据下的实验测试结果表明，与已有方法相比，基于 WPS 模型实现的分布并行查询方法的处理效率显著提高，且对于不同的更新粒度、数据维度和滑动窗口长度，能够维持较高的查询处理效率和负载均衡性能。

4.基于两级优化的分布并行 Skyline 查询方法

已有的不确定数据流 Skyline 查询方法采用集中式的处理方式，使得其在计算能力和可扩展性等方面存在严重不足，导致其难以解决高吞吐率数据流环境下对大规模滑动窗口进行高效 Skyline 查询的问题。为了实现高效的不确定数据流的分布并行 Skyline 查询，本书中提出了一种基于两级优化的分布并行 Skyline 查询方法 PSS（two-level optimization based distributed parallel Skyline query scheme）。

在 PSS 方法中，采用基于窗口划分的 WPS 分布并行处理模型实现基本的并行查询处理框架；在此基础上，利用计算节点之间以及计算节点内部的两级优化处理来实现高效的不确定数据流的并行查询处理。对于计算节点之间的优化，利用新到达流数据的映射策略对所有的并行计算节点进行有效组织，以对各计算节点内维护的元组建立支配关系的内在联系，从而尽可能地减少各计算节点所维护的元组之间的支配比较次数。对于计算节点内部的优化，采用网格索引结构优化各计算节点内部计算，包括元组之间的支配测试计算和候选对象的 Skyline 概率计算与更新等；同时，采用一种基于 Z-order 曲线的管理策略对大量网格元胞的进行高效管理，并利用 Z-order 列表的单调性优化网格元胞之间的支配关系测试，以进一步提高各计算节点内部的查询处理效率。大量合成流数据和真实流数据下的实验测试结果表明，相对于已有方法，PSS 方法能够极大地改进分布并行查询处理的效率，同时其所消耗的通信开销较小且具有较好的负载均衡性能。

5. 基于复制的容错分布并行 Skyline 查询方法

在利用高带宽分布式计算环境(如数据中心)分布并行处理不确定数据流 Skyline 查询的过程中，故障的发生会导致查询结果出错、查询中断并浪费大量的系统资源，然而已有的不确定数据流 Skyline 查询方法却无法有效解决此问题。为此，本书中提出了一种基于复制的容错分布并行 Skyline 查询方法 FTPS (replication based fault-tolerant distributed parallel Skyline query)。

在 FTPS 方法中，首先基于滑动窗口模型对不确定数据流的容错分布并行查询问题进行了明确定义。FTPS 方法的主体包括两个部分：高效的分布并行查询处理框架和有效的容错处理策略。一方面，采用了基于 WPS 模型和两级优化策略实现的分布并行查询处理框架，以实现不确定数据流上 Skyline 查询的高效并行处理；另一方面，将各种基于复制的容错优化策略与分布并行查询处理框架有效结合，以实现高效的容错分布并行查询处理。在容错策略中，对复制的内容、时机、副本的数目和副本放置的位置等多个方面进行优化。特别地，在 FTPS 中选择参与并行处理的计算节点作为副本节点，并对各计算节点上的多个副本进行层次化管理，通过选择优先级高的副本恢复数据，以保证数据恢复的高效性；同时，将故障检测、丢失数据恢复和查询过程恢复贯穿于整个查询更新过程中，以减少容错处理的额外通信和计算开销并实现快速的查询恢复过程。大量合成流数据和真实流数据下的实验测试结果表明，FTPS 方法能够快速有效地检测故障并恢复并行查询处理的过程，不仅在无故障发生时具有高效的并行查询处理能力，而且在单个节点失效甚至多个节点失效时，仍然能够保持较好的容错并行处理能力。

1.5　本书结构

本书共分为 8 章，其组织结构如图 1.10 所示。

第 1 章，绪论，首先，对不确定数据和 Skyline 查询的一些背景知识进行了概述；其次，着重介绍了不确定 Skyline 查询的应用和相关定义，并分析了不确定 Skyline 查询面临的挑战；最后，简述了本书的主要工作和组织结构。

第 2 章，综述本书工作的相关研究，分类介绍了分布式 Skyline 查询、并行 Skyline 查询和数据流 Skyline 查询的已有研究成果和国际国内的相关研究现状。此外，概述了容错查询处理相关的技术和研究进展。

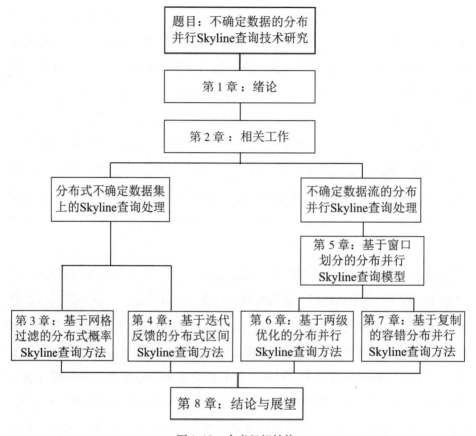

图 1.10　全书组织结构

第 3 章，针对已有的分布式概率 Skyline 查询方法因剪枝效率不高而出现查询的通信开销较大的问题，提出了一种基于网格过滤的分布式概率 Skyline 查询方法 GDPS，并通过大量的实验测试评估和分析了 GDPS 方法的性能。

第 4 章，针对已有的分布式 Skyline 查询技术无法高效解决分布式区间 Skyline 查询的问题，提出了一种基于迭代反馈的分布式区间 Skyline 查询方法 DISQ，并通过大量的实验测试评估和分析了 DISQ 方法的性能。

第 5 章，针对已有的分布并行处理模型由于其自身结构的原因而难以支持不确定数据流的分布并行 Skyline 查询的问题，提出了一种基于窗口划分的分布并行查询模型 WPS，并通过大量的实验测试评估和分析了 WPS 模型的性能。

第 6 章，针对已有方法难以解决高吞吐率数据流环境下对大规模滑动窗口进行高效 Skyline 查询的问题，提出了一种基于两级优化的分布并行 Skyline 查询方法 PSS，并通过大量的实验测试评估和分析了 PSS 方法的性能。

第 7 章，针对在不确定数据流并行 Skyline 查询过程中故障发生而导致查询结果不准确和查询中断的问题，提出了一种基于复制的容错分布并行 Skyline 查询方法 FTPS，并通过大量的实验测试评估和分析了 FTPS 方法的性能。

第 8 章，对本书进行总结并展望未来的工作。

第 2 章

相 关 工 作

作为多标准决策和偏好查询等问题的解决方法之一，Skyline 查询技术在众多现实应用中发挥着重要作用。伴随着 Skyline 查询应用的不断拓展，Skyline 查询从提出至今，从总体上呈现出由静态数据集向动态数据流、由集中式处理向分布并行处理、由确定性向不确定性查询发展的趋势。根据不同的分类依据，如查询处理方式的不同和查询数据形态的不同等，可得到不同的 Skyline 查询分类结果。由于分类标准众多，所以很难利用完全统一的划分标准对整个 Skyline 查询处理技术进行分类。考虑到本书研究的重点在于不确定数据的分布并行 Skyline 查询，而与之紧密相关的研究主要包括分布式 Skyline 查询、并行 Skyline 查询和数据流 Skyline 查询三个方面。因此，本章主要从这三个方面着手，分别介绍其在国际国内的相关研究现状。此外，本章中还介绍了容错查询处理技术的一些相关研究现状，特别是容错 Skyline 查询处理方面的研究进展。

2.1　分布式 Skyline 查询

分布式 Skyline 查询伴随着众多分布式应用的发展而产生，是集中式 Skyline 查询在分布式环境下的扩展。当数据量较大、数据源较多且在地理上分布较广时，将所有数据在单独的服务器上存储和处理易产生性能瓶颈，可扩展性和安全性较差。分布式数据存储方式往往能提供本地数据管理的方便，且具有较低的处理开销以及较好的可扩展性等。由于数据对象广泛分布于众多的分布式节点上，使得分布式 Skyline 查询与数据划分的模式密切相关。

根据数据划分模式的不同，分布式数据集可划分为基于水平划分的分布式数据集和基于垂直划分的分布式数据集两种。数据的水平划分是指数据广泛分布于多个节点上，每个节点存储的数据是整个数据的一部分，且其存储的数据是覆盖全部维度的数据。与水平划分不同，垂直划分方法对应的每个节点存储的是部分维度上的所有数据。水平数据划分和垂直数据划分的具体划分方式的示例如图 2.1 所示。

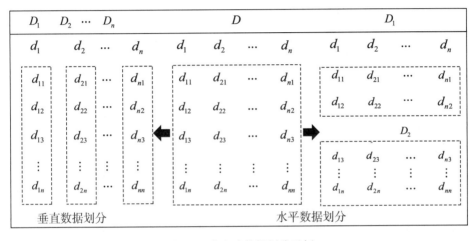

图 2.1　分布式数据划分示例

已有的分布式 Skyline 查询研究主要围绕解决两个方面的问题展开，即查询结果返回的渐进性和降低查询的通信开销。其中，通信开销作为衡量分布式 Skyline 查询方法的普遍标准，它不仅决定了网络带宽占用量，而且在很大程度上决定了查询的响应时间和处理时间。通常分布式查询往往耗费比集中式查询更长的查询时间，因此渐进性在分布式 Skyline 查询中显得尤为重要，。

根据查询所针对的数据类型的不同，可将分布式 Skyline 查询分为确定性数据的分布式 Skyline 查询（简称为"分布式确定性 Skyline 查询"）和不确定数据的分布式 Skyline 查询（简称为"分布式不确定 Skyline 查询"）。目前分布式确定性 Skyline 查询的研究较多，在诸如 Web 信息系统、P2P 系统和无线传感器网络等分布式应用中已得到了较为深入的研究；而分布式不确定 Skyline 查询，由于近几年来分布式不确定性应用的普及才开始受到重视，目前该领域尚处于研究的初始阶段。

2.1.1 分布式确定性 Skyline 查询

对于当前确定性数据上的分布式 Skyline 查询研究，根据分布式数据划分方式的不同，可将其分为基于垂直划分的分布式确定性 Skyline 查询方法和基于水平划分的分布式确定性 Skyline 查询方法。

1. 基于垂直划分的分布式确定性 Skyline 查询

在众多的 Web 信息系统中，数据通常采用垂直划分的方式存储于多个分布式的节点上。为了有效解决 Web 信息系统中的 Skyline 查询问题，BALKE 等人[90]提出了一种有效处理垂直划分数据的 Skyline 查询方法，该方法也是第一个分布式 Skyline 查询方法。首先，该方法对每个数据划分上的数据排序，再以轮询方式对各排序表执行顺序访问，直到找到一个"锚点"（即其所有维度上的值均已被访问到的点）为止；其次，该方法通过随机访问所有已访问过的数据对象在其他维度上的属性，并将各排序表中仍未被访问过的数据对象进行剪枝处理；最后，该方法对所有已访问过的数据对象进行支配测试，以剪枝那些被支配的数据对象，并向用户返回最终的查询结果。该方法正确、公平且具有较好的渐进性，然而其通信开销较大，响应时间较长，不适合于大规模网络。此外，为了解决"维度灾难"问题，BALKE 等人[90]还提出了一种新型的抽样方法，通过评估数据的关联程度来估计 Skyline 结果集的规模，并通过进一步的优化处理获得精确结果集。

随后，LO 等人[104]对上述工作进行了改进，并提出了一种新的渐进式方法 PDS。该方法使用 R* 树索引结构和一种新的基于线性回归的方法，以快速有效地判断一个数据对象是否属于 Skyline 集合。此外，LO 等人[104]还将 PDS 方法扩展至 Web 数据库的 Top-k Skyline 查询问题上，并提出了一种能够在 Skyline 查询处理过程中评估已获得的 Skyline 数目占所有 Skyline 对象数目比例的方法。

2. 基于水平划分的分布式确定性 Skyline 查询

目前，在多数分布式应用中，数据通常采用水平划分的方式，使得基于水平划分的分布式 Skyline 查询成为当前分布式 Skyline 查询研究的主要方向。

特别地，根据查询处理过程中划分策略的不同，可将已有的基于水平划分的分布式确定性 Skyline 查询方法分为基于空间划分的方法和基于数据划分的方法。

（1）基于空间划分的方法。

该类方法通常将整个数据空间划分为多个互不重叠的子空间，并将其赋予多个分布式的节点。因此，每个数据对象的位置一般由系统决定，且通常将分布式节点组织成某种特定的结构以优化查询，典型的如结构化 P2P 或者覆盖网等。

为了优化分布式 Skyline 查询，该类方法通常按照某种空间划分标准来划分整个数据空间，并采用一定的空间组织结构来优化分布式节点的组织。例如，WU 等人[127]提出了基于结构化 P2P 网络 CAN 的 Skyline 查询方法 DSL；该方法利用 CAN 虚拟平面分割区域，并对区域动态编码以减少支配测试次数，并采用动态区域复制方法来提高负载均衡性能。WANG 等人[105]提出了基于树型对等网络 BATON 的 Skyline 查询方法 SSP；该方法基于 BATON 平衡树的区域分割方法，通过 Z-Curve 策略将多维空间映射为一维空间，并将其赋予树形覆盖网中的节点，同时采用平面分割与合并以及抽样检验方法解决负载均衡问题。此外，CHEN 等人[109]还提出了另外一种基于 BATON 的分布式 Skyline 查询方法 iSky，该方法采用一种称为 iMin-Max 的转换策略，将数据分配至对应的分布式节点以优化查询。

（2）基于数据划分的方法。

在此类方法中，通常假定数据本身已经存储于各分布式节点上。因此，该类方法在查询的过程中，通常无须假定分布式系统中存在某种特定的网络结构，且无须对数据在分布式节点之间进行重新分配。此类方法目前研究相对较多，也是当前分布式 Skyline 查询研究的主要趋势。

基于数据划分的方法在 P2P 应用中已经得到了较为深入的研究，其中典型的研究包括：HOSE 等人[128]利用分布式数据概要结构 QTree 来收集分布式数据的概要信息，并基于此来改进查询的节点路由，以优化分布式 Skyline 的查找过程；CUI 等人[107]提出了一种基于最小边界矩形（minimum bounding region，MBR）结构来优化分布式查询处理的方法 PADSKYLINE；ROCHA-

JUNIOR 等人[156]提出了一种通过生成代价感知的执行计划来优化分布式 Skyline 查询的方法 SkyPlan；FOTIADOU 等人[108]提出了在超对等网络环境下，利用桶的位图表示法以优化 Skyline 查询处理性能的 BITPEER 方法；ROCHA-JUNIOR 等人[156]提出了一种基于网格数据概要以捕捉数据分布特点的分布式 Skyline 查询处理框架 AGiDS，以减少查询处理过程中的通信开销；VLACHOU 等人[106,157]提出了一种基于阈值的子空间 Skyline 查询处理框架 SKYPEER 及其改进版本 SKYPEER＋＋，此方法通过定义扩展的 Skyline 集(ext-Skyline)来扩展控制关系，并基于阈值推动节点间的查询传递以降低查询所需的通信量。

除了上述研究外，在其他分布式应用中该类方法也得到了深入研究。针对 WSN 应用，HUANG 等人[112]最早提出了移动自组织网络(mobile and ad hoc network，MANET)环境下的 Skyline 查询方法；肖迎元等人[153]提出了移动环境下的分布式 Skyline 查询方法 EDS-MC。针对给定带宽消耗上限的分布式应用，VLACHOU 等人[158]提出了一个带宽受限的分布式 Skyline 查询处理框架。针对分布式数据流应用，SUN 等人[159]最先提出了一种基于非共享策略且能够渐进求解的分布式数据流 Skyline 查询处理方法 BOCS。针对一般的分布式环境，朱琳等人[111]提出了一种基于反馈的分布式 Skyline 查询处理方法 FDS。

2.1.2 分布式不确定 Skyline 查询

随着计算基础设施和网络服务的快速发展，不确定数据逐渐呈现出分布式存储和处理的特点。当不确定数据广泛分布于网络上的多个节点时，若将大量数据在节点之间传递将消耗巨大的通信开销，因此需要研究高效的分布式不确定 Skyline 查询方法。对于分布式确定性 Skyline 查询，往往可通过在分布式节点中共享某些支配能力强的对象以减少需要传递的对象数量，从而减少通信开销。然而对于不确定数据，对象是否属于 Skyline 并不直接取决于是否被其他对象支配，而是取决于该对象的 Skyline 概率，且通过共享对象难以直接减少通信开销，因此确定性数据上的分布式 Skyline 方法难以直接应用于不确定数据场景中。

为此，丁晓峰等人[123]最早针对元组级不确定性数据的分布式不确定 Skyline 查询问题，提出了基于反馈机制的分布式 Skyline 查询方法 DSUD 及其扩展方法 e-DSUD。该类方法首先计算各个节点的局部 Skyline 集合，然后选取部分元组执行 Skyline 概率计算，并利用一定的反馈机制进一步剪枝各局部节点中不可能成为全局 Skyline 的元组。其主要思想在于，从各局部节点中尽量选出支配能力强的对象，通过将选取的优质对象反馈至各局部节点来不断剪枝各局部节点中的非 Skyline 对象。尽管两种方法均满足渐进性查询需求，然而其存在两个方面的缺陷：第一，方法在迭代反馈处理的过程中只依据局部元组信息进行反馈和剪枝，未能充分发挥查询过程中的剪枝能力，其剪枝效率相对较低；第二，当各局部节点中的候选 Skyline 对象的规模较大时，直接共享对象将会导致较大的通信开销。

　　尽管分布式不确定 Skyline 查询目前尚处于研究的起始阶段，然而随着各种分布式不确定性应用的不断兴起和拓展，以及用户对查询处理需求的不断扩大，分布式不确定 Skyline 查询将是未来研究的必然趋势。特别地，HOSE 等人[117]较为详细地综述了各种分布式环境下的 Skyline 查询处理技术。

2.2　并行 Skyline 查询

　　在众多涉及 Skyline 查询的应用场景中，用户往往需要对数据集进行快速查询和分析，因此要求系统具有较高的响应速度和查询速度。然而，随着当前各种应用中收集的数据不断往海量化、高维化和动态化方向发展，传统的集中式查询处理方法，特别是单机上的查询处理方法，已经难以达到实际应用的要求。随着各种分布式计算环境越来越普遍，研究并行 Skyline 查询处理方法已成为当前研究的热点之一，也是未来 Skyline 查询研究的必然趋势。

2.2.1　基于并行模型的并行 Skyline 查询

　　基于并行模型的并行 Skyline 查询方法，主要利用当前已有的一些并行处理模型来实现并行 Skyline 查询处理。在当前的并行 Skyline 查询处理的相关研究中，所涉及的典型的并行计算模型主要有 MapReduce 并行计算模型、MP 并行计算模型和 GMP 并行计算模型。

　　典型地，张波良等人[162]基于不同的数据划分思想，在 MapReduce 上实现了三种并行 Skyline 查询方法，分别是基于 MapReduce 的块嵌套循环方法、基于 MapReduce 的排序过滤方法和基于 MapReduce 的位图方法，并对其进行了系统的实验比较，分析了不同数据分布、维数、缓存等因素对方法性能的影响结果。

之后，丁琳琳等人[163]针对海量数据中的 Skyline 查询问题，提出了一系列基于 MapReduce 的并行 Skyline 查询处理算法，如延迟 Skyline 查询算法、贪婪 Skyline 查询算法和混合 Skyline 查询算法，显著提高了在 MapReduce 框架下 Skyline 查询处理的效率。此外，PAN 等人[164]重点研究了基于 MapReduce 框架解决 Web 服务选择时，海量数据上的并行 Skyline 查询处理问题。

除了基于 MapReduce 并行计算模型外，AFRATI 等人[144]在并行处理模型 MP 和 GMP 的基础上，设计并实现了负载均衡的并行 Skyline 查询处理方法。在 MP 模型中，要求数据必须完全负载平衡，而 GMP 模型中的负载平衡约束则较弱。基于 MP 模型，提出了面向任意维度数据集的 2 步方法和面向 2 维或 3 维数据的单步方法；同时基于 GMP 模型，提出了面向任意维度的单步方法。AFRATI 等人[144]通过大量的理论证明了所提出方法的有效性。

虽然上述基于各种并行处理模型的查询方法，能够在一定程度上优化确定性数据上的 Skyline 查询处理效率。然而，由于以上并行模型自身结构方面的原因，使得其均无法适用于不确定数据和数据流上的并行 Skyline 查询。

2.2.2　基于空间划分的并行 Skyline 查询

基于空间划分策略来优化 Skyline 查询处理，当前已在众多分布式和并行 Skyline 查询处理研究中得到了广泛运用。近年来已有多种空间划分方法被相继提出，其中最为普遍的划分方式包括网格划分和角空间划分两种划分类型。网格划分的主要思想在于，创建关于数据划分的网格元胞，使得每个网格元胞中的元组数目尽量相近。

VLACHOU 等人[166]最先提出了基于角空间划分的方法以支持快速并行 Skyline 查询计算。该方法使用超球面（hyper-spherical）坐标对多维数据点进行转换。此外，AFRATI 等人[144]为解决计算密集型的多维数据上的 Skyline 查询问题，提出了一种通过超平面映射来优化数据集划分的方法，从而解决多处理器并行处理的问题。该划分方式不仅能够保证较小的局部 Skyline 集合，而且使得查询结果能够高效合并，从而提高整体查询处理的性能。

与上述空间划分的思想不同，黄晋等人[167]利用 Z 曲线来划分空间，并基于 Z 曲线的单调性和聚集性来优化并行 Skyline 查询。该方法主要由两个阶段组成：第一，将给定数据集中的所有数据按照 Z-order 地址排序；第二，将数据对象平均分配到各计算节点，迭代地过滤掉非 Skyline 对象并渐进地返回查询结果。该方法重点考虑并行查询时的负载均衡性能，并且对于不同分布的数据均能高效渐进地返回查询结果，然而其不适合于数据流和不确定数据的 Skyline 查询处理。

2.2.3　基于多核环境的并行 Skyline 查询

随着当前多核处理器的广泛运用和普及，采用多核处理器实现并行 Skyline 查询已经变得非常现实，也是未来并行 Skyline 查询研究的一种趋势。

为此，PARK 等人[142]探讨了多核体系结构环境下的并行 Skyline 查询问题，并基于多核环境实现了一种分支限界(branch-and-bound)的并行 Skyline 查询处理方法 BBS，以及一种采用分而治之策略的并行 Skyline 查询处理方法 P-Skyline。与普通的分布式并行处理环境不同，在多核处理器环境中，通常假定参与计算的多核之间共享所有资源且通过更新内存来进行通信。在 PARK 等人[142]的研究中表明，开发多核级的并行处理能够有效地提高 Skyline 查询处理的效率。该研究为并行 Skyline 查询研究开拓了一个新的领域，未来将会有更多的此类研究出现。

以上介绍的所有并行 Skyline 查询研究，均针对确定性数据。目前已有的并行 Skyline 查询方法的基本思想：首先，将整个数据集划分成多个子集，并通过多个计算节点并行计算局部 Skyline 结果；其次，通过合并局部结果而获得最终的全局 Skyline 集合。此类并行处理方法的正确性源于确定性 Skyline 查询操作满足可加性，即满足 $SKY(S_1 \cup \cdots \cup S_n) = SKY(SKY(S_1) \cup \cdots \cup SKY(S_n))$，其中 $SKY(S)$ 表示数据集 S 上的 Skyline 结果集合。然而，由于不确定数据上的 Skyline 查询操作不满足可加性，使得已有的并行 Skyline 查询处理方法均难以适用于不确定数据的并行 Skyline 查询处理。据作者所知，目前尚无不确定数据上的并行 Skyline 查询方法被提出，而对于更加复杂的不确定数据流上的并行 Skyline 查询处理研究更是充满挑战。

2.3 数据流 Skyline 查询

数据流与 Skyline 查询相结合是众多数据流应用兴起和发展的结果，近年来数据流的 Skyline 查询已成为数据库领域的一个研究热点。与传统的静态数据不同，流数据本身具有无限、连续、快速、实时以及只允许单遍扫描等特点；数据流查询一般具有基于内存的查询处理要求、实时性要求和适应性要求等特点。大多数数据流应用要求较高的响应速度，对外存访问将大大影响处理的速度。数据流的 Skyline 查询通常需要实时且连续地输出结果，否则流数据不断累积，最终将导致查询质量的显著下降。适应性是指系统能随着数据特性和系统属性的变化动态地调整查询策略，使得查询效果不受环境变化的影响。根据数据流种类的不同，可将已有数据流 Skyline 查询方法分为确定性数据流 Skyline 查询方法和不确定数据流 Skyline 查询方法。目前确定性数据流 Skyline 查询研究相对较多，而不确定数据流 Skyline 查询研究则刚刚起步，以下将分别对上述两类查询研究展开论述。

2.3.1 确定性数据流 Skyline 查询

1. 集中式确定性数据流 Skyline 查询

KAPOOR 等人[169]从数学的角度分析并研究了动态数据集合的最大化向量维护问题，提出了有效支持不断插入/删除的动态数据集上的在线 Skyline 查询方法。然而，上述研究只是针对动态数据集，而非真正意义上的数据流的 Skyline 查询研究。

针对基于滑动窗口模型的数据流 Skyline 连续监控问题，TAO 等人[135]提出了 Lazy 方法和 Eager 方法，并通过提前剪枝数据的方式提高空间和时间效率。对于滑动窗口中的数据对象，采用时间戳标记以便于计算时间效率。Lazy 方法通过查找对象的支配区域和反支配区域来更新 Skyline 对象；Eager 方法则通过对支配区域对象的剪枝和计算 Skyline 的影响时间来优化查询。与 Lazy

方法相比，Eager 方法减少了内存消耗，但是需要额外的开销处理事件。

针对基于时间计数的滑动窗口模型上的 Skyline 查询问题，MORSE 等人[136]提出了 LookOut 数据流查询方法。该方法使用堆来存储 Skyline 对象并利用 R*树索引结构来存储滑动窗口内活跃的对象，同时使用最佳优先搜索策略剪枝不可能成为 Skyline 的对象。此外，研究中还指出采用四叉树索引结构比 R*树索引更加高效，原因在于包围矩形的重叠导致索引剪枝的效率低下。然而，由于此方法不剪枝对象（即所有的活跃对象均存于 R*树中），使得其查询效率有所下降。

通常地，Skyline 的数目取决于数据集的维度和数据分布类型。Skyline 数目众多，导致用户难以选择满足其偏好的数据对象。为此，CHAN 等人[170]提出了 k-支配的概念，试图通过弱化支配关系来减少 Skyline 的数目。针对基于滑动窗口的连续 k-支配 Skyline 查询问题，KONTAKI 等人[171]提出了 CoSMuQ 方法，以处理多个连续查询。在该方法中，每个查询可能定义于任意维度的子空间中，且 k 的设置可以不同。该方法将空间划分为维度对（pair），并对每组对采用网格结构来计算 Skyline 对象；然后利用已发现的 Skyline 对象剪枝候选 k-支配对象，并合并部分结果以计算最终的结果。该方法仅利用了简单的支配检测，比 k-支配检测更快。然而，对于高维数据空间，CoSMuQ 方法需要考虑大量的网格，其性能会显著下降。

对于窗口长度为 N 的滑动窗口模型，其实际上是对数据流中最近 N 个对象进行查询处理。n-of-N 数据流模型扩展了滑动窗口模型，使得其能够对数据流上最近任意 $n(n{\leq}N)$ 个对象进行查询，提高了数据流 Skyline 查询的灵活性。针对 n-of-N 数据流模型上的 Skyline 查询问题，LIN 等人[137]提出了一种高效的查询处理方法。该方法通过定义"关键支配"关系，并采用新颖的编码方法将 Skyline 计算转换为刺探查询问题，同时采用触发机制来快速处理流数据上的连续 Skyline 查询。

2.分布式确定性数据流 Skyline 查询

数据流的 Skyline 查询技术研究最初主要关注于集中式的数据流 Skyline 查询方法，然而随着诸如环境监控、网络通信、交通监控和金融股票交易等分布式数据流应用的崛起和发展，分布式数据流的 Skyline 查询处理具有重要的现实意义，同时也充满挑战性。在此类环境中，不仅需要各局部节点高效地执行查询处理以降低系统的反应延迟，而且需要提高通信效率，即保证系统具有较低反应延迟的前提下，尽可能地减少不必要的对象传输。

针对高速分布式数据流环境下的 Skyline 查询问题，SUN 等人[120]最先研究了相应的解决方法，并围绕降低系统反应延迟与通信负荷的目标，提出了一种基于非共享策略渐进求解的分布式方法 BOCS，并对方法的关键实现环节，例如协调节点与远程站点间的通信和 Skyline 增量的计算等加以优化，使查询方法在通信负荷与反应延迟上达到了较好的综合性能。

XIN 等人[113]针对传感器网络中分布式数据流 Skyline 查询问题，提出了基于滑动窗口的 Skyline 监控方法 SWSMA。该方法通过元组过滤和网格过滤等方法来减少对象的传输数目，其查询的通信效率较高；然而，当过滤元组（或网格）过期需要重新选定时，易产生大量的通信开销和计算开销，从而导致系统产生严重的反应延迟。因此，该方法适合于传感器网络，而不适合于高速的分布式数据流环境。

LU 等人[138]针对服务器－客户端（C/S）模式的两层分布式数据流环境下的 Skyline 查询问题，提出了一种允许集中式服务器与局部节点协作来监控 Skyline 查询更新的方法。该方法不仅能够有效地将查询处理的负载分布于多个局部节点上，而且能够最小化服务器与局部节点的带宽消耗。

在多数数据流 Skyline 查询研究中，通常当有新的流数据到达时即触发 Skyline 查询更新处理。然而，该处理方式在一些数据流环境中可能意义不大。其主要原因在于，滑动窗口中的 Skyline 对象可能更新过快，而研究长期成为 Skyline 的对象更为实用。为此，ZHANG 等人[134]面向客户端－服务器网络架构提出了基于滑动窗口的频率 Skyline 查询的概念，以查询在 n 个时间戳中至少有 u 个内为 Skyline 的对象。特别地，针对数据流的频率 Skyline 查询问题，ZHANG 等人[134]还提出了 Filter、Sampling 和 Hybrid 三种方法，以减小查询处理的通信开销。

2.3.2 不确定数据流 Skyline 查询

不确定数据流由其固有的数据流特性，在查询处理方式上与确定性数据集大相径庭，主要体现在两个方面：第一，不确定数据不同于确定性数据，确定性数据的查询技术难以直接用于不确定性数据中，需要综合考虑不确定性的影响；第二，数据流区别于数据集操作，数据流在查询时需要不断地将新的数据插入滑动窗口，同时剔除过期的数据。数据流的连续、无限、实时和只允许单遍扫描等特点以及复杂的概率表示和计算，使得不确定数据流的 Skyline 查询面临严峻挑战。

为此，孙圣力等人[173]最早针对概率数据流上的 Skyline 计算问题，研究了问题的建模和定义，并提出了解决该问题的 SOPDS 方法。该方法在网格索引的基础上，利用概率定界、逐步求精、提前淘汰与选择补偿等启发式规则，对查询处理的整个过程在时间和空间两个方面加以优化，使得其在时间和空间上能够取得较好的整体查询处理性能。

与此同时，ZHANG 等人[110]研究了在滑动窗口模型上处理元组级不确定数据流的 Skyline 查询问题。其核心思想是基于概率阈值对 Skyline 问题进行建模，并在内存中维护一个候选集合，并证明此候选集合是处理 Skyline 查询所需维护的最少信息。假定每个不确定对象对应一个存在概率，并针对数据流中的不确定对象模型提出了计算 Skyline 概率的公式 $P_{sky}(t) = P_{new}(t) \cdot P_{old}(t) \cdot P(t)$。其中，$P_{new}(t)$ 是指元组元组 t 与晚于 t 到达的不确定流元组之间的支配概率；$P_{old}(t)$ 是指 t 与早于 t 到达的不确定数据对象间的支配概率；而 $P(t)$ 表示元组 t 的出现（或存在）概率。同时，采用聚集 R 树的索引结构动态存储滑动窗口中的不确定数据，以剪枝非 Skyline 元组并减少查询的计算开销。此外，ZHANG 等人[110]还阐述了多概率阈值的 Skyline 查询问题，并提出了能够快速返回 Top-k 个 Skyline 数据对象的查询方法。

丁晓峰等人[141]针对单个数据对象多个实例的不确定流数据的 Skyline 查询问题，提出了一种高效的候选列表方法。该方法在滑动窗口中维护可能成为 Skyline 的对象列表并增量式地更新列表，同时采用了一种基于多维索引结构和分而治之之思想的提纯策略，以降低确定候选对象是否为 Skyline 的计算开销。

此外，针对 n-of-N 数据流模型上的概率 Skyline 查询问题，YANG 等人[174]提出了一种不确定数据流上基于 n-of-N 模型的高效概率 Skyline 查询方法。该方法基于 R 树索引结构来维护候选对象集合，并利用不确定数据流中存在着支配关系的不确定元组之间的时序特点，以及概率计算的特点来优化查询搜索过程。

目前，针对不确定数据流 Skyline 查询的研究较少，可见对此方面的研究才刚刚起步。在当前数据流 Skyline 查询研究中，多数研究采用滑动窗口数据流模型，典型的如 XIN 等人[113]的研究，并且已有研究主要针对离散型元组级不确定数据。

2.4　容错查询处理技术

2.4.1　容错处理技术

自 1967 年 Avizienis 首次提出"容错"概念以来，容错技术研究一直受到学术界和工业界的广泛关注，各种研究成果和实际应用无不表明容错技术是提高系统可靠性的重要手段。特别地，TREASTER 等人[176]对分布式系统中的容错和故障恢复技术做了全面而深入的分析。这些技术包括复制技术（冗余/备份技术）、回卷恢复技术、故障监测技术，以及通过可靠通信技术、软件工程方法、虚拟处理机等途径达到容错效果。在传统的分布式计算领域中，主要通过对象的冗余复制和故障恢复来实现容错。在面向服务计算领域中，容错技术还包括保证消息传递的可靠性，在系统设计中预测系统的可靠性，通过用户协同与共享来评估和选择服务的容错策略等。在以海量数据处理为代表的大规模数据密集型计算中，容错技术得到了进一步的重视和发展，主要体现在以下三个方面：

（1）容错体系结构：通过节点同构可互换技术及基于心跳消息的故障检测机制，保证节点发生故障时其副本可迅速替换运行。

（2）容错分布存储：通过冗余存储来提高系统容错能力和数据可用性。

（3）容错查询处理：在查询处理过程中增加容错机制，实现容错查询处理。

随着科学、天文和医学等各个领域对并行查询计算需求的不断增长，各种计算任务变得愈加复杂，所需的计算时间也更长。考虑到分布式系统规模的急剧增长，系统故障发生的频率也逐渐增高。一旦这些运行时间长、耗费资源多的并行查询计算任务因系统故障而中断或失败，将造成大量资源的浪费和任务的撤销，因此并行容错查询处理的研究是大规模数据密集计算中需要重点考虑的问题。

2.4.2　容错查询处理

在查询处理过程中加入容错机制，以降低故障对查询处理过程和查询结果的影响，是当前查询处理研究必须考虑的问题。当前研究者们针对不同的分布式应用和故障类型，纷纷提出了各种不同的容错查询处理机制，以设计出适用于特定环境的具有容错性能的查询处理方法。

典型地，BARATZ 等人[180]研究了计算机网络中分布式域名寻址服务的容错查询处理问题，并设计了带反馈的泛洪查询处理机制，以保证在链路故障情况下依然能够正确定位远程资源的位置。SMITH 等人[181]为了解决分布式数据库中查询处理的故障问题，以开放网格服务架构 OGSA-DQP 为基础，设计了一种基于回卷恢复机制的容错策略，以更好地支持基于计算网格的分布式查询处理。LAZARIDIS 等人[182]对大规模传感器网络中的容错查询处理问题进行了深入研究；LAZARIDIS 等人[182]也开发了持续选择查询容错评估协议 FATE-CSQ，以保证故障发生时查询依然能够在限定时间内找到最佳的可能答案；ZHU 等人[183]在充分考虑传感器和环境之间的短期、长期空间和时间相似性的基础上，提出了一种有效的容错事件查询方法 FTEQ，以克服错误数据查询问题和提高数据查询的精确性。

尽管在分布并行 Skyline 查询研究领域中，目前针对容错 Skyline 查询的研究较少，然而在许多研究中已经意识到容错查询的重要性，并试图通过各种方法加以改进和解决容错查询问题。典型地，在 WU 等人[127]提出的 DSL 方法中，采用 CAN 结构组织网络，以避免使用集中节点而引起单点失效等情况发生；WANG 等人[105]根据查询访问模式将 Skyline 搜索空间进行自适应划分，以减轻 Skyline 查询处理过程中出现的"热点"问题，并且通过静态负载划分和动态负载迁移两种方式来实现负载均衡。尽管以上研究中的各种优化策略能够有效提高查询处理的容错性能，但是却无具体解决故障发生后的容错查询处理策略。

为此，本课题小组的王媛等人[184]提出了一种容错分布并行 Skyline 查询方法，以解决确定性数据集上的容错分布并行 Skyline 查询问题。该方法通过故障监测和任务迁移策略，能够在查询过程中及时发现故障并将故障节点的计算任务迁移至副本节点上，以保证查询的正确执行。然而，该方法主要针对确定性数据集上的容错并行 Skyline 查询处理，而无法运用于数据流和不确定数据的容错并行 Skyline 查询中。因此，针对不确定数据和数据流环境，研究具有容错能力的分布并行 Skyline 查询处理方法具有重要的现实意义。

2.5　本　章　小　结

本章对当前分布式 Skyline 查询技术、并行 Skyline 查询技术、数据流 Skyline 查询技术，以及容错查询处理技术的相关研究现状进行了细致的总结，重点回顾了近年来国内外学术界在相关领域取得的主要研究成果。特别地，本章在分类的基础上重点分析和对比了各种具有代表性的研究成果，为后续研究工作奠定了坚实的理论基础，也为未来研究工作的创新与实践指明了方向。

第 3 章

基于网格过滤的分布式概率 Skyline 查询方法

概率数据作为一种离散型概率形式表示的元组级不确定数据，目前已成为不确定 Skyline 查询研究的重点数据对象。分布式概率数据集上的 Skyline 查询，在众多分布式应用中具有多目标决策制定和偏好查询等重要作用，使得其近年来成为数据库领域中的研究热点之一。尽管目前已有少数能够解决分布式概率 Skyline 查询的方法，然而此类方法在查询处理过程中剪枝效率不高易导致其查询的通信开销较大。为进一步降低查询处理的通信开销，实现高效渐进式的分布式概率 Skyline 查询处理，本章中提出了一种基于网格过滤的分布式概率 Skyline 查询方法 GDPS（grid-filtering based distributed probabilistic Skyline query scheme）。GDPS 方法通过基于网格概要信息剪枝的预处理过程，极大地过滤了不可能成为最终 Skyline 的对象；同时利用基于局部节点和协调节点剪枝优化，以及局部元组选择优化的迭代处理过程，进一步降低了查询处理的通信开销。

3.1 引　言

概率数据在诸如无线传感器网络、RFID 应用、市场分析、移动对象管理和基于位置的服务等众多分布式不确定性应用中广泛存在。由于概率数据集的广泛分布性及其自身的复杂性，使得如何从所有的分布式局部节点中以最小的通信代价查询出全局数据集中的 Skyline 对象，成为一个极富挑战性的问题。

尽管分布式确定性 Skyline 查询目前已在众多的分布式应用中得到了广泛研究，典型的如 P2P 系统、Web 信息系统、分布式数据流和无线传感器网络

（WSN）等。然而，概率特征的引入，导致已有的分布式确定性 Skyline 查询方法难以运用于概率数据之中，迫切需要研究一种能够解决分布式概率数据集上 Skyline 查询问题的方法。为此，丁晓峰等人[123]首次提出了解决此问题的方法 DSUD 及其改进版本 e-DSUD。在以上两种方法中，通过引入一种有效的迭代反馈机制来提高查询处理效率。然而，由于该类方法使用局部信息剪枝不合格的元组，其剪枝能力严重受限。若能够充分利用某些关于全部元组的全局信息进行剪枝，查询处理的性能必能进一步得到提升。此外，在上述两种方法的迭代反馈处理过程中，其候选元组的选择以及反馈对象的选择也主要依赖于局部元组信息，导致其未能充分挖掘最优反馈的对象而影响了查询剪枝的效率。

针对已有的分布式概率 Skyline 查询方法因剪枝效率不高而出现查询的通信开销较大的问题，提出了一种基于网格过滤的分布式概率 Skyline 查询方法 GDPS。

GDPS 方法的查询处理过程主要包括基于网格概要剪枝的预处理阶段和基于迭代剪枝的查询处理阶段。在基于网格概要剪枝的预处理阶段，首先对数据空间进行网格划分，并基于所划分的网格结构尽可能地收集全局网格概要信息；在此基础上，利用全局网格概要信息过滤不可能成为最终概率 Skyline 的对象集合，从而减少了查询过程中传输的元组数目。在基于迭代剪枝的查询处理阶段，协调节点利用历史信息最大化地过滤非 Skyline 对象，并选择具有最大支配能力的元组传输至局部节点，有效地提高了局部节点的剪枝效率；同时，各局部节点不断更新其维护的候选元组的临时 Skyline 概率信息并选择综合支配能力最强的元组传输至协调节点，增强了局部剪枝效果和反馈元组的剪枝能力，从而优化了查询处理的效率。

3.2　分布式概率 Skyline 查询问题描述

本节首先介绍本章中使用的一些基本概念，然后论述分布式概率 Skyline 查询的定义以及本章解决的主要问题。

3.2.1　基本概念

为便于描述，本章中假定数据以小为优。在此基础上，给出一些与分布式概率 Skyline 查询相关的定义。由于本章中研究的概率数据对象均为离散型概率表示的元组级不确定数据元组，所以在描述中不再对元组和数据对象加以区分。

定义 3.1（概率元组支配）：给定两个多维概率数据元组 t 和 t'，对于这两个元组中的所有确定性属性，若 t 满足其属性值均不大于 t' 中的属性值，且至少存在一个维度上的属性值小于 t' 中的属性值，则称 t 支配 t'，简记为 $t < t'$。

在明确概率元组支配关系的基础上，可得出某个概率元组对于一个确定性数据集的 Skyline 概率定义。特别地，对于概率型不确定数据对象的 Skyline 概率计算，可采用可能世界语义进行建模分析。通常对于一个可能世界实例 W，其出现的概率满足 $P(W) = \prod\limits_{t \in W} P(t) \cdot \prod\limits_{t \in W} [1 - P(t)]$。假定 Ω 表示所有可能世界实例的集合，则满足 $\sum\limits_{W \in \Omega} P(W) = 1$。假定 $\mathrm{SKY}(W)$ 表示某个概率对象 t 的实例成为 Skyline 的可能世界实例集合，则 t 成为 Skyline 的概率为 $P_{\mathrm{sky}}(t) = \sum\limits_{t \in \mathrm{SKY}(W), W \in \Omega} P(W)$。实际上，概率对象 t 的 Skyline 概率等于这样一个事件发生的概率，即概率对象 t 存在且数据集中所有支配 t 的对象均不存在。因此，元组 t 对于数据集 D 的 Skyline 概率值可描述如下：

$$P_{\mathrm{sky}}(t, D) = P(t) \cdot \prod_{t' \in D, t' < t} [1 - P(t')] \tag{3.1}$$

假定数据集 D 由互不重叠的 m 个数据子集 $D_1, D_2, \cdots, D_m$ 所组成，即满足 $D = D_1 \cup D_2 \cup \cdots \cup D_m$ 和 $D_i \wedge D_j = \varnothing (i \neq j)$，则由公式（3.1）可进一步获得元组 D 对于数据集的 Skyline 概率如下：

$$\begin{aligned}
P_{\mathrm{sky}}(t, D) &= P(t) \cdot \prod_{t' \in D_1, t' < t} [1 - P(t')] \cdot \prod_{t' \in D_2, t' < t} [1 - P(t')] \cdot \cdots \cdot \\
&\quad \prod_{t' \in D_m, t' < t} [1 - P(t')] \\
&= P(t) \cdot \prod_{i=1} \left\{ \prod_{t' \in D_i, t' < t} [1 - P(t')] \right\} \tag{3.2}
\end{aligned}$$

因此，由公式（3.2）可知，对于某个由 m 个独立数据子集 $D_1, D_2, \cdots, D_m$ 组成的全局数据集 D 中的元组 t，其成为全局 Skyline 对象的概率为：

$$P_{g\_sky}(t) = P_{sky}(t, D) = P(t) \cdot \prod_{i=1}^{m}\left\{ \prod_{t' \in D_i, t' < t}\left[1 - P(t')\right]\right\} \qquad (3.3)$$

定义 3.2(q-Skyline)：给定概率阈值 $q(0 \leq q \leq 1)$，q-Skyline 查询返回一组概率数据对象集合，其中每个对象至少以概率 q 成为 Skyline 对象。

3.2.2 问题描述

随着云计算的兴起，分布式环境及分布式计算成为时下学术界和工业界的研究热点。在当前基于云计算服务的 Web 环境下，数据往往广泛分布于全世界各大洲的机器上，要对这些广泛分布的数据进行 Skyline 查询，势必需要跨地域地访问大量的节点以获取数据信息，这将造成大量的网络通信开销，对分布式 Skyline 查询提出了严峻挑战。分布式系统中数据的通信代价往往是制约方法效率的主要或者最重要因素，而 CPU 时间和节点的 I/O 开销等与之相比反而显得微不足道。典型地，通过 1.3.1 小节的例 1.6 可知，在当前分布式概率 Skyline 查询研究中，最小化查询的通信开销是一直追求的主要目标。此外，由于在分布式查询处理的过程中，通常查询的整体时间较长，若等到查询处理的全部过程结束后才返回查询结果给用户，则将严重影响用户的查询体验。因此，渐进式地返回查询结果在分布式概率 Skyline 查询中同样至关重要。

在分布式查询处理过程中，节点之间频繁的通信会造成大量的网络传输延时和耗费大量的带宽，而且在类似于分布式传感器网络等应用中还会造成大量的能源浪费，同时在时间上也严重制约了查询处理的效率。分布式方法的渐进性是指方法能够在计算开始后快速地返回一些早期的结果，然后再逐步地返回剩下的查询结果，这在分布式查询处理中意义重大。一个设计良好的分布式概率 Skyline 查询方法不仅能最小化查询的通信开销，而且应该同时满足查询的渐进性。

在本章中，假定分布式数据集按照水平数据划分的方式存储于地理上分布的多个分布式局部节点上，且各分布式局部节点组成的网络无特定的拓扑结构。

　　本章中研究的分布式概率 Skyline 查询采用的网络结构如图 3.1 所示,该结构也是当前分布式 Skyline 查询研究中最为普遍采用的网络结构。在该结构中,存在一个用于协助分布式查询处理的查询服务器节点 H(又称为"协调节点"),以及多个分布式局部节点(或站点);所有的局部节点不仅能够与协调节点直接通信,而且均有查询计算和存储的能力。此外,假定各局部节点中概率数据对象之间相互独立,不存在任何关联关系。

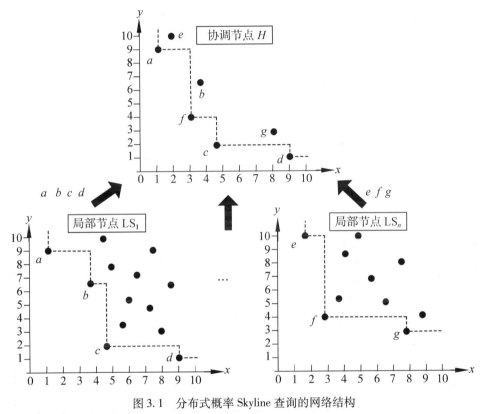

图 3.1　分布式概率 Skyline 查询的网络结构

　　在上述网络结构和条件假定的基础上,可定义分布式概率 Skyline 查询如下:

　　定义 3.3(分布式概率 Skyline 查询):假定系统中存在 m 个分布式局部节点(或站点)$LS = \{LS_1, LS_2, \cdots, LS_m\}$,其中每个局部节点中均维护着一个概率数据子集 $D_i(1 \leqslant i \leqslant m)$,且存在一个用于调度查询处理的协调节点 H。分布式概率 Skyline 查询旨在尽量以最低的查询通信开销渐进式地返回全局概率数据集 $D = D_1 \cup D_2 \cup \cdots \cup D_m$ 中所有的 q-Skyline 元组,即返回所有全局

Skyline 概率不小于用户给定的概率阈值 $q(0 \leqslant q \leqslant 1)$ 的对象集合。

由上述定义可知，本章中研究的分布式概率 Skyline 查询的主要目标在于最小化通信开销且满足用户查询的渐进性需求，这也是当前众多分布式 Skyline 查询研究的目标。特别地，查询的通信开销可通过计算在整个查询处理过程中传输的元组数目来度量，该度量标准也是本章中所采用的度量方式。此外，本章中研究的查询针对精确查询目标，必须保证查询无假阴性和假阳性的结果出现，即根据查询需求完全精确地查询出全部满足条件的全局概率 Skyline 元组集合。

为便于论述，将本章中常用的符号及其含义归纳为如表 3.1 中所示。

表 3.1 本章中涉及的常用符号及其含义

符号	含义
H	协调节点
q	概率阈值
LS_i	第 i 个局部节点
L	H 处维护的优先队列
SKY_H	H 处获得的全局 q-Skyline 集合
PRT_L	L 中被剪枝的概率元组集合
CAN_{D_i}	D_i 中的候选 Skyline 集合
$P_{g\_sky}(t)$	元组 t 的全局 Skyline 概率值
$P_{l\_sky}(t, D_i)$	D_i 中元组 t 的局部 Skyline 概率值
$P_{t\_sky}(t, D_i)$	D_i 中元组 t 的临时 Skyline 概率值
$P_{sky}(t, D_i)$	元组 t 相对于 D_i 的 Skyline 概率值

3.3 分布式概率 Skyline 查询方法设计

在基于网格过滤的分布式概率 Skyline 查询方法 GDPS 中，主要包括两个阶段的查询处理过程，即基于网格概要信息剪枝的预处理过程和基于迭代剪枝的处理过程。在基于网格概要信息剪枝的预处理过程中，首先，对数据空间进行网格划分并基于网格结构收集全局网格概要信息；其次，利用该信息过滤不可能成为最终查询结果的对象集合，以尽可能地减少迭代查询处理前的数据对象规模。在基于迭代剪枝的处理过程中，协调节点利用历史信息过滤非候选结果对象，并选择具有最大支配能力的候选元组返回至局部节点，而各局部节点不断更新元组的临时 Skyline 概率信息并选择综合能力最强的元组传输至协调节点，以提高协调节点返回的元组的剪枝效率，从而降低查询所需的通信开销。

GDPS 方法的整个查询处理过程如图 3.2 所示，其中基于网格概要剪枝的预处理过程对应 Preprocessing(DS，LS，CSKY) 函数（算法 3.1 中第 1 行），而基于迭代剪枝的处理过程对应算法 3.1 中的第 6~8 行，其中 IterativeFeedback $(D_L$，LS，SKY$(H))$ 函数（算法 3.1 中第 7 行）表示迭代处理过程中单次循环处理的具体操作。在基于网格概要信息剪枝的预处理阶段，通过收集各个局部节点上的所有元组的全局信息，并利用该信息对不可能成为全局 Skyline 的元组进行剪枝。在基于迭代剪枝的查询处理阶段，通过不断地迭代反馈处理进一步地剪枝各局部节点的候选 Skyline 集合中不可能成为 Skyline 的元组，以减少迭代查询处理过程中需要传输的元组数目。

算法 3.1　GDPS 查询处理算法

输入　局部不确定数据集：DS $= \{D_i \mid 1 \leqslant i \leqslant m\}$；概率 Skyline 阈值：$q$；

　　　　所有局部节点：LS $= \{LS_i \mid 1 \leqslant i \leqslant m\}$

输出　包含所有全局 Skyline 的元组集合 SKY(H)

1　Preprocessing(DS，LS，CSKY)；

2　**foreach** LS$_i$ **do**

3　采用某种策略选择 CAN$_{D_i}$ 中能力最强的元组 t^i_{max}；

4　将元组 t^i_{max} 发送至协调节点 H；

5　协调节点 H 收集来自各个局部节点的 $t^i_{max}(1 \leqslant i \leqslant m)$，合并为集合 D_L；

6　**while** $D_L \neq \varnothing$ **do**

7　IterativeFeedback$(D_L$，LS，SKY$_H)$；

8　**return** SKY(H)

图 3.2　GDPS 查询处理算法

3.3.1 基于网格概要剪枝的预处理

在基于图 3.1 中所示的分布式网络结构处理分布式概率 Skyline 的策略中，最简单最直接的方法是请求所有的局部节点将所有的元组传输至协调节点 H，然后在 H 处执行集中式概率 Skyline 查询，因此可将分布式的查询方式转化为集中式的查询方式。然而，采用该查询处理策略不仅其通信开销巨大，而且计算开销高昂。该查询策略所需的总的通信开销为 $|D| = \sum_{i=1}^{m} |D_i|$，其中 $|D_i|$（$1 \leqslant i \leqslant m$）表示局部数据集 D_i 中的元组个数，而查询所需的计算开销为 $O(|D|^2)$，两者显然均非常大，迫切需要研究一种高效的查询处理形式。

为降低查询所需的通信开销，在查询处理的过程中尽早地过滤掉各分布式局部节点中不可能成为全局概率 Skyline 对象的元组，是当前优化分布式概率 Skyline 查询的重要途径。在已有方法 DSUD 和 e-DSUD 中，主要采用一种迭代反馈的机制来解决上述问题，然而该类方法在查询处理过程中始终根据局部最优的元组进行剪枝，而未能充分利用各局部节点中元组的全局信息进行剪枝，导致其剪枝的效率严重受限。若在迭代反馈处理过程之前，则能够通过一定的方式获取全部概率数据的全局信息并将其用于查询剪枝，其处理效率必能得到有效提升。为此，在 GDPS 方法中引入了一个基于网格概要信息进行剪枝的预处理过程。

在预查询处理的过程中，首先，通过对全局数据空间进行规范化网格划分；在此基础上，各局部节点分别获取各自维护的所有网格元胞（Cell）中元组的相关概要信息。其次，各局部节点均将所有网格元胞的概要信息发送至协调节点，然后协调节点汇聚来自所有局部节点的全部网格元胞的概要信息。由于所有局部节点均采用统一的网格划分标准，因此协调节点可获得数据空间中所有网格元胞的全局网格概要信息。再次，协调节点将获得的全局网格概要信息发送至所有的局部节点。最后，各局部节点根据接收到的全局网格概要信息对各自节点内的概率元组进行第一次剪枝，以快速过滤那些不可能最终成为满足条件的概率 Skyline 元组。特别地，在上述预处理过程中，数据空间的网格划分数目对查询的性能可能具有重要影响。因此，本章通过实验测试并分析了网格划分数目对整体查询性能的影响，以充分提高查询预处理的性能。

3.3.2　基于迭代剪枝的查询处理

已有的分布式概率 Skyline 查询方法中采用迭代剪枝处理机制的主要目的在于：在查询处理过程中协调节点不断地选择支配能力较强的元组，并将其发送至各局部节点中，以剪枝各局部节点中的非概率 Skyline 对象。然而，在已有的迭代剪枝处理策略中，候选元组的选择以及发送对象的选择主要依据于部分来自各局部节点的元组信息，导致其未能充分利用最优的反馈对象而影响查询剪枝的效率。为此，在 GDPS 方法中，通过深入挖掘迭代剪枝处理过程中存在的问题和规律来优化处理过程中的各个具体细节，使得迭代反馈处理的性能最大化。

在基于迭代剪枝的查询处理过程中，分别对协调节点和局部节点的处理过程进行优化。在协调节点的处理过程中，充分利用在协调节点处已被处理过的历史元组信息最大化地过滤非概率 Skyline 对象，并选择候选元组中具有最大支配能力的元组发送至局部节点，以尽可能多地剪枝局部节点中不可能成为最终概率 Skyline 的元组。在局部节点的处理过程中，一方面，不断更新候选元组的临时 Skyline 概率信息，以充分利用历史的查询计算过程优化剪枝；另一方面，选择综合支配能力最强的元组发送至协调节点，以增强候选反馈元组的剪枝能力。此外，本章中提出了多种局部元组选择策略，并通过实验测试了各种策略的性能，以尽量提高迭代处理过程中所传输的元组的质量，从而优化查询处理的剪枝效率。

3.4　基于网格概要剪枝的预处理

在 GDPS 方法的预查询处理过程中，首先需要对整个全局数据空间进行网格划分，在网格划分的基础上各局部节点分别获取每个网格元胞的相关概要信息，并基于此概要信息剪枝各局部节点中的非 Skyline 对象。

基于网格概要剪枝的预处理过程主要包括三个处理阶段：网格空间划分阶段、网格概要收集阶段和网格概要过滤阶段，各阶段的处理内容分别描述如下：

（1）网格空间划分阶段：在查询处理之前，各局部节点按照统一的网格划分标准对其维护的本地数据的数据空间进行网格划分，因此各局部节点拥有相同数量且规格相同的网格元胞，以便于后续网格概要信息的收集。

（2）网格概要收集阶段：网格概要收集过程分为局部节点和协调节点两个收集过程。首先，各局部节点在网格划分完成后，分别收集各局部网格元胞的概要信息，并将其发送至协调节点；其次，当协调节点收集完来自各局部节点的概要信息后，计算全局的网格概要信息并将其发送至各局部节点。

（3）网格概要过滤阶段：当接收完来自协调节点 H 处的全局网格概要信息之后，各局部节点利用全局网格概要信息分别对自身维护的局部概率数据集进行快速剪枝，以尽可能多地过滤掉不可能成为最终 q-Skyline 对象的元组。

3.4.1 网格空间划分

在 GDPS 方法的预查询处理过程中，通过引入网格数据结构来优化查询处理前的剪枝过程。特别地，在每个局部节点中均维护着一个轻权的网格结构，使得其能够获得存储于各局部节点上的数据对象的概要信息。此外，每个系统中的局部节点均负责维护其自身局部节点内数据的网格结构信息，而协调节点负责协调各局部节点之间信息的共享、处理和交换，以辅助查询的优化处理过程。

对于所有局部节点维护的局部数据集中的概率数据，由于所有概率元组中的确定性属性具有相同的数据空间，所以可对该数据空间按照统一的划分标准进行规则划分，从而可将整个数据空间划分为多个形状规则的网格元胞（Cell）。假定 δ 表示每个数据维度上的划分数目，则对于 d 维的数据空间，其总共被划分的网格元胞数目为 δ^d。通过对全局数据空间的有效划分，各分布式局部节点中的所有元组均被划分至不同的网格元胞中。典型的网格划分形式，以及概率数据元组在网格空间中的所属关系示例，可参考如图 3.3 所示的具体示例。如图 3.3（a）所示，假定对于某个局部节点 LS_i 中的网格元胞 R_i，l_i 表示位于网格元胞 R_i 的最左下方的点，而 u_i 表示位于 R_i 的最右上方的点，则对于局部节点 LS_i 中位于区 R_i 中的任意元组 t，均满足 $l_i^j \leq t^j < u_i^j$，

$(1{\leqslant}j{\leqslant}d)$ 的关系，其中 j 表示对应元组的确定性属性的维度。

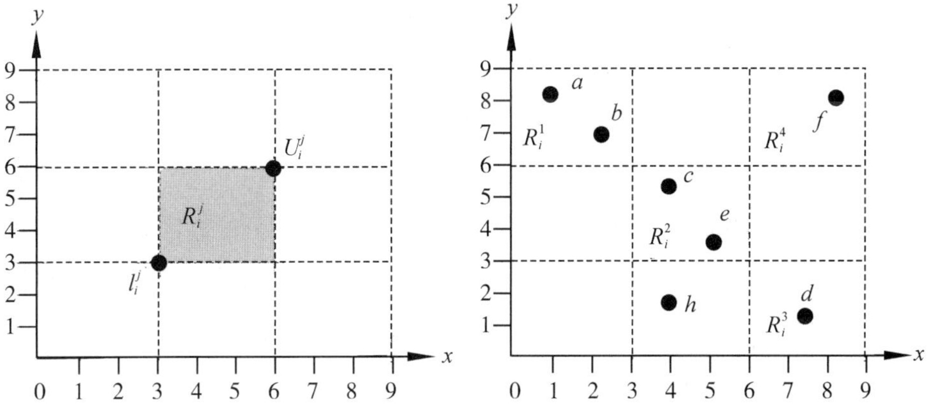

（a）网格结构　　　　　　　　（b）网格支配关系

图 3.3　网格概要及其支配关系

不失一般性，假定对于概率数据中所有确定性数据维度的属性值，均以小为优。GDPS 方法中的基于网格概要剪枝的预处理过程在于将整个数据空间划分成多个网格元胞，并基于网格元胞结构收集相关的网格概要信息。为便于描述，在上述网格划分的基础上，首先给出一些与网格相关的基本定义。

假定 R_i^j 表示局部节点 LS_i 中的第 j 个网格元胞，而 u^j 和 l^j 分别表示该网格元胞的最右上角和最左下角的点，则根据各网格元胞位置的不同，可定义网格元胞之间存在的如下三种支配关系.

定义 3.4（元胞完全支配）：若网格元胞 R_i^j 的右上角 u^j 支配网格元胞 R_i^k 的左下角，则称 R_i^j 支配 R_i^k，记为 $R_i^j \prec R_i^k$。例如，在图 3.3（b）中，即有 $R_i^2 \prec R_i^4$。

定义 3.5（元胞部分支配）：若网格元胞 R_i^j 不完全支配网格元胞 R_i^k，然而 R_i^j 的左下角 l^j 却支配 R_i^k 的右上角 u^k，则称 R_i^j 部分支配 R_i^k，记为 $R_i^j \rhd R_i^k$。例如，在图 3.3（b）中，即有 $R_i^1 \rhd R_i^4$。

定义 3.6（元胞互不支配）：若在网格元胞 R_i^j 中不存在点支配网格元胞 R_i^k 中任意点，且反之相同，则称 R_i^j 与网格 R_i^k 互不支配，记为 $R_i^j \sim R_i^k$。例如，在图 3.3（b）中，即有 $R_i^1 \sim R_i^2$。

根据以上网格元胞之间的三种支配关系定义，以及 3.2.1 小节中所述的关于元组的概率 Skyline 定义，可得出以下关于元组 t 的局部 Skyline 概率

$P_{l\_sky}(t)$ 的计算公式：

$$P_{l\_sky}(t) \leqslant \begin{cases} \prod\limits_{u \in R_i^j, u < t} [1 - P(u)], & \text{if } t \in R_i^j, \\ \prod\limits_{s \in R_t^k} [1 - P(s)], & \text{if } R_i^j < R_i^k, \\ \prod\limits_{r \in R_t^k, r < t} [1 - P(r)], & \text{if } R_i^j \sim R_i^k \end{cases} \tag{3.4}$$

由前述讨论可知，假定全局网格 G 在每个维度上划分的数目均为 n，则对于 d 维数据空间，全部的网格元胞数目为 n^d。因此，可将某个局部节点如 LS_i 中位于网格元胞 R_i^j 的元组 t 的局部 Skyline 概率进一步推理如下：

$$P_{l\_sky}(t) = P(t) \cdot \prod\limits_{t \in D_i, t' < t} [1 - P(t')]$$

$$= P(t) \cdot \prod\limits_{x=1, x \neq j, R_i^x < R_i^j, s \in R_i^x}^{n^d} [1 - P(s)] \cdot \prod\limits_{x=1, x \neq j, R_i^x \sim R_i^j, r \in R_i^x, r < t}^{n^d} [1 - P(r)] \cdot \prod\limits_{u \in R_i^j, u < t} [1 - P(u)] \tag{3.5}$$

3.4.2　网格概要收集

为了便于对后续基于网格概要剪枝的预处理过程的描述，首先给出以下两个关于网格概要信息的定义，其在后续优化处理的论述中将频繁出现。

定义 3.7（局部元胞不存在概率）：对于网格元胞 R_i^j，其局部元胞不存在概率（简记为 lnep）是指对于元胞 R_i^j 中的所有元组均不存在的概率，可表示为：

$$P_{\text{lnep}}(R_i^j) = \prod\limits_{t \in R_i^j} [1 - P(t)] \tag{3.6}$$

定义 3.8（全局元胞不存在概率）：给定 m 个局部节点，全局元胞不存在概率（简记为 gnep）表示在包括所有局部节点的全局范围内，网格 R_i^j 中所有元组均不存在的全局概率，可表示为：

$$P_{\text{gnep}}(R_i^j) = \prod\limits_{i=1}^{m} \left\{ \prod\limits_{t \in R_i^j} [1 - P(t)] \right\} \tag{3.7}$$

根据公式（3.5）、公式（3.6）和公式（3.7），可充分利用局部和全局元胞不存在概率来替代多个元组不存在概率的计算，以改进 GDPS 方法的计算效率。由前面的论述可知，网格概要收集阶段主要包括局部节点和协调节点的网格概要收集两个过程。在各局部节点中，其网格概要收集的主要任务在于根据公式（3.6）计算每个网格元胞的局部元胞不存在概率；而在协调节点中，其网格概要收集的主要任务在于根据公式(3.7)计算各个网格元胞的全局元胞不存在概率。

假定将局部节点 LS_i 中维护的概率数据子集 D_i，完全映射至某个局部网格概要结构 $G(D_i)$ 中。当将 D_i 映射至 $G(D_i)$ 时，D_i 中的每个元组 t 均将映射至某个特定的网格元胞中，假定其映射的元胞为 $c(t)$。此外，假设 $c.CS(D)$ 表示数据集 D 中的所有元组均映射至网格元胞 c，而其关联的元胞概率 $c.cp$ 表示 $c.CS(D)$ 中所有元组均不存在的概率，即网格元胞 c 的局部元胞不存在概率，则显然有：

$$c.cp = \prod_{t \in c.CS(D)} [1 - P(t)] \tag{3.8}$$

由于 $c.CS(D)$ 满足关系 $c.CS(D) = c.CS(D_1) \cup c.CS(D_2) \cup \cdots \cup c.CS(D_m)$，所以可进一步得到 $c.cp$ 的值，该值满足以下关系：

$$c.cp = \prod_{t \in c.CS(D)} [1 - P(t)] = P_{gnep}(c) = \prod_{i=1}^{m} [P_{lnep}(c)] \tag{3.9}$$

因此，在获取网格元胞概要信息的过程中，可首先在各个局部节点中计算所有网格元胞的局部元胞不存在概率，然后将其传输至协调节点。因此，协调节点可进一步根据所接收到的局部元胞不存在概率信息，根据公式(3.9)计算获得关于所有网格元胞的全局元胞不存在概率信息。

特别地，假定在协调节点 H 处已收集了所有关于网格元胞的 gnep 值，则协调节点可根据以下定理对某些网格元胞中的元组进行快速剪枝。

定理 3.1：对于同一数据空间中的任意两个网格元胞 R_i 和 R_j，若 $R_i < R_j$，且 R_i 的全局元胞不存在概率值小于概率阈值 q，则网格元胞 R_j 中的所有元组均不可能成为最终的 q-Skyline 对象。

证明：对于网格元胞 R_j 中的任意元组 t，根据公式(3.2)可知，其全局 Skyline 概率为 $P_{g\_sky}(t) = P(t) \cdot \prod_{i=1}^{m} \{ \prod_{t' \in D_i, t' < t} [1 - P(t')] \}$，而根据公式(3.7)可知，其全局元胞不存在概率为 $P_{gnep}(R_i^j) = \prod_{i=1}^{m} \{ \prod_{t \in R_i^j} [1 - P(t)] \}$。由于 $R_i < R_j$，所以对于任意 R_i 中的元组，必然支配元胞 R_j 中的全部元组。因此，可得出如下推理关系：

$$P_{g\_sky}(t) = P(t) \cdot \prod_{i=1}^{m} \{ \prod_{t' \in D_i, t' < t} [1 - P(t')] \}$$

$$= P(t) \cdot \prod_{i=1}^{m} \left\{ \prod_{t' \in D_i, t' \notin R_i^j, t' < t} [1 - P(t')] \cdot \prod_{t \in R_i^j} [1 - P(t)] \right\}$$

$$\leqslant \prod_{i=1}^{m} \left\{ \prod_{t \in R_{ji}} [1 - P(t)] \right\}$$

$$= P_{\text{gnep}}(R_i^j)$$

因此，若 $P_{\text{gnep}}(R_i^j) < q$，则必然满足 $P_{g\_\text{sky}}(t) < q$，定理得证。

由定理 3.1 可知，根据网格元胞之间的支配关系和全局元胞不存在概率值可直接对某些网格中的元组进行快速剪枝。假定在协调节点 H 处收集了来自所有局部节点返回的关于所有网格元胞的局部元胞不存在概率信息，则可计算出所有网格元胞的全局元胞不存在概率值，从而可根据定理 3.1 进行高效剪枝。

由此可知，在接收了所有的 lnep 信息后，协调节点根据维度由低到高的顺序，依次计算各网格元胞的 gnep 值，并且在计算的过程中根据 gnep 值与概率阈值 q 的关系进行剪枝。例如，如图 3.4 所示，对于一个 2 维数据空间中网格元胞 R_{11}，由于其 gnep 值小于概率阈值 q，所以根据定理 3.1 可知，被 R_{11} 所支配的网格元胞如 R_{22}、R_{23}、R_{32} 和 R_{33} 中的元组必然不可能成为最终的 q-Skyline 对象。因此，可直接对这些网格元胞中的全部元组进行剪枝。此外，为了快速识别所有网格元胞中的合格元胞（即未被剪枝的网格元胞），对所有网格元胞进行标记，其中"1"表示该网格元胞合格，而"0"表示该网格元胞不合格，其具体示例如图 3.4 所示。

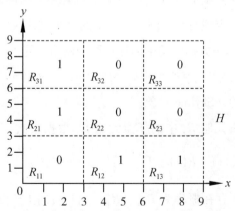

图 3.4　基于网格概率的剪枝与标记示例

因此，在协调节点网格概要收集的过程中，一方面，计算所有合格网格元胞的全局元胞不存在概率；另一方面，利用网格元胞支配关系对网格元胞进行标记。当所有操作完成后，协调节点将所有合格元胞的全局元胞不存在概率值，以及所有网格元胞的标记信息等信息发送至所有的局部节点，以用于局部节点的剪枝处理。

3.4.3　网格概要过滤

当各局部节点接收完来自协调节点 H 处的网格概要信息后，各局部节点对自身维护的数据集进行快速剪枝，以尽量过滤掉不可能成为最终 q-Skyline 的元组。在局部节点的剪枝过程中，通过查询各网格元胞的标记信息可快速过滤那些标记为"0"的网格元胞内的元组。特别地，除了通过上述方式剪枝外，各局部节点还可通过其他两种方式实现剪枝处理：第一，通过公式(3.1)计算各局部节点中所有元组的局部 Skyline 概率，剪枝那些局部 Skyline 概率值小于概率阈值 q 的元组；第二，各局部节点计算剩余元组的候选 Skyline 概率值，若某个元组的候选 Skyline 概率值小于概率阈值 q，则可直接剪枝该元组。其中，对于某个元组 t，其候选 Skyline 概率值 $P_{c\_sky}(t)$ 可通过以下公式计算获得：

$$P_{c\_sky}(t) = P(t) \cdot \prod_{R_g < t} P_{gnep}(R_g) = P(t) \cdot \prod_{R_g < t} \left\{ \prod_{t' \in R_g} \left[1 - P(t') \right] \right\} \qquad (3.10)$$

需要特别指出的是，可采用候选 Skyline 概率剪枝的主要原因在于：对于某个元组 t，其候选 Skyline 概率值 $P_{c\_sky}(t)$ 必然不小于其全局 Skyline 概率值 $P_{g\_sky}(t)$。因此，若其 $P_{c\_sky}(t)$ 值小于概率阈值 q，则元组 t 必然不能成为 q-Skyline 对象。通过以下推理过程，即可证明上述结论的正确性：

$$
\begin{aligned}
P_{g\_sky}(t) &= P(t) \cdot \prod_{t' \in D, t' < t} \\
&\leqslant P(t) \cdot \prod_{t' \in R_g, R_g < t} \left[1 - P(t') \right] \\
&= P(t) \cdot \prod_{R_g < t} P_{gnep}(R_g) \\
&= P_{c\_sky}(t)
\end{aligned}
\qquad (3.11)
$$

结合上述 GDPS 方法的整个预处理过程可知，其遵循如图 3.5 所示的分布式预处理架构。在此处理架构中，仅涉及局部节点与协调节点之间的通信过程，各局部节点之间无须通信，而信息交换的内容主要包括网格元胞的标识、lnep 值、gnep 值，以及各网格元胞是否为合格元胞的标记信息。

结合上述分布式预处理架构，可将基于网格概要剪枝的预处理过程描述如下：

(1)协调节点 H 通知所有局部节点 $\{LS_1, LS_2, \cdots, LS_m\}$ 网格划分的标

准，使各局部节点均采用相同的标准划分网格，其分布式预处理架构如图 3.5 所示；

(2)各局部节点收到来自协调节点 H 的通知后，按照规定的划分标准将整个数据空间划分成规格相同的网格元胞；

(3)各局部节点根据公式(3.6)计算所有网格元胞的 lnep 值，当计算完成后，将所有网格元胞的标识信息及其 lnep 值发送至协调者 H；

(4)当协调节点 H 接收完来自局部节点的全部信息后，计算所有网格元胞的 gnep 值，并根据网格元胞之间的支配关系对所有网格元胞进行 0 和 1 标记；

(5)当协调节点的计算和标记操作全部完成后，协调节点将所有的网格元胞标识、gnep 值以及网格的标记信息等网格概要信息发送至所有的局部节点；

(6)各局部节点根据网格元胞的 gnep 值、网格的标记信息以及元组的局部 Skyline 概率信息剪枝各局部节点中的非 q-Skyline 对象。

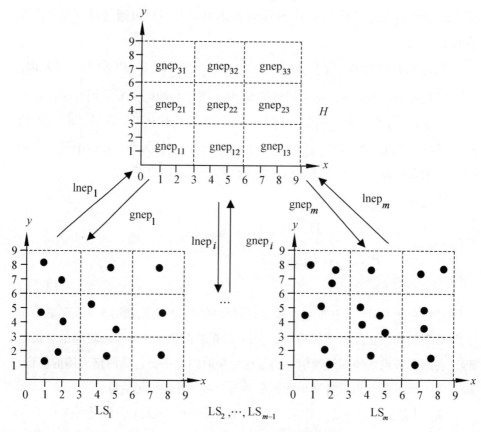

图 3.5　基于网格过滤的分布式预处理架构

在基于网格概要剪枝的预处理过程中，其精髓在于通过查询处理前收集的网格概要信息，提前尽可能地快速剪枝那些不合格的元组，并选择支配能力最强的元组用于后续的迭代剪枝处理过程。GDPS 方法的查询预处理过程可归纳为如图 3.6 所示的算法 Preprocessing(D，LS，CAN）。

算法 3.2　Preprocessing(D，LS，CAN)：预查询处理算法

输入　局部数据集：$D = \{D_i \mid 1 \leqslant i \leqslant m\}$；概率 Skyline 阈值：$q$；

　　　　所有局部节点：LS $= \{\text{LS}_i \mid 1 \leqslant i \leqslant m\}$

输出　各个局部节点上的候选 Skyline 集合 CAN $= \{\text{CAN}_{D_i} \mid 1 \leqslant i \leqslant m\}$

1　　协调节点 H 将网格划分标准信息发送至所有局部节点 LS $= \{\text{LS}_i \mid 1 \leqslant i \leqslant m\}$；

2　　**foreach** LS$_i$ **do**

3　　　　　将数据集 D_i 中的所有元组映射到相应的各个网格中；

4　　　　　利用公式(3.6)计算所有网格元胞的局部不存在概率 lnep；

5　　　　　将所有网格元胞的标识及其 lnep 值发送至协调节点 H；

6　　H 收集来自所有局部节点的 lnep 值并根据公式(3.7)计算每个网格的全局不存在概率值 gnep；

7　　H 对各个网格根据 gnep 值进行标记，并获得所有网格元胞的概要信息 GS；

8　　H 发送 GS 信息至所有的局部节点 LS；

9　　**foreach** LS$_i$ **do**

10　　根据收集的网格概要信息剪枝不合格的元组；

11　　计算所有元组的局部 Skyline 概率 $P_{l\_sky}(t, D_i)$；

12　　计算所有元组的临时 Skyline 概率 $P_{t\_sky}(t, D_i)$；

13　　根据 $P_{l\_sky}(t, D_i)$ 值和 $P_{t\_sky}(t, D_i)$ 值剪枝，获得 CAN $= \{\text{CAN}_{D_i} \mid 1 \leqslant i \leqslant m\}$ 集合；

图 3.6　基于网格过滤的预查询处理算法

3.5　基于迭代剪枝的查询处理

尽管基于网格概要剪枝的预查询处理过程能够有效地过滤较多的非 Skyline 对象，然而在全局数据集中仍然可能有较多的候选对象无法被剪枝。

因此，对剩余的候选对象进行高效剪枝并渐进式地返回查询结果给用户，仍然是研究的难点。

在 GDPS 方法中，采用了一种基于迭代剪枝的查询处理过程来优化分布式概率 Skyline 查询。在基于迭代剪枝的查询处理过程中，各局部节点首先采用某种元组选择策略选择支配能力较强的元组，并将其发送至协调节点；协调节点收集来自各局部节点的元组信息，考查其中哪些元组能成为全局 Skyline 对象，并将最有可能成为全局 Skyline 的对象发送至各局部节点；同时，各局部节点一方面计算该元组的支配概率值，另一方面利用该元组对自身维护的局部数据集进行剪枝。以上过程重复执行，直至各局部节点中所有的元组均已确定是否为 Skyline 对象。

特别地，在基于迭代剪枝的查询处理过程中，主要包括三个查询处理步骤：局部节点剪枝、局部元组选择和协调节点剪枝。

3.5.1　局部节点剪枝

在当前最优的分布式概率 Skyline 查询方法 DSUD 和 e-DSUD 中，局部节点根据协调节点反馈的对象不断更新局部 Skyline 概率值，并依据该值对局部节点中的候选元组进行不断剪枝。特别地，对于局部数据集 t' 中的某个元组 D_i，其根据协调节点反馈的元组 t'，并利用以下公式计算其更新的局部 Skyline 概率值：

$$P(t) = \begin{cases} P_{l\_sky}(t, D_i) \cdot [1 - P(t')], & \text{if } t' < t \\ P_{l\_sky}(t, D_i), & \text{otherwise} \end{cases} \quad (3.12)$$

尽管该策略能够有效地剪枝局部数据集，然而该方式并非最高效的剪枝方式。在不断更新迭代的过程中，可充分利用所有历史反馈的元组来优化剪枝，而非仅仅使用当前的返回元组。在 GDPS 方法中，局部节点根据元组更新的临时 Skyline 概率值进行剪枝，且通过理论证明和实验测试验证了该剪枝策略的高效性。以下定理证明了采用更新的临时 Skyline 概率对局部节点的候选对象剪枝的正确性。

定理 3.2：假定在迭代处理过程中，局部节点 LS_i 接收来自其他局部节点的历史元组集合分别为 $DF_j (1 \leqslant j \leqslant m \wedge i \neq j)$，则接收到所有历史元组的集合

为 $\mathrm{DR}_i = \mathrm{DF}_1 \cup \mathrm{DF}_2 \cup \cdots \cup \mathrm{DF}_m$，其中 $\mathrm{DF}_j \subseteq D_j (1 \leqslant j \leqslant m \wedge j \neq i)$，则对局部节点 LS_i 中的元组 t，必然满足 $P_{g\_sky}(t) \leqslant P_{t\_sky}(t, D_i)$。

证明：由于来自其他局部节点中的元组必然不会重复出现，所以可直接通过全局 Skyline 概率的定义推理出上述结论，其推理过程如下：

$$P_{g\_sky}(t) = \prod_{i=1}^{m} P_{sky}(t, D_i)$$

$$\leqslant P_{sky}(t, D_i) \cdot \prod_{j=1, j \neq i}^{m} P_{sky}(t, \mathrm{DF}_j)$$

$$= P_{sky}(t, D_i) \cdot \prod_{j=1}^{m} {}_{t' \in \mathrm{DR}_i,\ t' < t}[1 - P(t')]$$

$$= P_{sky}(t, D_i) \cdot P_{sky}(t, \mathrm{DR}_i)$$

$$= P_{t\_sky}(t, D_i) \tag{3.13}$$

需要重点指出的是，在局部节点 LS_i 计算 $P_{t\_sky}(t, D_i)$ 值的过程中，LS_i 将根据每次协调节点反馈的元组信息不断更新该 $P_{t\_sky}(t, D_i)$ 值，其更新计算的规则如下：

$$P_{t\_sky}(t, D_i) * = \begin{cases} 1 - P(t'), & \text{if } t' < t \\ 1, & \text{otherwise} \end{cases} \tag{3.14}$$

通过定理 3.2 可知，在剪枝的过程中可充分利用更新的临时概率 Skyline 值进行剪枝，该策略能够充分利用查询处理过程中的历史信息剪枝，比已有最优的分布式概率 Skyline 方法 e-DSUD 中所采用的基于更新的局部 Skyline 信息剪枝的效率更高，后续大量的实验测试结果也充分证明了此结论的正确性。

3.5.2　局部元组选择

在基于迭代剪枝的处理过程中，一个需要重点考虑的问题是如何选择最优的元组传输至协调节点，以增强每次迭代剪枝过程中由协调节点返回的元组的支配能力，从而提高基于反馈元组剪枝的效率。针对此问题，在研究过程中主要考虑了四种元组选择策略，其具体描述分别如下：

（1）Max-Temp 策略：选择局部节点中具有最大的更新的临时 Skyline 概率值 $P_{t\_sky}(t, D_i)$ 的元组传输至协调节点，该值可通过公式(3.14)计算获得；

（2）Max-Local 策略：选择局部节点中具有最大的更新的局部 Skyline 概率值的元组传输至协调节点，该值可通过公式(3.12)计算获得；

（3）Min-Rank 策略：选择局部节点中具有最小的所有维度排序和值 RankScore 的元组传输至协调节点；

（4）Max-Domin 策略：选择局部节点中具有最大空间支配区域值 VDR_t 的元组 t 传输至协调节点。

在 Min-Rank 策略中，RankScore 值即为某个元组其所有确定性维度上的属性值，在整个数据集的元组中对应维度上的排序值之和。特别地，假定局部节点 LS_i 中某个元组 t 具有 d 个维度的属性值，而其维度 i 上的值在 LS_i 的当前候选元组中排名为 r_i，则元组 t 的 RankScore 值为 $\sum_{i=1}^{d} r_i$。

在 Max-Domin 策略中，对于任意的元组 t，其空间支配区域值可通过公式 $VDR_t = \prod_{k=1}^{d}(\max_k - t.k)$ 计算获得，其中 $\max_k$ 表示一个预先定义的比全局值域更大的值 b_k，且 $t.k$ 为元组 t 在确定性维度 k 上的值，该定义与 HUANG 等人[112]研究的定义类似。特别地，假定在一个全局数据空间中，元组 t 在维度 $k(1 \leqslant k \leqslant d)$ 上的取值范围为 $[s_k, b_k]$，则元组 t 的支配区域为 $VDR_t = \prod_{k=1}^{d}(b_k - t.k)$。

在基于迭代剪枝的处理过程中，选择具有最大剪枝能力的元组进行反馈具有的重要意义。为此，在 GDPS 方法中实现上述四种策略，并通过大量实验评估各种选择策略的性能，是优化基于迭代剪枝查询过程的重要途径之一。通过后续大量的实验发现，相比于其他三种选择策略，Max-Temp 策略的性能相对最优。

3.5.3 协调节点剪枝

在 e-DSUD 方法中，协调节点根据元组局部 Skyline 概率与其相对于其他局部数据集的相对局部 Skyline 概率的乘积值来进行剪枝，即利用以下推论进行剪枝。

推论 3.1：对于来自局部节点 LS_i 的元组 t，其全局 Skyline 概率 $P_{g\_sky}(t)$ 的上限受限于其局部 Skyline 概率与其相对于其他局部节点上数据集的相对局部 Skyline 概率的乘积，即满足以下条件：

$$P_{g\_sky}(t) = \prod_{x=1}^{m} P_{sky}(t, D_x)$$

$$\leqslant P_{\text{sky}}(t,\ D_i) \cdot \prod_{x=1,x\neq j,t\in D_x,s\in L,st<t} \frac{P_{\text{sky}}(s,\ D_x) \cdot [\,1-P(s)\,]}{P(s)}$$

$$= P_{g\_\text{sky}}(t)^{\ *} \tag{3.15}$$

然而，以上剪枝过程中只是充分利用了在协调节点候选队列中的元组进行剪枝，而未充分利用更多的反馈元组信息进行剪枝，使得其剪枝效率有所下降。在基于迭代剪枝的处理过程中，协调节点主要采用两个方面的剪枝策略，即根据更新的临时 Skyline 概率值剪枝和根据历史元组信息剪枝。

在迭代处理的过程中，协调节点不断更新其维护的候选队列 L 中候选元组的临时 Skyline 概率值，假定对于数据集 D_x 中的某个元组 t，其临时 Skyline 概率为 $f(t,\ D_x)=P_{t\_\text{sky}}(t,\ D_x)$，则可根据以下公式不断更新该值：

$$f(t,\ D_L) = \begin{cases} f(t,\ D_i) \cdot \prod_{t'\in D_L,t'<t}[\,1-P(t')\,], & \text{if } t\in N_H \\ f(t,\ D_L) \cdot \prod_{t'\in N_H,t'<t}[\,1-P(t')\,], & \text{otherwise} \end{cases} \tag{3.16}$$

因此，协调节点可直接将不满足条件 $P_{t\_\text{sky}}(t,\ D_L)\geqslant q$ 的元组从 D_L 中剔除。

对于 H 维护的 L 中的元组，由于其在迭代处理过程中不断被剪枝，且这些被剪枝的元组将不再传输至各局部节点。若能够充分利用这些被剪枝的历史元组信息，则能够更多地剪枝 L 中的元组。通过以下定理即可证明此优化策略思想的正确性。

定理 3.3：假定 PRT_H 表示整个迭代处理过程中在 L 中被剪枝的元组集合，而 $\text{PRT}_H \setminus D_i$ 表示在集合 PRT_H 中却非来自局部节点 LS_i 的元组集合，则对于来自局部节点 LS_i 的数据集 D_i 中的任意元组 t，其全局 Skyline 概率 $P_{g\_\text{sky}}(t)$ 值的上限不超过 $P_{t\_\text{sky}}(t,\ D_i) \cdot P_{\text{sky}}(t,\ D_L) \cdot P_{\text{sky}}(t,\ \text{PRT}_H \setminus D_i)$。

证明：由于在计算 $P_{t\_\text{sky}}(t,\ D_i)$、$P_{\text{sky}}(t,\ D_L)$ 和 $P_{\text{sky}}(t,\ \text{PRT}_H \setminus D_i)$ 的过程中，用于计算以上概率值的元组均相互独立且无重复，因此可得出以下推理结果：

$$P_{g\_\text{sky}}(t) = \prod_{i=1}^{m} P_{\text{sky}}(t,\ D_i)$$

$$\leqslant P_{t\_\text{sky}}(t,\ D_i) \cdot P_{\text{sky}}(t,\ D_L) \cdot \prod_{t'\in \text{PRT}(H)\,\wedge\,t'\notin D_i}[\,1-P(t'<t)\,]$$

$$= P_{t\_\text{sky}}(t,\ D_i) \cdot P_{\text{sky}}(t,\ D_L) \cdot P_{\text{sky}}(t,\ \text{PRT}_H \setminus D_i) \tag{3.17}$$

特别地，若将局部节点 LS_i 中所有用于更新 $P_{t\_sky}(t, D_i)$ 值的元组的集合记为 TS_{D_i}，则显然可知 $\mathrm{TS}_{D_i} \cup D_L \cup \mathrm{PRT}_H \setminus D_i \subseteq D$ 和 $\mathrm{TS}_{D_i} \cap D_L \cap \mathrm{PRT}_H \setminus D_i = \varnothing$。其中，$\mathrm{TS}_{D_i}$ 中包括了整个迭代处理过程中直至目前为止已被剪枝的 D_i 中的所有元组。

因此，各局部节点可将更新的临时 Skyline 概率值 $P_{t\_sky}(t, D_i)$ 发送至协调节点，以优化协调节点处的剪枝计算。同时，根据定理 3.3，可进一步剪枝协调节点所维护的优先队列 L 中的候选元组集合。为此，在基于迭代剪枝的处理阶段，协调节点只需额外维护一个优先队列 LP，以用于存储 L 中每次被剪枝的元组。将这些元组根据其更新的临时 Skyline 概率值排序，以用于优化剪枝每次所考查的 L 中的对象。此外，为了降低计算和存储的开销，在协调节点中仅需维护一个固定长度的优先队列 LP 即可，并采用一定的启发式替换策略来优化 LP 中元组的存储。当 D_L 中的元组需要与 LP 中的元组进行支配测试时，将直接弹出 LP 中临时 Skyline 概率值最大的元组，因为这些元组对所考查的对象进行剪枝的可能性更大。

综上所述，可将整个基于迭代剪枝的处理过程描述为算法 3.3 所示(图 3.7)。

算法 3.3 IterativeFeedback(D_L, LS, SKY$_H$)：迭代反馈查询处理算法

输入 来自所有局部节点的 t_{max} 元组集合：$D_L = \{t_{max}^i \mid 1 \leqslant i \leqslant m\}$；

　　　　所有局部节点集合：$\mathrm{LS} = \{\mathrm{LS}_i \mid 1 \leqslant i \leqslant m\}$；

　　　　候选 q-Skyline 对象集合：$\mathrm{CAN}_{D_i}(1 \leqslant i \leqslant m)$

输出 包含全局 q-Skyline 对象的 SKY(H) 集合

1　更新 D_L 中所有元组的临时 Skyline 概率值 $P_{t\_sky}(t, D_L)$；

2　从 D_L 中根据两个方面的剪枝策略过滤非 q-Skyline 对象集合 PRT_H；

3　H 从集合 D_L 中选择具有最大临时 Skyline 概率值 $P_{t\_sky}(t, D_L)$ 的元组 t_M；

4　H 发送元组 t_M 至所有局部节点(包含 t_M 的节点 LS_t 除外)；

5　**foreach** $\mathrm{LS}_i(\mathrm{LS}_t$ 除外) **do**

6　　　　根据公式 $P_{dop}^i(t) = \prod\limits_{t' \in D_i, t' < t}[1 - P(t')]$ 计算元组 t_M 的支配概率；

7　　　　发送 $P_{dop}^i(t)$ 值至协调节点 H；

8　　　　根据 t_M 剪枝 CAN_{D_i} 中不合格的元组；

9　H 基于接收到的信息根据公式(3.3)计算元组 t_M 的全局 Skyline 概率 $P_{g\_sky}(t_M)$；

10　**if** $(P_{g\_sky}(t_M) \geqslant q)$ **then**

11　　　将元组 t_M 加入至全局 Skyline 集合 SKY(H) 中；

12　　　从集合 PRT$_H$ 中的元组对应的局部节点处获取新的元组集合 N_H；

13　　　协调节点 H 更新其维护的候选队列集合为 $D_L = D_L \cup N_H$；

图 3.7　基于迭代反馈的查询处理算法

3.6　实验测试与分析

3.6.1　实验环境设置

本小节通过大量合成数据集和真实数据集上的实验，测试和分析了 GDPS 方法的性能。本章中的全部实验均运行在配置为 Intel P4 3.0 GHz CPU，4GB 内存的计算机上，操作系统为 Windows XP，编程平台为 Visual Studio 2008，所有本章中的算法均采用 C++ 语言实现。由于本章中研究的分布式概率 Skyline 查询，主要关注于查询处理所需的通信开销，而通信开销由查询处理过程中传输的元组数目决定，因此在实验中采用模拟测试即可完全反映算法的处理性能，这也是当前分布式 Skyline 查询研究中普遍采用的实验测试方法。

此外，为了更为公平和全面地考查 GDPS 方法的性能，实验中不仅采用了与 DING 等人[123] 所相同的合成数据集进行实验测试，而且还采用了真实数据集进行测试。实验中所采用的合成数据集和真实数据集分别描述如下：

（1）**合成数据集**。实验中所采用的合成数据集主要包括两种最为常用的数据分布类型，即独立型数据集（independent dataset）和反相关数据集（anti-correlated dataset），其数据描述形式如图 3.8 所示。此外，采用正态分布来随机产生并赋予每个数据对象一个存在概率值，以生成完整的概率数据。其中，正态分布的均值 μ 设为 0.7，方差 σ 设为 0.3。

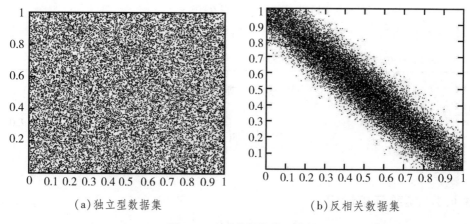

（a）独立型数据集　　　　　　（b）反相关数据集

图 3.8　合成数据集类型示例

（2）**真实数据集**。实验中所采用的真实实验数据主要来源于两个方面：①收集自网站 www. ipums. org 的数据集（IPUMS）：该数据集包括诸如人口统计信息、地理位置信息、房产信息、收入信息、消费信息等众多方面的美国人口普查信息。实验中抽取其中部分属性的数值信息并加以规范化来生成概率数据的确定性属性值。该类型的数据由于其维度之间毫无关联，使得其数据特征类似于合成数据中的独立型数据。②来自网站 www. zillow. com 的数据集（Zillow）：该数据集包含了一些美国家庭房产方面的信息。实验中抽取其中最为常见的一些属性信息如卧室数目、浴室数、建成年限、房价差额等，其中房价差额等于数据集中最高的房价与自身房价之差。该类型的数据更类似于合成数据中的反相关数据，因为自身房价越高，则该房价差额值越低。此外，与合成数据类似，实验中同样采用正态分布来随机产生并赋予每个合成数据对象一个存在概率值，以生成完整的概率元组。其中，正态分布的均值 μ 和方差 σ 分别设为 0.75 和 0.3。

假定系统中共有 m 个局部节点，全部数据集中元组的数目为 $|D|$，用户定义的概率阈值为 q，且每个局部节点拥有相同的元组数目 $|D|/m$。表 3.2 中归纳了实验中涉及的相关实验参数及其取值情况。除非特别指出，实验中每个参数的缺省值均为表中标注为黑体的数值。

表 3.2　实验中涉及的相关参数及其取值

符号	含义	值
$\mid D \mid$	总的元组数目	$2 \times 10^{6}(2M)^{①}$、$10 \times 10^{6}(10M)$
m	局部节点数目	40、60、80、100
d	元组的维度数	2、3、4、5
q	概率 Skyline 的阈值	0.3、0.5、0.7、0.9
n	每个维度的划分数	2、6、10、14、18、22、26

注：①M 代表 10^{6}，下同。

在本章实验中，首先，测试了局部节点中元组选择策略对查询效率的影响；其次，测试了预处理过程中网格划分数目对方法查询性能的影响；最后，详细测试了不同参数对方法查询性能的影响，其中涉及的参数包括概率数据维度 d、局部节点数 m 和用户设定的概率阈值 q。由于目前分布式概率 Skyline 查询的研究较少，当前最为高效的查询处理方法是由 DING 等人[123] 提出的 DSUD 和 e-DSUD 方法。因此，在实验测试中，主要将本章中所提出的 GDPS 方法与这两种方法进行对比。特别地，如 3.5 节中所述，在 DSUD 和 e-DSUD 方法中均采用了迭代反馈的查询处理过程，且在其局部节点剪枝的过程中，主要基于更新的局部 Skyline 概率值进行剪枝；在协调节点的处理过程中，DSUD 同样根据局部 Skyline 概率值来确定最优元组并反馈给局部节点，而 e-DSUD 方法根据协调节点中元组的局部 Skyline 概率与其相对于其他局部数据集的相对局部 Skyline 概率的乘积值来考查最优元组并加以反馈。此外，在上述两种方法中均无基于网格概要剪枝的预处理过程。由此可见，DSUD 和 e-DSUD 方法与本章中提出的 GDPS 方法存在显著差异。

3.6.2　元组选择策略对性能的影响

在本小节中，主要测试 3.5.1 小节中所提出的四种局部元组选择策略 Max-Temp、Max-Local、Min-Rank 和 Max-Domin 对 GDPS 方法整体查询性能的影响。对于合成数据集上的实验测试，主要测试了四种策略对于不同的数据维度 d、局部节点数目 m 和概率阈值 q，在独立型数据集和反相关数据集上的查询处理性能。

通过如图 3.9 和图 3.10 所示的测试结果可知，无论是在独立型数据集，还是在反相关数据集中测试的结果，四种策略中 Max-Domin 策略的查询性能相对最差，而 Max-Temp 策略的查询性能相对最优。然而，在分布式确定性 Skyline 查询处理中，Max-Domin 已被证明是一种非常有效的查询优化方式。产生这种强烈反差的原因在于，两种查询中涉及的 Skyline 查询定义不同。与确定性 Skyline 查询不同，在概率 Skyline 查询中一个元组成为 Skyline 的能力不仅仅取决于其确定性属性的支配能力，而且还取决于该元组的存在概率。因此，像 Max-Domin 策略仅仅考虑确定性属性的支配能力，往往不能起到较好的优化效果。

在四种元组选择策略之中，Min-Rank 策略和 Max-Domin 策略在本质上类似，均为选择确定性属性能力较优的元组。由图中所示的测试结果可知，两者的查询性能总体上比较接近，Min-Rank 策略优于 Max-Domin 策略。此外，尽管 Max-Temp 和 Max-Local 两种策略均考虑了 Skyline 概率属性，然而从 3.5.2 小节的讨论中即可知，更新的临时 Skyline 概率能够充分利用不断反馈的元组累积更新候选元组的 Skyline 概率，其相对于更新的局部 Skyline 概率更能够反映元组成为最终 q-Skyline 对象的可能性。由图 3.9 和图 3.10 中所示的实验测试结果可知，Max-Local 策略的性能与 Min-Rank 较为接近，然而在总体上优于 Max-Domin 策略和 Min-Rank 策略，而 Max-Temp 策略的性能相对最优。

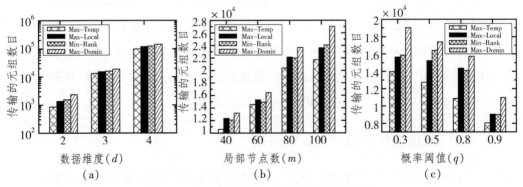

图 3.9 独立型数据集上不同选择策略的性能

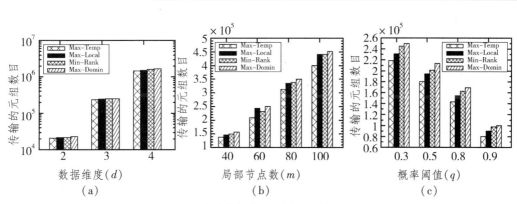

图 3.10　反相关数据集上不同选择策略的性能

由于 Max-Temp 策略中元组更新的临时 Skyline 概率，在 GDPS 方法中本身即为各局部节点剪枝候选元组的重要依据。因此，在基于迭代剪枝的处理过程中采用 Max-Temp 选择策略，不仅能够节省选择反馈对象的计算开销，而且能够取到较好的剪枝效果。为此，在后续实验中将选择 Max-Temp 策略作为缺省的策略，以尽量最优化 GDPS 方法的查询处理性能。

3.6.3　网格划分粒度对性能的影响

在 GDPS 方法的基于网格概要剪枝的预查询处理过程中，网格划分的粒度可能对查询处理的性能产生重要影响。因此，为了测试不同的网格划分粒度对 GDPS 方法查询性能的影响，分别在 2M 和 10M 的合成数据集上对 GDPS 方法的查询性能进行了测试，其实验结果分别如图 3.11(a) 和图 3.11(b) 所示。为了便于描述，将网格划分的粒度采用每个维度上的划分数目来进行度量。由于 GDPS 方法在网格划分中假定各个维度上划分的数目相同，因此若概率数据具有 d 个确定性数据维度，且每个维度上的网格划分数为 n，则其实际划分所得的网格元胞数为 n^d。

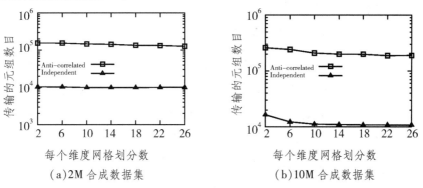

图 3.11　不同数据集中网格划分粒度对查询性能的影响

由图 3.11 中所示的结果可知，无论是对于独立型数据集还是反相关数据集，在 2M 和 10M 规模数据集的测试中，传输的元组数目均随着网格划分数的增加而呈现出先降低而后趋于平缓。产生此现象的主要原因在于，当网格划分数较少时，则网格元胞的数量较少，因此各网格元胞中所包含的元组数目相对较多，从而导致元组的划分过于粗糙而使得网格过滤的效果不明显。然而，随着网格划分数的增加，网格元胞的数量在不断增多，而各网格元胞内的元组数目相对更少，则数据空间分配得越精细，使得基于网格概要剪枝的效果更加显著。

需要特别指出的是，网格元胞的数目随着每个维度上划分数的增长而呈指数级增长。当网格元胞的数目过多时，不仅会导致查询的计算量过大，而且会使得网格元胞中的元组数目过低而影响剪枝的效果。因此为了兼顾计算开销与通信开销等各方面的因素，选取一个合理的网格划分数目极为重要。通过图 3.11 中所示的测试结果可知，当每个维度的网格划分数为 14 时，GDPS 方法能达到相对最优的处理效果。因此，在后续实验中，将选择 14 作为缺省的每个维度的划分数。

3.6.4　不同参数对查询性能的影响

本小节中主要测试了在不同的数据维度、局部节点数和概率阈值参数下 GDPS 方法的性能，并将其与当前最优的分布式概率 Skyline 查询方法 DSUD 和 e-DSUD 进行对比，以验证 GDPS 方法查询处理的高效性。

1. 数据维度对查询性能的影响

由图 3.12 中可知，当概率数据维度由 2 增加至 4 时，三种方法所需的通信开销，即整个查询过程中传输的元组数目均在不断增加。产生该现象的原因在于，随着数据维度的增加，由 3.2.1 小节中概率元组支配的定义可知，元组之间的支配关系越弱。因此，对于维度数更大的元组，其被其他元组支配的概率越低，所以在查询过程中被剪枝的可能性也相对更低，从而使得最终的 q-Skyline 元组数目更多。

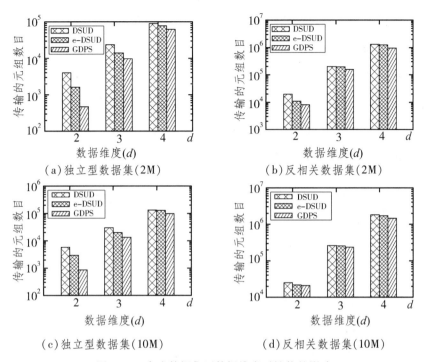

（a）独立型数据集（2M）　　　　（b）反相关数据集（2M）

（c）独立型数据集（10M）　　　　（d）反相关数据集（10M）

图 3.12　合成数据集下数据维度对性能的影响

　　然而，通过图 3.12 和图 3.13 中的实验结果不难发现，e-DSUD 方法所消耗的通信开销较 DSUD 方法更小，这与 DING 等人[123]测试的结果相同；然而，无论对于何种维度，GDPS 方法的通信开销均较其他两者更小，充分证明了 GDPS 方法中所提出的各种优化策略的有效性和高效性。此外，需要注意的是，在相同的实验条件下，反相关数据集对应的查询所消耗的通信开销总是比独立型数据集对应的通信开销更大，这与集中式数据集上维度增加时查询处理的结果类似。其主要原因在于，反相关数据集中元组之间的支配关系更弱，使得查询剪枝的效果相对较差。

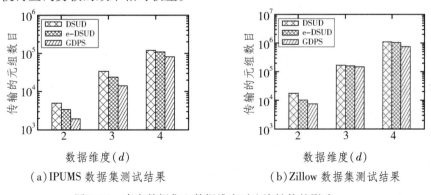

（a）IPUMS 数据集测试结果　　　　（b）Zillow 数据集测试结果

图 3.13　真实数据集上数据维度对查询性能的影响

2. 局部节点数目对性能的影响

尽管分布式概率 Skyline 查询过程中涉及的局部节点数目通常由具体的分布式应用所决定，然而查询方法对于不同的局部节点数目，其处理的效率可能会有所不同。因此，为了测试局部节点数目对查询方法性能的影响，实验中专门在合成数据集和真实数据集上测试了不同局部节点数目时三种查询方法的性能，其测试结果分别如图 3.14 和图 3.15 所示。

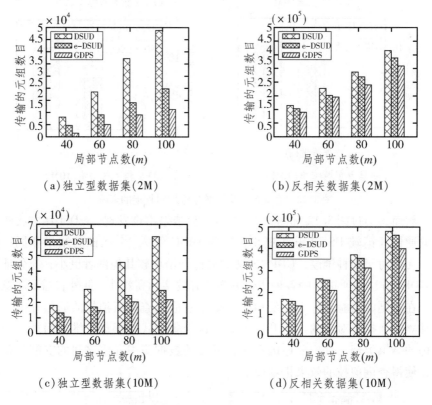

（a）独立型数据集（2M）　　　　（b）反相关数据集（2M）

（c）独立型数据集（10M）　　　　（d）反相关数据集（10M）

图 3.14　合成数据集下局部节点数对查询性能的影响

由图中所示的测试结果可知，当局部节点数 m 由 40 增加至 100 时，DSUD、e-DSUD 和 GDPS 三种查询方法消耗的通信开销均在不断增大。产生该现象的主要原因在于：由于最终成为 q-Skyline 的元组均需要由协调节点 H 进行广播，而最终需要返回给用户的 q-Skyline 元组数目由数据集本身所决定，因此当该元组数目一定时，局部节点的数目越多，显然其通信开销越大。然而，通过实验结果可知，无论对于合成数据集还是真实数据集，GDPS 方法比其他两种方法所需的通信开销明显更小，充分反映了其查询处理的高效性。

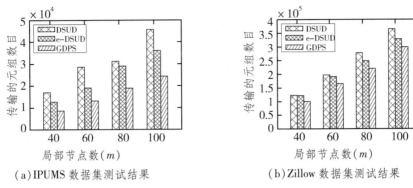

(a) IPUMS 数据集测试结果　　　　　　　(b) Zillow 数据集测试结果

图 3.15　真实数据集上局部节点数对查询性能的影响

3. 概率阈值对查询性能的影响

在不确定数据的 Skyline 查询研究中，概率阈值一直是影响查询性能的重要因素。为了分析概率阈值对于所提出的分布式概率 Skyline 查询方法 GDPS 的影响，在实验中专门测试并对比了在不同概率阈值情形下三种查询方法的性能，其合成数据集和真实数据集上的测试结果分别如图 3.16 和图 3.17 所示。

由图 3.16 和图 3.17 中所示的测试结果可知，随着概率阈值由 0.3 增加至 0.9，无论对于合成数据集还是真实数据集，三种查询方法所需的通信开销均呈下降的趋势。究其原因主要在于，概率阈值影响了最终 q-Skyline 集合的规模。通常地，当概率阈值越小，则最终 q-Skyline 元组的数目越多。其主要原因在于，根据 3.2.1 小节中的 q-Skyline 的查询定义可知，对于任意元组 t，若 t 属于 q-Skyline 对象且 $q' \geq q$，则 t 必然属于 q'-Skyline 对象。因此当概率阈值增大时，在网络中传输的最终的 q-Skyline 元组更少，从而降低了查询所需的通信开销。

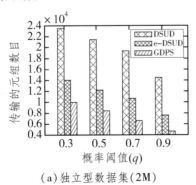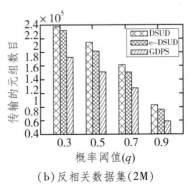

(a) 独立型数据集(2M)　　　　　　　(b) 反相关数据集(2M)

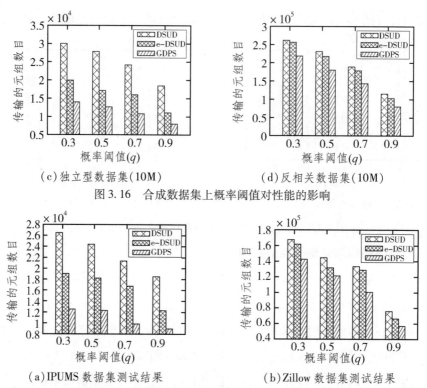

（c）独立型数据集（10M）　　　　　（d）反相关数据集（10M）

图 3.16　合成数据集上概率阈值对性能的影响

（a）IPUMS 数据集测试结果　　　　　（b）Zillow 数据集测试结果

图 3.17　真实数据集上概率阈值对查询性能的影响

　　尽管三种方法的查询性能均对概率阈值的变化较为敏感，然而仍然能够发现在三种方法中，e-DSUD 方法较 DSUD 方法更优，而 GDPS 方法所需的通信开销最少。产生该结果的主要原因在于，相对于 e-DSUD 方法，一方面 GDPS 方法中采用了基于网格概要剪枝的预处理机制，在查询处理执行前各局部节点中的数据集已经进行了大量剪枝；另一方面，GDPS 方法中的迭代反馈剪枝效率更高，它不仅仅使用了 e-DSUD 中的剪枝优化策略，而且还采用了多种优化剪枝处理的其他策略。此外，从图 3.16 中不难发现，相对于独立型数据集中的查询处理，GDPS 方法较其他两种方法在反相关数据集中的查询优化效率更低一些。其主要原因可能在于：反相关类型的数据集本身的数据分布特征，使得在网格划分的过程中，大量的网格元胞中存在的元组数据较少甚至没有，严重影响了 GDPS 方法中预查询处理过程中的剪枝效率，导致整个查询处理的效率有所下降。

3.7　本 章 小 结

针对已有的分布式概率 Skyline 查询方法因剪枝效率不高而出现查询的通信开销较大的问题，提出了一种基于网格过滤的分布式概率 Skyline 查询方法 GDPS。GDPS 方法中查询处理的过程包括基于网格概要剪枝的预处理阶段和基于迭代剪枝的查询处理阶段。在基于网格概要剪枝的预处理阶段，首先对数据空间进行网格划分，并通过网格结构尽可能地收集全局网格概要信息，然后利用全局网格概要信息进行剪枝，以过滤不可能成为最终 Skyline 的对象集合。在基于迭代剪枝的查询处理阶段，分别对协调节点和局部节点的处理过程进行优化。在协调节点的处理过程中，充分利用历史处理信息最大化地过滤非概率 Skyline 对象，并选择候选元组中具有最大支配能力的元组进行反馈，以尽可能多的剪枝局部节点中的非概率 Skyline 对象。在局部节点处理过程中，一方面，不断更新元组的临时 Skyline 概率信息，以充分利用历史的查询计算过程优化剪枝；另一方面，选择综合支配能力最强的元组进行反馈，以增强候选反馈元组的剪枝能力。大量合成数据集和真实数据集上的实验测试结果表明，相对于已有的分布式概率 Skyline 查询方法，GDPS 方法不仅能够渐进式地返回正确的查询结果，而且查询的通信开销明显更低。

第 4 章

基于迭代反馈的分布式区间 Skyline 查询方法

区间数据作为一种典型的由连续型概率形式表示的属性级不确定数据，广泛存在于众多分布式应用中。由于区间数据的管理和存储方式日益分布化，使得将广泛分布的数据集中存储和查询的方式，变得极为低效甚至不切实际。尽管当前多种分布式场景下的 Skyline 查询问题已得到了较为深入的研究，然而已有技术仍然难以高效解决分布式区间数据集上的 Skyline 查询问题。特别地，已有的分布式 Skyline 查询技术不仅难以建模区间不确定数据集上的 Skyline 查询问题，而且已有的各种优化查询处理的策略和方法（如索引和节点组织策略等），均难以适用于分布式区间 Skyline 查询。为了有效建模且高效解决分布式区间 Skyline 查询问题，本章中提出了一种基于迭代反馈的分布式区间 Skyline 查询方法 DISQ（iterative-feedback based distributed interval Skyline query scheme）。在 DISQ 方法中，首先对分布式区间 Skyline 查询问题进行了有效建模，该建模方式能够适应于符合各种连续型概率分布取值的区间数据上的 Skyline 查询。同时，DISQ 方法基于一种高度优化的四阶段迭代反馈机制执行查询处理，以不断剪枝各局部节点上的候选区间数据集合，从而极大地提高了分布式区间 Skyline 查询处理的效率。

4.1 引　言

在众多实际应用中，人们往往难以明确地给出属性的信息量，即使大量的实验也无法给出属性的具体数值，而是只能给出一个区间范围（如 $[a, b]$），即以区间的形式来描述属性值的不确定性。采用区间数来表征事物属性的不确定性，不但能够避免主观误差和客观误差，而且更加符合实际应用的需要。区间数据作为一种典型属性级不确定数据，当前在诸如 RFID 网络、无线传感器网络、分布式云、多源数据集成和在线交易系统等分布式应用中广泛存在。通常地，对于某个区间型不确定数据，一般含有多个属性，且属性的取值可能为一个服从某种概率分布(如均匀分布和正态分布等)的区间范围，或者是一个精确的数值。

鉴于该类型的属性级不确定数据在众多分布式应用中的广泛存在性，研究此其 Skyline 查询分析具有重要意义。然而，由于区间数据集的广泛分布性及其自身所特有的复杂性，使得从地理上分布的多个局部节点中以最小的通信代价查询出全局数据集中的 Skyline 对象，成为一个极富挑战性的问题。

尽管分布式 Skyline 查询目前已在众多分布式应用中得到了广泛研究，典型的如 P2P 系统、Web 信息系统、分布式数据流和无线传感器网络等。然而，上述研究均针对确定性数据上的分布式 Skyline 查询，而难以运用于不确定数据之中。尽管近年来已有少数不确定数据上的分布式 Skyline 查询方法被提出，如丁晓峰等人[123]提出的解决分布式概率 Skyline 查询的方法 DSUD 及其改进版本 e-DSUD。然而，由于区间数据与概率数据存在本质的不同，使得两种不确定数据上的分布式 Skyline 查询在查询定义和查询策略上差异显著。特别地，当前分布式区间数据集上的 Skyline 查询研究主要面临两个方面的挑战：第一，传统确定性数据中的支配关系无法运用于区间数据，且已有的不确定 Skyline 查询中的概率 Skyline 定义，同样无法适用于区间不确定数据；第二，已有的分布式 Skyline 查询研究中的各种优化查询的技术和策略，典型的如索引技术(如 B$^+$ 树、R 树及其各种变种，以及网格索引等)和节点组织策略(如 CAN 结构、BATON 结构)等，均难以适用于分布式区间 Skyline 查询。由此可见，相对于已有的各种分布式 Skyline 查询，分布式区间 Skyline 查询不仅其建模和计算的复杂程度更高，而且其查询优化的难度更大，迫切需要研究一种能够高效解决此问题的方法。

为此，本章中提出了一种基于迭代反馈的分布式区间 Skyline 查询方法 DISQ。在 DISQ 方法中，首先对区间 Skyline 查询问题进行了有效建模，并采用一种四阶段的迭代反馈机制进行分布式查询处理。在局部节点的处理过程中，其查询处理的优化过程主要包括三个方面：第一，各局部节点根据协调节点反馈的元组信息，不断更新元组的临时区间 Skyline 概率并快速剪枝临时区间 Skyline 概率低于阈值的元组；第二，选择最具代表性的元组及其概率信息至协调节点，以优化候选反馈对象的剪枝效率且降低计算的开销；第三，优化选择返回协调节点的元组数目，以最大化地降低查询处理的通信开销。在协调节点的处理过程中，一方面，不断收集并遴选来自各局部节点的优势元组以选择最优的反馈元组，从而最大化反馈元组的剪枝效率；另一方面，利用被剪枝的元组信息剪枝其维护的候选反馈元组集合，以优化反馈对象的选择和减少反馈元组的数目。

4.2　分布式区间 Skyline 查询问题描述

本节首先介绍本章中使用的一些基本概念，然后论述分布式区间 Skyline 查询的定义以及本章解决的主要问题。

4.2.1　基本概念

虽然区间形式的数据已经广泛存在于众多现实应用中，然而在数据库领域中并无对区间数的明确定义。为此，首先给出区间数的具体定义。

定义 4.1（区间数）：通常是指一类包含数值上下限范围区间形式的数，一般可表示为 $I = [a^-, a^+] = \{x \mid 0 \leqslant a^- \leqslant x \leqslant a^+, a^-, a^+ \in \mathbf{R}\}$ 的形式。

对于一般的区间数，其几何描述如图 4.1 所示。其中，a^- 表示区间 $I = [a^-, a^+]$ 的下限，a^+ 表示区间 I 的上限，a^c 表示区间 I 的中位点，而 a^w 表示区间 I 的半径。

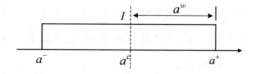

图 4.1　区间数的几何描述

此外，为了引出两个区间数之间支配关系的概念，首先给出以下关于分布函数的定义和与之相关的引理。

定义 4.2（分布函数）：设 (X, Y) 为二维随机变量，对于任意实数 x 和 y，二元函数：$F(x, y) = P\{(X \leqslant x) \cap (Y \leqslant y)\} = P(X \leqslant x, Y \leqslant y)$，称为二维随

机变量(X, Y)的分布函数，或称为随机变量 X 和 Y 的联合分布函数。

设(X, Y)为二维连续型随机变量，$F(x, y)$，$F_X(x)$，$F_Y(x)$ 分别为随机变量(X, Y)的分布函数，以及关于 X 和 Y 的边缘分布函数。若对于任意的 x 和 y 满足以下关系：$P\{X \leqslant x, Y \leqslant y\} = P\{X \leqslant x\} P\{Y \leqslant y\}$，即 $F(x, y) = F_X(x)F_Y(y)$，则称随机变量 X 和 Y 相互独立。同样地，其概率密度函数的关系$f(x, y) = f_X(y)f_Y(y)$ 几乎处处成立，即在平面上除去"面积"为零的集合以外，处处成立。

不失一般性，对于本章中所涉及的所有区间属性值，均假定以小为优。根据以上定义，可得出如下关于两个二元变量之间支配概率的引理：

引理 4.1：假定(X, Y)为任意的一个二元随机变量，且其满足条件 $P\{Y \leqslant X\} = \{(X, Y) \in G\}$，其中 G 为平面 xOy 中直线 $y = x$ 上及其下方的区域（如图 4.2 中阴影部分所示），则 Y 支配 X 的概率为：

$$P\{Y \leqslant X\} = P\{(X, Y) \in G\} = \iint\limits_{G} f(x, y)\,\mathrm{d}x\mathrm{d}y \tag{4.1}$$

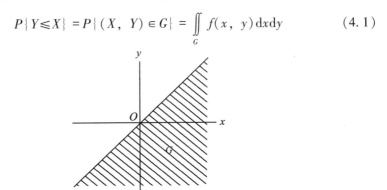

图 4.2　变量 X 支配 Y 的区域

由于本章主要针对区间不确定数据展开研究，而目前已有研究中并无对区间对象的明确定义，所以本章中首先给出区间对象的定义如下：

定义 4.3（区间对象）：一个对象 o 被称为区间对象，当且仅当其所有属性的值均可表示为一个区间数。特别地，对于某个精确属性（或确定性属性）$o.d_i$，其可视为一个特殊的区间数，即可表示为 $[o.d_i, o.d_i]$ 的形式。

由区间对象的定义可知，本章中所研究的问题实际上是对传统 Skyline 查询的一种扩展，因为所有的确定性数据均可表示为区间数据。为便于描述，本章中将所有由区间对象组成的数据集称为区间数据集，而将分布式区间数据集上的 Skyline 查询，简称为"分布式区间 Skyline 查询"。

4.2.2 问题描述

在本章中，假定分布式区间数据集按照水平划分的方式存储于地理上分布的多个分布式局部节点上，且各局部节点组成的网络无特定的拓扑结构。特别地，本章中研究的分布式区间 Skyline 查询采用的分布式网络结构如图4.3 所示，该结构也是当前分布式 Skyline 查询处理研究中，最为普遍关注和采用的分布式查询处理结构。在该分布式结构中，存在一个用于协助分布式查询处理的服务器节点 H（又称为"协调节点"），以及多个分布式局部节点（或站点）；所有的局部节点不仅能够与协调节点直接通信，而且均有计算和存储的能力。此外，假定各局部节点中区间数据对象之间相互独立，不存在任何关联关系。由于本章中研究的区间数据对象均为基于连续型概率表示的属性级不确定数据元组，所以在描述中不再对元组和区间对象加以区分。

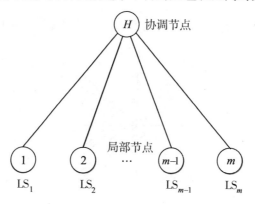

图4.3 分布式网络结构

在分布式查询处理过程中，节点之间的频繁通信会造成大量的网络传输延时和耗费大量的通信开销，而且在类似于分布式传感器网络等应用中还会造成大量的能源浪费，同时在时间上也严重制约了查询处理的效率。分布式算法的渐进性是指算法能够在计算开始后快速地返回一些早期的查询结果，然后再逐步返回剩余的查询结果，这在分布式查询处理中意义重大。一个设计良好的分布式 Skyline 查询算法不仅能最小化的通信开销，而且应该同时满足查询的渐进性。

因此，根据前面所述的相关定义和分布式网络结构，可将本章中研究的分布式区间数据集上的 Skyline 查询问题定义如下：

定义 4.4（分布式区间 Skyline 查询）：给定分布式环境中的 m 个局部节点集合 $S = \bigcup\limits_{i=1}^{m} S_i$，且每个节点上均存储着一个局部区间数据集 $D_i(1 \leqslant i \leqslant m)$，其数据集的规模为 $|D_i|$，协调节点 H 负责整个分布式查询的调度和计算等。分布式区间 Skyline 查询的目标在于，采用最少的通信代价精确地返回所有全局区间数据集中的 Skyline 对象至节点 H。

由此可见，本章中研究的分布式区间 Skyline 查询方法，其查询目标在于最小化通信开销并满足用户查询的渐进性需求，这也是众多当前分布式 Skyline 查询处理研究的目标。其中，查询的通信开销可通过计算在网络上传输的元组数目进行度量，该度量标准也是本章中所采用的度量方法。此外，本章中探讨的查询目标在于精确查询，必须保证查询无假阴性和假阳性的结果出现，即根据用户查询需求完全精确地查询出满足条件的全部全局 Skyline 元组集合。

为便于论述，将本章中常用的符号及其含义归纳为表 4.1。

表 4.1　本章中涉及的常用符号及其含义

符号	含义
H	协调节点
q	概率阈值
LS_i	第 i 个局部节点
L	H 处维护的优先队列
SPT_L	PRT_L 中元组所属的局部节点集合
PRT_L	L 中被剪枝的对象集合
CAN_{D_i}	D_i 中的候选 Skyline 集合
$P_{g\_sky}(t)$	元组 t 的全局区间 Skyline 概率值
GSK_H	H 处获得的全局区间 Skyline 对象集合
$P_{l\_sky}(t, D_i)$	D_i 中元组 t 的局部区间 Skyline 概率值
$P_{t\_sky}(t, D_i)$	D_i 中元组 t 的临时区间 Skyline 概率值
$P_{sky}(t, D_i)$	元组 t 相对于 D_i 的区间 Skyline 概率值

4.3　分布式区间 Skyline 查询方法设计

在基于迭代反馈的分布式区间 Skyline 查询方法 DISQ 中，首先对区间数据上的 Skyline 查询进行了建模；在此基础上，采用了一种基于四阶段的迭代反馈处理机制不断地剪枝各局部节点中的非区间 Skyline 对象，从而降低查询过程中的通信开销。以下将分别针对 DISQ 方法中的区间 Skyline 查询建模和高效迭代反馈处理的基本思想展开论述和分析。

4.3.1　区间 Skyline 查询建模

在众多的实际应用中，不确定数据对象通常包含多个属性，且每个属性值并非如基于概率元组的不确定数据那样，采用点概率模型，如 $<\alpha_1, \alpha_2, \cdots, \alpha_n, p_i>$ 的形式表示每个不确定数据对象。其中，$<\alpha_1, \alpha_2, \cdots, \alpha_n>$ 表示元组的确定性属性信息，而 p_i 表示该元组的存在概率。基于可能世界模型，可直接推断出计算概率数据集上全局 Skyline 概率的计算公式 $P_{sky}(t) = \prod_{t' \in D, t' < t} [1 - P(t')] \cdot P(t)$。然而，对于区间型的不确定数据，可能存在多个区间属性，且每个属性上的取值满足可能某种类型的概率分布。在此情形下，传统确定性数据和已有各种如 1.3.2 小节中所述的不确定数据上的 Skyline 查询定义，均难以适用于区间不确定数据。为此，需要专门针对区间数据上的 Skyline 查询进行建模。

在本章中，从分析两个单一维度的区间数之间的关系出发，根据数学概率理论分析两个区间数之间的支配概率计算，并深入探讨和解析其支配概率计算的公式。在此基础上，将单维区间数之间的支配关系计算，进一步延伸至多维区间对象之间的支配关系计算。同时，在明确定义区间对象的支配概率之后，可进一步确定单个区间数据集中区间元组的区间 Skyline 概率的计算方法，从而最终实现对分布式区间 Skyline 查询的建模。

4.3.2　高效迭代反馈查询处理

虽然迭代反馈查询处理方式，已在不少分布式 Skyline 查询处理研究中被证实为一种有效的优化查询处理的方式。然而，各种处理方法在迭代处理过程中的具体处理策略却存在显著差异。特别地，在基于迭代的分布式 Skyline 查询过程中，通常需要考虑两个方面的问题：第一，协调节点和局部节点中的元组选择策略，即如何选择最有代表性的元组进行反馈，以使得各局部节点中的剪枝效率最高，从而减少查询处理过程中的通信开销；第二，采用何种策略对局部节点或者协调节点中的候选 Skyline 对象进行剪枝，以遴选出最有可能成为 Skyline 的对象进行考查和反馈等。在 DISQ 方法中，主要围绕以上两个方面的问题展开优化处理。

在 DISQ 方法的迭代反馈查询处理过程中，采用了一种四阶段的迭代反馈机制进行查询处理，并针对各阶段协调节点和局部节点的处理过程进行优化。对于局部节点，首先，保存并根据由协调节点反馈的元组信息，不断更新元组的临时区间 Skyline 概率并快速剪枝临时区间 Skyline 概率低于阈值的元组；其次，通过选择最具代表性的元组及其相应的概率信息至协调节点，以优化候选反馈对象的剪枝效率并节省计算的开销；最后，选择最优的返回协调节点的元组数目，以尽可能地降低查询处理的通信开销。对于协调节点，一方面，不断更新各局部节点中候选元组的临时区间 Skyline 概率信息，以充分利用历史的查询计算过程优化剪枝；另一方面，选择综合支配能力最强的元组进行反馈，以增强候选反馈元组的剪枝能力。

4.4　分布式区间 Skyline 查询建模

对区间 Skyline 查询进行建模是研究分布式区间 Skyline 查询的基础。在建模的过程中，首先从分析单一维度的区间数之间的支配概率计算出发，然后探讨多维区间对象 Skyline 概率的计算，以及分布式区间 Skyline 查询的计算和定义。

本节主要论述分布式区间 Skyline 查询的建模过程，分别针对区间数支配概率计算、区间 Skyline 概率计算和分布式区间 Skyline 计算三个方面的内容展开论述。

4.4.1　区间数支配概率计算

两个单一维度区间数之间的支配关系，是分析和计算多维区间对象之间支配概率的基础。为此，从 4.2.1 小节介绍的基本概念出发，论述了两个区间数之间支配概率的计算方法及其具体计算公式。首先，根据引理 4.1 可直接得出如下定义：

定义 4.5（区间数支配概率）：给定任意两个一维的区间数 I_1 和 I_2，若 x 和 y 分别为 I_1 和 I_2 上的连续随机变量，并且 G' 为平面 $x \leqslant y$ 所对应的平面区域，则区间数 I_1 支配区间数 I_2 的概率可表示为：

$$P(I_1 < I_2) = P\{(x, y) \in G'\} = f(x, y)\mathrm{d}x\mathrm{d}y \qquad (4.2)$$

例如，如图 4.4 所示，根据公式（4.2）可得区间数 I_1 支配区间数 I_2 的概率为 $P(I_1 < I_2) = P(x \leqslant y) = P\{(x, y) \in G_1\} = \iint\limits_{G_1} f(x, y)\,\mathrm{d}x\mathrm{d}y$。类似地，可得 I_2 支配 I_1 的概率为 $P(I_2 < I_1) = P(y \leqslant x) = P\{(x, y) \in G_2\} = \iint\limits_{G_2} f(x, y) \cdot \mathrm{d}x\mathrm{d}y$。显然地，两个区间数 I_1 和 I_2 之间的支配概率关系满足 $P(I_1 < I_2) + P(I_2 < I_1) = 1$。

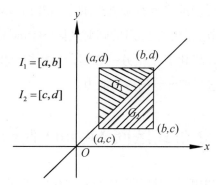

图 4.4　区间支配关系示例

根据两个区间数的上、下限之间的位置关系，可对公式（4.2）的积分计算作进一步地讨论。通常地，两个二维区间数在平面上主要存在如图 4.5 所示的四种线性位置关系。假定 $f(x, y)$ 表示变量 x 和 y 的联合概率密度函数，则根据以上四种线性位置关系，可对两个区间数之间支配概率的积分计算公式进行具体化分析，并进一步得出区间数 I_2 支配区间数 I_1 的概率，即 $P(I_2 < I_1)$，如以下公式所示：

$$P(I_2 < I_1) = \begin{cases} 1, & \text{if } a \geqslant d \\[6pt] 0, & \text{if } b \leqslant c \\[6pt] \int_c^d \int_y^b f(x, y) \mathrm{d}x \mathrm{d}y, & \text{if } a \leqslant c \leqslant d \leqslant b \\[6pt] \int_c^b \int_c^x f(x, y) \mathrm{d}y \mathrm{d}x, & \text{if } a \leqslant c \leqslant b \leqslant d \\[6pt] \int_a^b \int_c^x f(x, y) \mathrm{d}y \mathrm{d}x, & \text{if } c \leqslant a \leqslant b \leqslant d \\[6pt] \int_a^d \int_c^x f(x, y) \mathrm{d}y \mathrm{d}x + \int_d^b \int_c^d f(x, y) \mathrm{d}y \mathrm{d}x, & \text{if } c \leqslant a \leqslant d \leqslant b \end{cases} \tag{4.3}$$

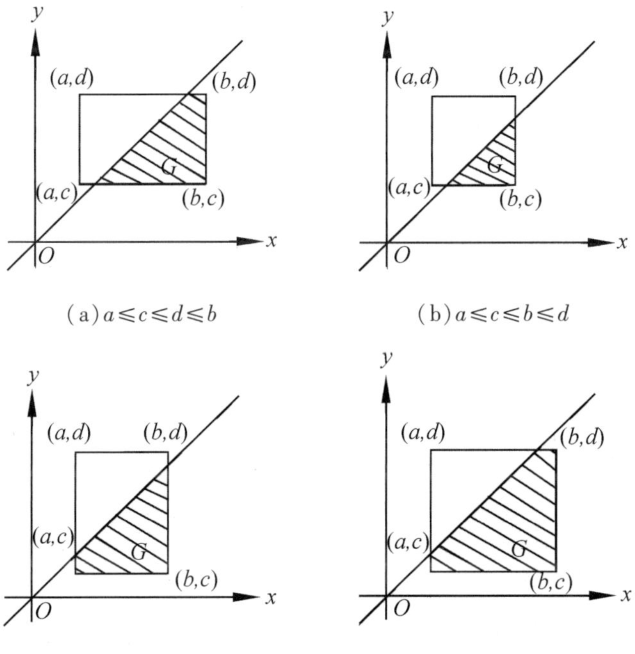

(a) $a \leqslant c \leqslant d \leqslant b$　　　　　　　(b) $a \leqslant c \leqslant b \leqslant d$

(c) $c \leqslant a \leqslant b \leqslant d$　　　　　　　(d) $c \leqslant a \leqslant d \leqslant b$

图 4.5　区间数之间的多种线性关系

在上述公式中，由于变量 x 和 y 之间相互独立，所以其必然满足关系 $f(x, y) = f(x)f(y)$。因此，公式 (4.3) 可进一步推导如下：

$$P(I_2 < I_1) = \begin{cases} 1, & \text{if } a \geqslant d \\ 0, & \text{if } b \leqslant c \\ \int_c^d \int_y^b f(x)f(y)\,\mathrm{d}x\mathrm{d}y, & \text{if } a \leqslant c \leqslant d \leqslant b \\ \int_c^b \int_c^x f(x)f(y)\,\mathrm{d}y\mathrm{d}x, & \text{if } a \leqslant c \leqslant b \leqslant d \\ \int_a^b \int_c^x f(x)f(y)\,\mathrm{d}y\mathrm{d}x, & \text{if } c \leqslant a \leqslant b \leqslant d \\ \int_a^d \int_c^x f(x)f(y)\,\mathrm{d}y\mathrm{d}x + \int_d^b \int_c^d f(x)f(y)\,\mathrm{d}y\mathrm{d}x, & \text{if } c \leqslant a \leqslant d \leqslant b \end{cases} \quad (4.4)$$

需要特别指出的是，上述概率密度函数可为任意概率分布函数类型，典型的如均匀分布（uniform distribution）、正态分布（normal distribution）、伯努利分布（binomial distribution）、指数分布（exponential distribution）、几何分布（geometric distribution）、对数分布（lognormal distribution）和泊松分布（poisson distribution）等。其中，在日常应用中最为广泛使用的是均匀分布和正态分布。对任意区间数 $I = [a, b]$，均匀分布的概率密度函数为 $f(x) = \dfrac{1}{b-a}$，其中 $x \in [a, b]$ 且 $a \neq b$；而正态分布的概率密度函数可表示为 $f(t) = \dfrac{1}{\sqrt{2\pi}\sigma} \cdot e^{-\frac{(t-\mu)^2}{2\sigma^2}}$，其中 $\mu = \dfrac{a+b}{2}$，$\sigma = \dfrac{a-b}{6}$。

若对区间 $[a, b]$ 和 $[c, d]$ 中的取值均服从均匀分布，则其联合概率密度函数为 $f(x, y) = \dfrac{1}{b-a} \cdot \dfrac{1}{d-c}$，其中 $a \neq b$ 且 $c \neq d$。因此，可得出公式（4.4）的计算结果如下：

$$P(I_2 < I_1) = \begin{cases} 1, & \text{if } a > d \\ 0, & \text{if } b \leqslant c \\ \dfrac{2b - c - d}{2(b-a)}, & \text{if } a \leqslant c \leqslant d \leqslant b \\ \dfrac{(b-c)^2}{2(b-a)(d-c)}, & \text{if } a \leqslant c \leqslant b \leqslant d \\ \dfrac{b + a - 2c}{2(d-c)}, & \text{if } c \leqslant a \leqslant b \leqslant d \\ \dfrac{(d-a)(d+a-2c)}{2(b-a)(d-c)} + \dfrac{b-d}{b-a}, & \text{if } c \leqslant a \leqslant d \leqslant b \end{cases} \tag{4.5}$$

特别地，若存在 $a = b$ 或 $c = d$ 的情形，即一维区间数实际上缩小为一个实数点，则可进一步获得 I_2 支配 I_1 的概率结果如下：

$$P(I_2 < I_1) = \begin{cases} 1, & \text{if } a \geqslant d \\ 0, & \text{if } b \leqslant c \\ \dfrac{b - c}{b - a}, & \text{if } a \leqslant c = d \leqslant b \wedge a \neq b \\ \dfrac{a - c}{d - c}, & \text{if } c \leqslant a = b \leqslant d \wedge c \neq d \end{cases} \tag{4.6}$$

由于 $P(I_1 < I_2) + P(I_2 < I_1) = 1$，因此可得：

$$P(I_1 < I_2) = \begin{cases} 0, & \text{if } a \geqslant d \\ 1, & \text{if } b \leqslant c \\ \dfrac{c + d - 2a}{2(b-a)}, & \text{if } a \leqslant c \leqslant d \leqslant b \\ \dfrac{2bd + 2ac - 2ad - b^2 - c^2}{2(b-a)(d-c)}, & \text{if } a \leqslant c \leqslant b \leqslant d \\ \dfrac{2d - b - a}{2(d-c)}, & \text{if } c \leqslant a \leqslant b \leqslant d \\ \dfrac{(a-d)^2}{2(b-a)(d-c)}, & \text{if } c \leqslant a \leqslant d \leqslant b \end{cases} \tag{4.7}$$

105

类似地，若存在 $a = b$ 或 $c = d$ 的情形，则 I_1 支配 I_2 的概率可简化为：

$$P(I_1 < I_2) = \begin{cases} 0, & \text{if } a \geqslant d \\ 1, & \text{if } b \leqslant c \\ \dfrac{c-a}{b-a}, & \text{if } a \leqslant c = d \leqslant b \wedge a \neq b \\ \dfrac{d-a}{d-c}, & \text{if } c \leqslant a = b \leqslant d \wedge c \neq d \end{cases} \tag{4.8}$$

需要指出的是，在某些实际应用中，前面所述的区间对应变量的概率密度函数或者联合概率密度函数可能较为复杂，有时甚至无法采用具体的解析函数来表示。为此，在 DISQ 方法中采用了两种方法来计算复杂函数上的积分，即辛普森积分方法和基于蒙特卡罗(Monte-Carlo)思想的抽样方法。

第一种方法是采用辛普森积分方法。假定对于给定的区间 $[a, b]$ 上的概率密度函数为 $f: \mathbf{R} \rightarrow \mathbf{R}$，则可根据以下辛普森积分公式计算函数 f 的积分：

$$\int_a^b f(x)\,\mathrm{d}x \approx \frac{b-a}{6}\Big[f(a) + 4f\Big(\frac{a+b}{2}\Big) + f(b)\Big] \tag{4.9}$$

此外，为了更为精确地获得计算结果，可采用辛普森方法的变种方法进行更为精细的计算。该方法可描述为：假定积分区间 $[a, b]$ 被划分为等长的 $n = 2m$ 个子区间，即满足 $x_i = a + kh(k = 0, 1, \cdots, n)$，其中 $h = \dfrac{b-a}{n}$，则可得出以下计算公式：

$$\begin{aligned} \int_a^b f(x)\,\mathrm{d}x &= \sum_{k=1}^m \int_{x_{2k-2}}^{x_{2k}} f(x)\,\mathrm{d}x \\ &\approx \sum_{k=1}^m \frac{h}{3}[f(x_{2k-2}) + 4f(x_{2k-1}) + f(x_{2k})] \\ &= \frac{h}{3}[f(a) + f(b) + 2\sum_{k=1}^{m-1} f(x_{2k}) + 4\sum_{k=1}^m f(x_{2k-1})] \end{aligned} \tag{4.10}$$

第二种方法是通过蒙特卡罗思想的抽样方法来获得两个区间数支配概率的近似值，其具体算法如图 4.6 所示。如算法 4.1 可知，给定两个区间 $a_1 = [a_1^-, a_1^+]$ 和 $a_2 = [a_2^-, a_2^+]$，首先，分别产生 a_1 和 a_2 独立同分布的抽样离散取值 ξ_{1i}、$\xi_{2i}(i = 1, 2, \cdots, N)$。其次，计算满足条件 $\xi_{1i} < \xi_{2i}$ 的样本数

目 n，并根据 $P(a_1 < a_2) = n/N$ 值估计 $P(a_1 < a_2)$ 值。该算法的正确性主要源于以下事实：若 $N \to +\infty$，则 $\hat{P}(a_1 < a_2)$ 的值将以概率 1 收敛于 $P(a < b) = P(a < b)$。

算法 4.1　基于抽样计算区间数的支配概率

输入　　a_1：区间 $a_1 = [a_1^-,\ a_1^+]$；DT_1：变量 X 对应区间 a_1 的概率分布；

　　　　　　a_2：区间 $a_2 = [a_2^-,\ a_2^+]$；DT_2：变量 Y 对应区间 a_2 的概率分布；

输出　　$\hat{P}(a_1 < a_2)$ 值

1　　　根据 DT_1 生成对于区间 a_1 的独立同分布样本 $\{\xi_{1l},\ l = 1,\ 2,\ \cdots,\ N\}$；

2　　　根据 DT_2 生成对于区间 a_2 的独立同分布样本 $\{\xi_{2l},\ l = 1,\ 2,\ \cdots,\ N\}$；

3　　　计算满足条件 $\xi_{1i} < \xi_{2i}(i = 1,\ 2,\ \cdots,\ N)$ 的样本数目 n；

4　　　计算 $\hat{P}(a_1 < a_2) = n/N$ 的值；

5　　　**return** $\hat{P}(a_1 < a_2)$；

图 4.6　基于抽样计算区间数的支配概率算法

在 DISQ 方法中，将根据区间取值所满足的概率分布函数的具体情形，选择最为简单合适的支配概率计算方法。通常地，对于一般的概率分布函数情形，可直接根据公式 (4.4) 计算两个区间数之间的支配概率值。

4.4.2　区间 Skyline 概率计算

给定任意两个 n 维的区间对象 a 和 b，假定其数据的每一维均可分别表示为 $d_i = [d_i^-,\ d_i^+](1 \leqslant i \leqslant n)$ 和 $d_i' = [d_i'^-,\ d_i'^+]$，且从区间 d_i 和 d_i' 中的取值均符合某种概率分布，且其对应的概率密度函数分别为 $f_1(x)$ 和 $f_2(x)$，则可定义属性支配概率如下：

定义 4.6（属性支配概率）：给定区间对象 o_1 的某一属性 t_1 和区间对象 o_2 的某一属性 t_2，属性 t_1 支配属性 t_2 的概率可定义为：

$$P(t_1 < t_2) = P\{(X,\ Y) \in G\} = \iint\limits_{G} f(x,\ y)\,\mathrm{d}x\mathrm{d}y \tag{4.11}$$

其中，$f(x,\ y)$ 为 t_1 和 t_2 的联合概率密度函数，并且 G 表示 $x \leqslant y$ 对应的

区域。

因此，可进一步定义任意两个区间数据对象之间的对象支配概率如下：

定义 4.7（对象支配概率）：给定区间对象 $o_1(d_1, d_2, \cdots, d_n)$ 和 $o_2(d_1', d_2', \cdots, d_n')$，且 $f_i(x)$ 和 $f_i(y)$ 分别表示区间对象 o_1 和 o_2 上第 i 个维度所对应的区间取值所符合的概率密度函数，则 o_1 支配 o_2 的概率可定义为：

$$
\begin{aligned}
P(o_1 < o_2) &= P\{d_1 < d_1', d_2 < d_2', \cdots, d_n < d_n'\} \\
&= P\{d_1 \leqslant d_1', d_2 \leqslant d_2', \cdots, d_n \leqslant d_n'\} \\
&= P(d_1 < d_1') \cdot P(d_2 < d_2') \cdot \cdots \cdot P(d_n < d_n') \\
&= \prod_i^n \iint_{G_i} f_i(x, y)\,\mathrm{d}x\mathrm{d}y
\end{aligned}
\tag{4.12}
$$

在上述定义中，公式（4.12）的正确性源于区间对象之间相互独立，且各个属性之间也满足相互独立关系。在上述定义的基础上，可定义区间 Skyline 概率如下：

定义 4.8（区间 Skyline 概率）：对于区间数据集 D 中的任意区间对象 t，其在 D 中的 Skyline 概率可定义为：

$$
P_{\text{sky}}(t) = \prod_{t' \in D, t' \neq t} P(t' \nprec t) = \prod_{t' \in D, t' \neq t} \left[1 - P(t' < t) \right]
\tag{4.13}
$$

在上述定义的基础上，可进一步根据如下定义鉴别出区间 Skyline 对象：

定义 4.9（区间 q-Skyline 查询）：对于某个区间数据集 D，假定用户给定的概率阈值为 $q(0 \leqslant q \leqslant 1)$，则区间 q-Skyline 查询返回 D 的一个区间对象子集，其中每个对象均以不小于 q 的概率成为区间数据集 D 中的 Skyline 对象。

根据上述定义，可通过以下两个引理快速鉴别出某个区间数据集中的区间 q-Skyline 对象集合。

引理 4.2：若在一个数据集中，存在某个区间对象 t' 支配区间对象 t 的概率大于 $1 - \delta$，则对象 t 不可能成为区间 q-Skyline 对象。

证明：由于两个区间对象 o 和 o' 满足关系 $P(t' < t) > 1 - \delta$，则显然有 $1 - P(t' < t) < \delta$，从而根据公式（4.13）可得 $P_{\text{sky}}(t) < \delta$，引理显然成立。

引理 4.3：若对于任意对象 t，存在某个属性 a，其上限小于区间数据集中所有其他区间对象相应的属性值，则 t 必然为区间 q-Skyline 对象。

证明： 由于对象 t 存在某个属性其值小于所有其他对象对应的属性值，则根据公式(4.13)可得 $\forall t'[P(t'<t)=0]$，因此对象 t 必然为 q-Skyline 对象。

以下将通过一个具体的实例阐述区间 Skyline 查询，其中概率阈值 q 设为 0.4。

例 4.1： 给定如图 4.7 所示的 3 个 2 维区间对象 $a=\{[10,20],[20,40]\}$，$b=\{[12,16],[10,30]\}$ 和 $c=\{[8,22],[28,32]\}$，若所有区间属性的取值均服从均匀分布，则根据公式(4.5)可得属性 $b.d_1$ 支配属性 $a.d_1$ 的概率为：

$$P(b.d_1<a.d_1)=P\{b.d_1\leqslant a.d_1\}=\iint\limits_G f(x,y)\,\mathrm{d}x\mathrm{d}y=\int_{12}^{16}\int_y^{20}\frac{1}{20-10}\cdot$$

$$\frac{1}{16-12}\mathrm{d}x\mathrm{d}y=\frac{3}{5}$$

同样地，可得 $a.d_1$ 支配 $b.d_1$ 的概率为：

$$P(a.d_1<b.d_1)=\int_{12}^{16}\int_{10}^x\frac{1}{20-10}\times\frac{1}{16-12}\mathrm{d}y\mathrm{d}x=\frac{2}{5}$$

类似地，通过计算可得 $P(a.d_2<b.d_2)=\dfrac{1}{8}$，且 $P(b.d_2<a.d_2)=\dfrac{7}{8}$。因此，对象 a 支配对象 b 的概率为 $P(a<b)=P(a.d_1<b.d_1)\cdot P(a.d_2<b.d_2)=\dfrac{2}{5}\times\dfrac{1}{8}=0.05$，而 $P(b<a)=\dfrac{3}{5}\times\dfrac{7}{8}=0.525$。同样地，经过类似计算可得 $P(c.d_1<a.d_1)=\dfrac{1}{2}$，$P(c.d_2<a.d_2)=\dfrac{1}{2}$，$P(c.d_1<b.d_1)=\dfrac{3}{7}$，且 $P(c.d_2<b.d_2)=\dfrac{1}{40}$。因此，最后计算可得 $P(c<a)=P(a<c)=0.25$，$P(c<b)=0.0107$，且 $P(b<c)=0.557$。

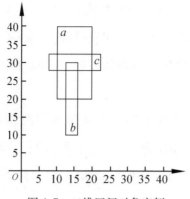

图 4.7　二维区间对象实例

由此可见，对于上述三个区间对象 a、b 和 c，其最终的区间 Skyline 概率分别为 $P_{sky}(a) = (1 - 0.525) \times (1 - 0.25) = 0.356$，$P_{sky}(b) = 0.939$，$P_{sky}(c) = 0.332$。因此，根据 q-Skyline 的定义可知，对象 b 为 Skyline 对象。

4.4.3　分布式区间 Skyline 计算

通过公式（4.13）可知，对于集中式数据集 D 中的某个区间对象 t，其区间 Skyline 概率为 $P_{sky}(t) = \prod\limits_{t' \in D, t' \neq t} [1 - P(t' < t)]$。然而，在分布式环境中全局数据集往往广泛分散于多个地理上分布的多个局部节点上。假定采用如图 4.3 所示的分布式网络结构，且局部节点 LS_1，LS_2，$\cdots$，LS_m 上存储的局部数据集合分别为 D_1，D_2，$\cdots$，D_m，则根据集中式数据上的区间 Skyline 查询定义，可进一步定义对于分布式区间数据集中的任一区间对象 t，其全局区间 Skyline 概率 $P_{g\_sky}(t)$ 为：

$$
\begin{aligned}
P_{g\_sky}(t) &= \overset{t' \in D_1}{\prod} [1 - P(t' < t)] \cdot \overset{t' \in D_2}{\prod} [1 - P(t' < t)] \\
&\quad \cdot \cdots \cdot \overset{t' \in D_m}{\prod} [1 - P(t' < t)] \\
&= \prod\limits_{s=1}^{m} {}_{t' \in D_s, t' \neq t} [1 - P(t' < t)] \\
&= \prod\limits_{i=1}^{m} P_{sky}(t, D_i)
\end{aligned}
\tag{4.14}
$$

由公式（4.14）可知，对于任意局部节点上的区间对象 t，其全局区间 Skyline 概率值为所有 t 相对于各局部数据集 D_i 的局部区间 Skyline 概率

$P_{sky}(t, D_i)$ 的乘积值。因此，由上述计算结果可知，本章 4.2.2 小节中定义 4.4 所描述的分布式区间 Skyline 查询的目标，可进一步明确为：查询返回全局数据集 D 中所有全局区间 Skyline 概率不小于用户给定的概率阈值 $q(0 \leqslant q \leqslant 1)$ 的区间对象至协调节点，即返回 D 中满足条件 $\{t \mid P_{g\_sky}(t) = \prod_{i=1}^{m} P_{sky}(t, D_i) \geqslant q\}$ 的所有区间对象的集合。

基于上述查询定义，最简单最直接的查询处理方式是将各局部节点上的全部元组传输至协调节点 H，然后在 H 处执行集中式的区间 Skyline 查询。然而，该方式不仅其通信和计算的开销巨大，而且缺乏对高效的集中式区间 Skyline 查询处理方法。因此，迫切需要研究高效的针对分布式区间数据集的 Skyline 查询处理方法。

4.5　基于迭代反馈的查询处理方法

在 DISQ 方法中，采用了一种基于迭代反馈的查询处理方法来实现高效的分布式区间 Skyline 查询。在本节中，将重点介绍该迭代反馈查询的整个处理过程。特别地，首先介绍了迭代反馈查询处理的基本框架，然后分别针对局部节点上的查询处理和协调节点上的查询处理过程展开详细论述。

4.5.1　迭代反馈查询处理框架

对于一个优化的分布式 Skyline 查询算法，通常应该尽可能地减少那些不可能成为最终 Skyline 对象的元组在网络上传输，以最小化查询处理的通信开销，这也是 DISQ 方法设计的关键。为此，在 DISQ 方法中将尽量考虑在各个局部节点上剪枝不可能成为最终区间 Skyline 的对象，同时满足用户对查询的渐进性需求。

为了实现以上查询目标，在 DISQ 方法中采用了一种迭代反馈的查询处理机制，其基本的查询处理框架如算法 4.2 所示。

算法 4.2　DISQ 查询处理框架

1　协调节点 H 初始化 GS $K_H = \varnothing$；

2　H 通知所有的局部节点概率阈值为 q；

3　**foreach** 局部节点 LS$_i$ **do**

4　　LS$_i$ 计算并获得局部 Skyline 对象 LSK$_{D_i}$ 且初始化 CAN$_{D_i}$ = LSK$_{D_i}$；

5　　LS$_i$ 将 CAN$_{D_i}$ 中的所有元组按区间 Skyline 概率值降序排序；

6　**while** CAN$_{D_i} \neq \varnothing$ **do**

7　　H 从某些局部节点中获取最具代表性的元组并将其存于 L 中；

8　　H 根据某项指标选出 L 中最有可能成为 Skyline 的元组并按该指标对 L 中的元组排序；

9　　H 剪枝 L 中不可能成为全局区间 Skyline 对象的全部元组；

10　　H 从 CAN$_L$ 中选择最有代表性的元组 t 并将其传送至相应的多个局部节点；

11　　H 计算出元组 t 的全局区间 Skyline 概率并将 Skyline 对象添加至集合 GSK$_H$ 中；

12　　各局部节点根据所返回的元组剪枝 CAN$_{D_i}$ 中不可能成为全局 Skyline 的元组；

图 4.8　DISQ 方法的查询处理框架

由算法 4.2 可知，在 DISQ 方法查询处理的起始阶段，协调节点 H 首先需要初始化查询。该初始化操作的主要内容包括初始化全局区间 Skyline 集合 GSK$_H$，并通知所有的局部节点相应的概率阈值 q。然后，每个局部节点 LS_i 即可根据以下公式计算所有区间元组的局部区间 Skyline 概率。

$$P_{l\_sky}(t, D_i) = \prod_{t' \in D_i, t' \neq t} \left[1 - P(t' < t) \right] \tag{4.15}$$

当以上计算全部完成后，根据所有元组的区间 Skyline 概率值对候选元组进行降序排序。特别地，初始的局部区间 Skyline 对象均被视为最原始的候选对象，即 CAN$_{D_i}$ = LSK$_{D_i}$。然后，查询处理进入迭代处理阶段，该处理过程一直循环进行，直至所有局部节点中的所有候选对象为空，即 CAN$_{D_i} \neq \varnothing$。其中，每个迭代处理过程主要包括以下四个处理阶段：

（1）Local-To-Server 阶段：每个局部节点 LS$_i$（$1 \leq i \leq m$）从 CAN$_{D_i}$ 中依据某种元组选择策略选择一个最有代表性的元组传输至 H。当第一个迭代完成后，哪一个局部节点被选择继续传输下一个代表性的元组，取决于在 Server-To-Sites 阶段被剪枝的元组和已被处理过的元组对应的局部节点。

（2）Server-Processing 阶段：当接收完来自相应局部节点发送的元组后，协调节点 H 将其汇聚为数据集合 D_L 并采用一个优先队列 L 对其进行维护，然后再根据某项指标对 D_L 中的所有元组按降序排序，同时对 L 中的元组进行剪枝。特别地，在 DISQ 方法中采用的指标为元组的临时区间 Skyline 概率。

（3）Server-To-Sites 阶段：H 从 CAN_{D_L} 中弹出最有可能成为全局区间 Skyline 的元组 t，并将其广播至所有的局部节点（元组 t 所属的节点 LS_i 除外），以从相应的局部节点中获取 $P_{sky}(t, D_k)(1 \leqslant k \leqslant m \wedge k \neq i)$ 值，从而可根据公式（4.14）计算出所传递的元组 t 的全局区间 Skyline 概率值。

（4）Local-Processing 阶段：在接收到来自 H 的元组 t 后，各个局部节点（LS_i 除外）调用某种局部剪枝策略以进一步剪枝 CAN_{D_k} 中不可能成为全局 Skyline 的所有对象。同时，每个局部节点 LS_k 计算 $P_{g\_sky}(t) \leqslant P_{t\_sky}(t, D_i)$ 值并将其发送至节点 H。

通过以上对整个迭代处理过程的描述可知，实际上主要包括两类节点的优化处理，即局部节点的查询处理和协调节点的查询处理，以下将分别针对上述两者之间的处理过程展开详细论述。

4.5.2　局部节点上的查询处理

根据前面所述的查询处理过程可知，每个局部节点将最有可能成为全局 Skyline 的元组 t 从局部节点 LS_i 发送至其他的局部节点，并可通过公式（4.13）累积计算出元组 t 的全局区间 Skyline 概率。在局部节点的处理过程中，重点考虑解决三个方面的问题：第一，每个局部节点在迭代处理过程中，如何选择最优的元组发送至协调节点；第二，在每次迭代处理过程中，局部节点每次应该传输多少个元组至协调节点，以使得整体的查询处理性能最优；第三，各局部节点应该采用何种剪枝策略对其维护的局部数据集进行剪枝，以最大程度地剪枝局部区间数据集，从而降低整体查询的通信开销。以下将围绕上述三个方面的问题分别开展论述。

1. 传输元组选择策略

在迭代反馈处理过程中需要考虑的一个重要问题是，如何选择最有代表性的元组传输至协调节点 H，以使得 H 反馈的元组剪枝的效率最高。为了解决此问题，本章中设计了三种典型的元组选择策略，并通过对比测试不同选择策略的性能来选择最优的传输元组，从而优化分布式区间 Skyline 查询的性能。特别地，DISQ 方法中考虑的三种典型的传输元组选择策略分别描述如下：

（1）Max-Temp 策略：选择具有最大临时区间 Skyline 概率 $P_{t\_sky}(t, D_i)$ 的元组 t 进行反馈，该值可利用协调节点 H 在迭代处理过程中的反馈元组，根据公式 $P_{t\_sky}(t, D_i)^* = [1 - P(t' < t)]$ 不断更新计算获得。

（2）Min-Rank 策略：选择局部节点中所有维度排序和值 RankScore 最小的元组进行反馈；假定多维区间数据在维度 i 的区间中点值的排序值为 r_i，则 RankScore 值定义为 RankScore $= \sum_{i=1}^{d} r_i$，其中 d 表示元组的维度数。

（3）Max-Domin 策略：选择局部节点中具有最大空间支配区域值 VDR_t 的元组 t 进行反馈，其中 t 的支配区域可定义为 VDR$_t = \prod_{k=1}^{d} (\max_k - t.k)$，公式中 $\max_k$ 为预先定义的比全局值域更大的值，且 $t.k$ 为元组 t 中维度 k 的中点值。

以上三种策略中，Min-Rank 和 Max-Domin 是分布式确定性 Skyline 查询中最为典型的两种优化策略。在 Min-Rank 中，RankScore 值是指在元组的各维度值按降序排序后，所有维度上的排序值之和。在 Max-Domin 策略中，元组 t 的支配区域定义与 HUANG 等人[112]研究中的定义类似。特别地，假设在一个全局数据空间中元组 t 在维度 $k(1 \leq k \leq d)$ 上的取值范围为 $[s_k, b_k]$，则元组 t 的支配区域为 VDR$_t = \prod_{k=1}^{d} (b_k - t.k)$。

在 DISQ 的迭代处理过程中，选择具有最大剪枝能力的元组进行反馈具有重要意义。为此，在 DISQ 方法中实现上述三种策略，并通过大量实验评估各种选择策略的性能，是优化迭代反馈查询过程的重要途径之一。通过后续大量的实验发现，相比于其他两种选择策略，Max-Temp 策略的整体性能最优。因此，为便于描述，在 DISQ 方法中直接采用 Max-Temp 策略，即在每次迭代处理的过程中，各局部节点均选择临时区间 Skyline 概率值最大的元组传输至协调节点。

2. 元组传输数目选择

在迭代查询处理过程中，各局部节点每次在返回元组至协调节点时，传输元组的数目可能会对查询处理的整体性能产生重要影响。尽管当前最优的分布式不确定 Skyline 查询方法 e-DSUD 中所采用的策略是每次只传输单个元组，以降低每次传输的通信开销，然而该策略却并非为最优的处理方式。从直观上分析，虽然每个局部节点上返回的是基于某种度量标准的最优的单个元组，但是将多个元组同时发送至协调节点却能够在协调节点处尽可能地剪枝更多的元组，同时在选择元组时能够遴选出剪枝能力更强的元组进行反馈。基于此思想，可将 4.5.1 小节中所述的 DISQ 查询处理过程做进一步细化描述：

（1）在初始的 Local-To-Server 阶段，各局部节点传输局部区间 Skyline 概率值最大的多个（假定为 k）元组至协调节点 H；

（2）在后续的 Local-To-Server 阶段，各局部节点传输至协调节点的元组数目取决于该局部节点中的元组在 H 处被剪枝的数目，若该局部节点中的元组被剪枝掉 k' 个，则返回 k' 个元组至协调节点；

（3）在 Server-Processing 阶段，当更新某个元组 t 的临时 Skyline 概率 $P_{t\_sky}(t, D_L)$ 时，若 t 来自局部节点 LS_i，则同样来自 LS_i 的元组不用参与该计算过程，因为之前在计算 $P_{sky}(t, D_i)$ 时已经考虑了这些元组，因此无须再次考虑。

需要特别指出的是，第三个处理过程的改变最为重要，因为其直接影响着查询结果的正确性。若将元组重复用于计算，将导致最终计算的结果小于正确的结果值。为了评估不同元组传输数目对查询性能的影响，在后续实验中对其进行了专门测试。通过后续实验能够发现，传输单个元组确实并非最优的策略。然而，增加元组传输的数目也增加了协调节点处计算和存储资源的消耗。因此，为了平衡查询处理通信开销的优化和不利影响，选择一个最优的元组传输数目显得尤为重要。通过后续大量实验测试发现，当 k 取 31 或者 41 时，DISQ 方法的查询效率相对更高，在后续实验测试与分析部分将对此展开重点论述。

3. 局部节点剪枝处理

由前面分析可知，每个局部节点为了发现最有可能成为最终 Skyline 的候选元组，在 DISQ 方法中将根据元组的临时区间 Skyline 概率（即 $P_{t\_sky}(t, D_i)$）对元组进行降序排序，其中 $P_{t\_sky}(t, D_i)$ 值是根据每次从 H 处接收到的元组，且依据公式 $P_{t\_sky}(t, D_i)^* = [1 - P(t' < t)]$ 不断更新计算而得到的值。

不失一般性，对于每个局部节点 LS_i 中的各候选区间元组，假定其满足条件 $P_{t\_sky}(t_{i1}, D_i) \geqslant P_{t\_sky}(t_{i2}, D_i) \geqslant \cdots \geqslant P_{t\_sky}(t_{in}, D_i) \geqslant q$。因此，这 m 个局部节点根据最新更新后的临时区间 Skyline 概率值按降序排序，并将最有希望成为全局 Skyline 的元组传输至协调节点 H。特别地，在协调节点 H 处维护了一个长度为 $|D_L|$ 的优先队列 L，且每个局部节点 LS_i 将其上最有代表性的元组 t_{ij}，及其节点 id 和 $P_{sky}(t_{ij}, D_i)$ 值，以三元组 $<i, t_{ij}, P_{sky}(t_{ij}, D_i)>$ 的形式发送至协调节点 H。

在 Local-Processing 阶段，可根据以下定理直接剪枝掉不可能成为最终 Skyline 的元组，即剪枝临时区间 Skyline 概率值小于概率阈值 q 的元组。

定理 4.1： 假定任意局部节点 LS_i，在所有已迭代处理的过程中，接收到的来自所有其他局部节点的元组集合分别为 $DR_j (1 \leqslant j \leqslant m \wedge i \neq j)$，且 $DR_i = DR_1 \cup DR_2 \cup \cdots \cup DR_m$，其中 $DR_j \subseteq D_j$，则有 $P_{g\_sky}(t) \leqslant P_{t\_sky}(t, D_i)$。

证明： 由于满足条件 $CAN_{D_i} \neq \varnothing$ 和 $DR_i \cap DR_j = \varnothing \wedge DR_j \subseteq D_j$，则可得出如下推理结果：

$$P_{g\_sky}(t) = P(t) \cdot \prod_{t' \in D, t' \neq t} [1 - P(t' < t)] = \prod_{i=1}^{m} P_{sky}(t, D_i)$$

$$\leqslant P_{sky}(t, D_i) \cdot \prod_{j=1, j \neq i}^{m} P_{sky}(t, DR_j)$$

$$= P_{sky}(t, D_i) \cdot \prod_{j=1, t' \in DR_j, j \neq i}^{m} [1 - P(t' < t)]$$

$$= P_{sky}(t, D_i) \cdot P_{sky}(t, DR)$$

$$= P_{t\_sky}(t, D_i)$$

由以上推理结果可知，$P_{g\_sky}(t) \leqslant P_{t\_sky}(t, D_i)$，显然定理成立。

综合上述三个方面的描述，可将整个局部节点上的查询处理过程归纳为如图 4.9 所示的算法 4.3。在局部节点的查询处理过程中，首先执行初始化操作（如第 1 行），其具体初始化过程如图 4.10 所示的算法 4.4。在局部节点的初始化过程中，主要包括从协调节点处获取概率阈值（如算法 4.4 中的第 2 行），以及计算初始的每个局部节点中候选元组的临时区间 Skyline 概率值（如算法 4.4 中的第 3~7 行）。

算法 4.3　DISQ 中局部节点处理算法

1　Preprocessing( );

2　**while** $\text{CAN}_{D_i} \neq \varnothing$ **do**

3　　　根据 $P_{t\_sky}(t, D_i)$ 值对 CAN_{D_i} 中的元组按降序排序；

4　　　**if**（接收到来自 H 的获取元组的请求）**then**

5　　　　　从集合 CAN_{D_i} 中弹出最顶端的元组并发送三元组 $<i, t, P_{t\_sky}(t, D_i)>$ 至 H；

6　　　**else if**（接收到来自 H 的反馈元组 t'）**then**

7　　　　　**foreach** 元组 $t \in \text{CAN}_{D_i}$ **do**

8　　　　　　　$P_{t\_sky}(t, D_i) \ast = [1 - P(t' < t)]$；

9　　　　　　　**if** $P_{t\_sky}(t, D_i) < q$ **then**

10　　　　　　　　从 CAN_{D_i} 中丢弃 t；

11　　　**else if**（接收到计算元组 t 的支配概率计算请求）**then**

12　　　　　**if**（t 属于局部节点 S_i）**then**

13　　　　　　　发送 $P_{sky}(t, D_i)$ 值至协调节点 H；

14　　　　　**else**

15　　　　　　　计算元组 t 的 $P_{sky}(t, D_i)$ 值并将其发送至 H；

图 4.9　DISQ 中局部节点处理算法

当预处理操作完成后，每个局部节点迭代地接收来自协调节点 H 的请求，并将操作的结果返回给协调节点 H。在每个迭代过程中，每个局部节点需要处理三类请求：第一，发送最有希望成为全局 Skyline 的元组，即临时区间 Skyline 概率值最大的元组的相关信息发送至协调节点 H（如第 4~5 行）；第二，根据协调节点 H 反馈的元组剪枝不可能成为全局区间 Skyline 的元组（如第 6 ~ 10 行）；第三，计算区间元组的支配概率以用于计算其全局区间 Skyline 概率（如第 11 ~ 15 行）。

算法 4.4 局部节点预处理 Preprocessing( )

---

1 $CAN_{D_i} \leftarrow \varnothing$;

2   从 H 处获得概率阈值 q;

3   **foreach** 元组 $t' \in D_i$ **do**

4   计算元组 t 的 $P_{sky}(t', D_i)$ 值;

5   **if** $P_{sky}(t', D_i) \geqslant q$ **then**

6 $CAN_{D_i} \leftarrow CAN_{D_i} \cup t'$;

7 $P_{t\_sky}(t, D_i) \leftarrow P_{sky}(t', D_i)$;

8   **return**;

图 4.10   局部节点预处理算法

4.5.3   协调节点上的查询处理

在初始的 Server-Processing 处理阶段，协调节点 H 汇集所有来自局部节点的元组，并根据以下公式计算 D_L 中所有元组的临时区间 Skyline 概率值：

$$P_{t\_sky}(t, D_L) = P_{sky}(t, D_i) \cdot \prod_{t' \in D_L \wedge t' \in D_i} [1 - P(t' < t)]$$

由定理 4.1 可知，$P_{t\_sky}(t, D_L) \geqslant P_{g\_sky}(t)$，所以可首先将 D_L 中临时区间 Skyline 概率小于阈值 q 的元组剪枝掉。然而，为了最大化地降低查询的通信开销，不仅需要在局部节点处剪枝掉更多的不可能成为全局 Skyline 的元组，而且还需要尽量减少从协调节点 H 处返回的元组的数目。因为减少一个返回的元组，则可减少 m 个向全部局部节点传输的通信开销。因此，尽量剪枝掉 D_L 中的元组以减少向局部节点传输的元组数，在协调节点的查询处理过程中至关重要。对于协调节点上的查询过程，主要包括两个方面的处理内容：第一，对协调节点所维护的 D_L 中的候选元组进行剪枝；第二，考查最有希望成为区间 Skyline 的元组并将其反馈至协调节点，以剪枝局部节点中的元组并返回反馈元组的局部相对区间 Skyline 概率值。

特别地，主要根据两个方面的信息对 D_L 中的候选元组进行剪枝：第一，根据 D_L 中候选元组信息进行剪枝；第二，根据历史被剪枝的区间元组信息剪枝。

1. 基于候选元组剪枝

在 Server-Processing 处理阶段，协调节点 H 根据公式(4.16)计算 D_L 中每个元组的临时区间 Skyline 概率，然而这只是根据 D_L 中的元组计算其概率值。由 4.4.3 小节中所论述的分布式区间 Skyline 概率计算公式可知，与元组 t 参与支配比较的元组数目越多，则计算所得的 t 的区间 Skyline 概率值越精确。因此，一种好的优化方式是最大化参与计算 t 的临时区间 Skyline 概率的元组。基于此思想，可得出以下定理：

定理 4.2：对于优先队列 L 中的任意区间元组 t，假定其所属的局部节点 LS_i 上的局部区间数据集为 D_i，则区间元组 t 的全局区间 Skyline 概率的上限必然小于 $P_{t\_sky}(t, D_i) \cdot P_{sky}(t, D_L)$。

证明：为了获得区间元组 t 的全局区间 Skyline 概率，根据公式(4.14)可知，需要将 t 与全局数据集 $D = D_1 \cup D_2 \cup \cdots \cup D_m$ 中的所有元组进行支配比较。其中，在查询处理过程中，全局区间数据集 D 实际上可分为四个部分：D_i、DR、D_L 和 D_M。其中，D_i 表示元组 t 所属的局部节点所维护的局部数据集；DR 表示在整个迭代处理过程中收集到的来自其他局部节点的元组集合（与定理 4.1 中所述相同）；D_L 是指在协调节点 H 中所维护的优先队列 L 中的元组集合；D_M 为 D 中除上述三个集合外的剩余元组的集合。由于上述四个区间元组集合相互不重叠，所以易得如下推理结果：

$$
\begin{aligned}
P_{g\_sky}(t) &= P(t) \cdot \prod_{t' \in D, t' \neq t} \left[1 - P(t' < t) \right] \\
&= P(t) \cdot \left\{ \prod_{t' \in D_i, t' \neq t} \left[1 - P(t' < t) \right] \right\} \cdot \left\{ \prod_{j=1}^{m}{}_{t' \in DR_j, j \neq i} \left[1 - P(t' < t) \right] \right\} \\
&\quad \cdot \left\{ \prod_{t' \in D_L} \left[1 - P(t' < t) \right] \right\} \cdot \left\{ \prod_{t' \in D_M} \left[1 - P(t' < t) \right] \right\} \\
&= \left[P_{sky}(t, D_i) \cdot P_{sky}(t, DR) \right] \cdot P_{sky}(t, D_L) \cdot P_{sky}(t, D_M) \\
&= P_{t\_sky}(t, D_i) \cdot P_{sky}(t, D_L) \cdot P_{sky}(t, D_M) \\
&\leqslant P_{t\_sky}(t, D_i) \cdot P_{sky}(t, D_L)
\end{aligned}
$$

由以上推理结果可知，$P_{g\_sky}(t) \leqslant P_{t\_sky}(t, D_i) \cdot P_{sky}(t, D_L)$，定理得证。

定理 4.2 的正确性源于参与计算 $P_{t\_sky}(t, D_i)$ 和 $P_{sky}(t, D_L)$ 值的所有元组之间是相互独立且无重复的，同时它们均为全局数据集 D 的子集。事实上，以上结果显然成立，因为任意从协调节点发送至局部节点的元组在所有局部节点和协调节点的后续迭代处理过程中将不再予以考虑。同时，需要特别指出的是，若在迭代处理的过程中，每个局部节点传输多个元组至协调节点，则在计算元组 t 相对于 D_L 的局部区间 Skyline 概率 $P_{sky}(t, D_L)$ 时，D_L 中来自 t 所属的局部节点中的元组将不能参与计算，因为在计算 t 的临时区间 Skyline 概率时，这些元组已经参与过计算。

因此，在协调节点处可首先根据临时区间 Skyline 概率值对 L 中的候选对象进行初步剪枝，即剔除临时区间 Skyline 概率小于概率阈值 q 的元组。然后，进一步计算元组 t 相对于 D_L 的 Skyline 概率 $P_{sky}(t, D_L)$，以及 $P_{t\_sky}(t, D_i) \cdot P_{sky}(t, D_L)$ 值，从而可根据定理 4.2 继续对 D_L 中的剩余候选对象进行剪枝。通过两次剪枝处理后，可得出 D_L 中最终的候选对象集合，假定将其记为 CAN_H。

为便于描述，将在上述过程中被剪枝的元组的集合记为 PRT_L，而其对应的局部节点集合记为 SPT_L。协调节点 H 通过从 CAN_H 中获取 $P_{t\_sky}(t, D_i) \cdot P_{sky}(t, D_L)$ 值最大的元组，并将其发送至除元组 t 所在的局部节点以外的所有局部节点。当接收到所有由局部节点返回的 $P_{sky}(t, D_i)(1 \leqslant j \leqslant m \land j \neq i)$ 值后，协调节点 H 即可根据公式(4.14)计算区间元组 t 的全局区间 Skyline 概率值。若 $P_{sky}(t, D_i) \geqslant q$，则将 t 加入集合 GSK_H 中，并将其返回给查询用户。

在此之后，H 请求元组 t 和 SPT_L 中元所在的局部节点发送下一个元组。至此，一个完整的迭代过程处理完毕。在此之后，将这批新到达协调节点的元组 NEW_H 加入至已有的 CAN_H 中，以组成新的候选元组集合 D_L，即 $D_L = CAN_H \cup NEW_H$。在下一个 Server-Calculation 阶段，$SKY_{N,q}$ 同样剪枝 D_L 中不合格的元组，并计算临时区间 Skyline 概率值最大的候选元组的全局区间 Skyline 概率。

2. 基于历史元组剪枝

由定理 4.1 可知，对于 L 中的任意元组 t，若 $P_{g\_sky}(t) < q$，则 t 将不再属于全局 Skyline 集合。同时，为了充分利用定理 4.1 的结论，需要获得元组 t 的 $P_{t\_sky}(t, D_i)$ 值。幸运的是，该问题已经在局部节点 LS_i 中得到解决。可见，若在 Local-To-Server 阶段传输 $P_{t\_sky}(t, D_i)$ 值，而非 $P_{sky}(t, D_i)$ 值至协调节点 H，则可节省计算 $P_{t\_sky}(t, D_i)$ 值的开销。因此，在 Local-To-Server 处理阶段，每个局部节点 LS_i 将其具有代表性的元组及其 id、局部临时区间 Skyline 概率值，即三元组 $<i, t, P_{t\_sky}(t, D_i)>$ 信息发送至协调节点，能起到更优的查询处理效果。

对于任意元组 t，其全局区间 Skyline 概率值可根据局部节点和协调节点 H 通过累积计算获得。由于 L 中的部分元组在 Server-Processing 阶段可能被剪枝掉，且这些被剪枝的元组无须发送至局部节点，若能够利用这些被剪枝的历史元组信息，则更多的元组在 L 处将被剪枝掉而无须发送，以下定理即可证明该思想的正确性。

定理 4.3： 假定 PRT_H 表示在所有已执行的迭代处理过程中，在 L 中被剪枝的所有元组的集合，而 $PRT_H \setminus D_i$ 表示在 PRT_H 中却不在 D_i 中的所有元组的集合，则对于任意来自局部节点 LS_i 的区间元组 t，其全局区间 Skyline 概率值必然小于 $P_{t\_sky}(t, D_i) \cdot P_{sky}(t, D_L) \cdot P_{sky}(t, PRT_H \setminus D_i)$ 值。

证明： 如定理 4.2 中的证明过程所示，首先，同样假定 $D_M = D - D_i - DR - D_L$。由于 $PRT_H \setminus D_i$ 表示在 PRT_H 中而不在 D_i 中的元组的集合，所以有 $PRT_H \setminus D_i \subseteq D_M$。其次，从对整个查询过程的分析可知，因为所有在协调节点中被剪枝的区间对象必然不会反馈至各局部节点，所以必然满足 $PRT_H \setminus D_i \cap DR = \varnothing$。此外，在各迭代处理过程中，由于前面的迭代过程中被剪枝的元组将不会重新出现在 D_L 中，所以必然满足 $PRT_H \setminus D_i \cap D_L = \varnothing$。因此，基于上述条件分析，可得如下推理结果：

$$P_{g\_sky}(t) = P(t) \cdot \prod_{t' \in D, t' \neq t} \left[1 - P(t' < t) \right]$$

$$= \left[P_{sky}(t, D_i) \cdot P_{sky}(t, DR) \right] \cdot P_{sky}(t, D_L) \cdot P_{sky}(t, D_M)$$

$$= P_{t\_sky}(t, D_i) \cdot P_{sky}(t, D_L) \cdot P_{sky}(t, D_M)$$

$$\leqslant P_{t\_sky}(t, D_i) \cdot P_{sky}(t, D_L) \cdot \prod_{t' \in \mathrm{PRT}_H \wedge t' \notin D_i} [1 - P(t' < t)]$$

$$= P_{t\_sky}(t, D_i) \cdot P_{sky}(t, D_L) \cdot P_{sky}(t, \mathrm{PRT}_H \setminus D_i)$$

由以上推理可知，结论显然成立，定理得证。

根据上述定理，可进一步过滤由基于候选元组剪枝过程所获得的候选元组集合。因此，在每个 Server-Processing 处理阶段，需要对在协调节点中被剪枝的区间元组进行维护。假定将其存储于一个优先队列 L' 中，并将其按更新的临时区间 Skyline 概率值的降序排序。对于任意来自局部节点 LS_i 的元组 t，若该元组满足条件 $P(t) = P_{t\_sky}(t, D_i) \cdot P_{sky}(t, D_L) > q$，则可将其与 PRT_H $\setminus D_i$ 中具有最大临时区间 Skyline 概率值的元组进行支配比较，并通过累积计算获得元组 t 的区间 Skyline 概率值。若对于元组 t，在对其计算的过程中发现其满足 $P(t) \cdot [1 - P(t' < t)] > q$，则继续将其与 $\mathrm{PRT}_H \setminus D_i$ 中的其他元组进行支配比较并更新相应的概率值；否则停止更新，可直接判断出该元组不可能成为全局区间 Skyline 元组。特别地，为了简化计算，可直接设定优先队列 L' 的长度，并按元组的临时区间 Skyline 概率值对 L' 中的元组进行降序排序；同时，可根据该值的大小对 $P_{sky}(e_{new}) \geqslant q$ 中维护的元组进行替换，而无须保存全部被剪枝的元组信息。

图 4.11 中描述了在协调节点上的具体查询处理过程。在算法 4.5 中，首先执行初始化操作(第 1～2 行)，然后利用高度优化的反馈机制进行迭代处理(第 4～14 行)。特别地，通过算法 4.6 不断地更新 D_L，并从 L 中获得新的候选对象。在迭代处理的过程中，首先，对 L 中的候选对象进行剪枝(第 5 行)，以获得候选对象集合 CAN_H。其次，从 CAN_H 中选择 $P_{t\_sky}(t, D_i) \cdot P_{sky}(t, D_L)$ 值最大的候选元组，并将其反馈至各局部节点，以用于局部节点的剪枝处理；同时，计算该元组的局部区间 Skyline 概率，以用于根据公式(4.14)计算其全局区间 Skyline 概率。若该元组的全局区间 Skyline 概率大于阈值，则将其加入至集合 GSK_H 中；否则，直接将该元组丢弃。该过程一直迭代进行，直至 NEW_H 集合为空。

算法 4.5　DISQ 中协调节点处理算法

1　$GSK_H \leftarrow \varnothing$，$CAN_H \leftarrow \varnothing$，$PRT_H \leftarrow \varnothing$，$SPT_H \leftarrow \cup LS_i$；

2　通知所有局部节点概率阈值为 q；

3　从 $SPT_H \cup LS_i$ 中的局部节点获取元组集合 NEW_H 及相应的 $P_{t\_sky}(t, D_i)$ 值并将其存
　　入 L 中；

4　**while** $NEW_H \neq \varnothing$ **do**

5　　　FilterNewCandidates( )；

6　　　将 CAN_H 中的元组根据 $P_{t\_sky}(t, D_i) \cdot P_{sky}(t, D_L)$ 值按降序排序；

7　　　从 L 中弹出具有最大 $P_{t\_sky}(t, D_i) \cdot P_{sky}(t, D_L)$ 值的元组并将其发送至所有的
　　　　局部节点；

8　　　从每个局部节点中获取元组 t 的 $P_{sky}(t, D_i)$ 值；

9　　　根据公式(4.14)计算元组 t 的全局区间 Skyline 概率值；

10　　　**if**($P_{g\_sky}(t > q)$) **then**

11　　　　将 t 加入至集合 GSK_H 中；

12　　　**else**

13　　　　直接丢弃元组 t；

14　　　从 $SPT_H \cup LS_i$ 中的所有局部节点获取元组 NEW_H 及其 $P_{t\_sky}(t, D_i)$ 值并将其
　　　　存入 L 中；

15　**return** GSK_H；

图 4.11　DISQ 中协调节点处理算法

　　图 4.12 中详细描述了协调节点获得最终候选对象的具体剪枝过程。特别地，在剪枝处理过程中，首先，对 L 中维护的初始候选对象集合进行初始化（如第 1 行）。其次，根据 L 中区间元组的不同来源，分别进行相应的处理。若该某个区间元组 t 为刚从局部节点中取得的元组，即 $t \in NEW_H$，则元组 t 在局部节点中的临时区间 Skyline 概率 $P_{t\_sky}(t, D_i)$，即为 $P_{t\_sky}(t, D_L)$。当 D_L 中所有元组的临时区间 Skyline 概率均初始化之后，即可进一步展开剪枝处理。对于 D_L 中的任意元组 t，首先根据优先队列 L 中的其他元组信息，更新元组 t 的临时区间 Skyline 概率值。若该值小于用户给定的概率阈值 q，则将其

存入集合 PRT_H 中，如算法 4.6 中的第 6 ~ 10 行的所示；否则，将继续参照 PRT_H 中的元组作进一步的剪枝考查，其详细的处理步骤如算法 4.6 中的第 12 ~ 18 行所示。

算法 4.6　　FilterNewCandidates( )

1　　$D_L \leftarrow CAN_H \cup NEW_H$；

2　　**foreach**　　NEW_H 中的元组 t **do**

3　　　　　$P_{t\_sky}(t, D_L) \leftarrow P_{t\_sky}(t, D_i)$；

4　　**foreach** 来自局部节点 LS_i 的元组 $t \in D_L$ **do**

5　　　　**foreach** 元组 $t' \in D_L \wedge t' \neq$ **do**

6　　　　　　$P_{t\_sky}(t, D_L) *= [1 - P(t' < t)]$；

7　　　　　**if**$(P_{t\_sky}(t, D_L) < q)$ **then**

8　　　　　　　将元组 t 添加至集合 PRT_H 中；

9　　　　　　　$SPT_H \leftarrow SPT_H \cup LS_i$；

10　　　　　　　**break**；

11　　　　　**else**

12　　　　　　　$P(t) = P_{t\_sky}(t, D_L)$；

13　　　　　　　**foreach** 元组 $t'' \in PRT_H$ **do**

14　　　　　　　　$P(t)^* = [1 - P(t'' < t)]$；

15　　　　　　　**if** $P(t) > q$ **then**

16　　　　　　　　　将元组 t 添加至集合 PRT_H 中；

17　　　　　　　　　$SPT_H \leftarrow SPT_H \cup LS_i$；

18　　　　　　　　　**break**；

19　　　　将元组 t 添加至集合 CAN_H 中；

图 4.12　DISQ 中优先队列中的处理算法

4.6　实验测试与分析

4.6.1　实验环境设置

在本节中，通过大量合成数据集和真实数据集上的实验，测试和分析了 DISQ 方法及该方法中的多种优化策略的性能。本章中的全部实验均运行于配置为 Intel P4 3.0 GHz CPU，4 GB 内存的计算机上，操作系统为 Windows XP，编程平台为 Visual Studio 2008，所有算法均采用 C++ 语言实现。由于本章中研究的分布式区间 Skyline 查询，主要关注于查询处理方法的通信开销，而通信开销由查询处理过程中传输的元组数目决定，所以在实验中采用模拟测试即可完全反映方法的处理性能，这也是目前分布式 Skyline 查询研究中普遍采用的实验测试方法。

此外，为了更为公平且全面地考查 DISQ 方法的性能，实验中不仅采用了合成数据集进行了大量的实验测试，而且还采用了真实数据集进行测试。实验中所采用的合成数据集和真实数据集的详细描述如下：

（1）**合成数据集**：实验中所采用的合成区间数据集通过如下方式生成：① 区间元组每一维的区间长度为[1，100]内的随机数；②区间元组每一维的区间中点采用如下三种常用的数据分布生成：独立型、正相关和反相关，这三种类型的数据形式如图 4.13 所示。为便于描述，将根据以上三种数据分布生成的合成区间数据集分别称为独立型（independent）、正相关（correlated）和反相关（anti-correlated）区间数据集。此外，假定这些产生的元组之间相互独立，而采用的实验环境以及数据集的规模与 DING X 等人[123]论文研究中相同。

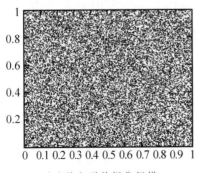

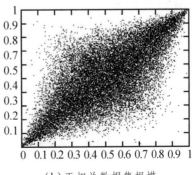

（a）独立型数据集规模　　　　　　（b）正相关数据集规模

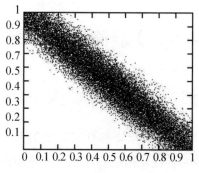

（c）反相关数据集规模

图4.13　三种合成数据集类型示例

（2）**真实数据集**：实验中所采用的真实区间数据集收集自美国的租房网站。为便于描述，将该真实数据集命名为 Apartments。该数据集中的每个元组均包括三条属性，即 Rent、Deposit 和 Sq. Ft，其具体示例如图1.6所示。尽管该数据集中的某些元组可能对应不同时间相同房屋的租赁信息，然而在实验中完全将其视为相互独立的不同元组，即赋予每个元组唯一的 ID 标识，如由房屋名称和时间组成。

假定系统中共有 m 个局部节点，全部数据集中元组的数目为 $|D|$，且用户定义的概率阈值为 q。特别地，假定每个局部节点均占有数据集 D 中的部分数据，且所有的区间元组信息在各局部节点中均不存在重复现象，即满足条件 $D = \bigcup_{i=1}^{m} D_i$ 和 $D_i \cap D_j = \varnothing$。此外，在实验中假定各个局部节点上的全局对象数目相同，即均为 $|D|/m$，且数据在各维区间上取值的概率密度函数均假定为均匀分布。均匀分布也是当前最为典型的概率分布函数，在众多不确定应用中广泛存在。由于假定取值函数为均匀分布，因此本章中的公式（4.5）、（4.6）、（4.7）和（4.8）均可用直接用于计算区间对象的支配概率和区间 Skyline 概率。

表4.2 中归纳了实验中涉及的相关实验参数及其取值情况。除非特别指出，否则实验中每个参数的缺省值均为表中标注为黑体的数值。

表 4.2　实验中涉及的相关参数及其取值

符号	含义	值
$\lvert D \rvert$	数据集的规模	0.2M、0.6M、1M、1.4M、1.8M
m	局部节点数目	20、60、100、140、180
d	元组的维度数	2、3、4、5、6
q	区间 Skyline 阈值	0.001、0.01、0.1、0.5

在本章涉及的实验中，主要测试内容包括以下四个方面：(1)测试在各局部节点中，元组选择策略对查询处理性能的影响；(2)测试局部节点处理过程中，不同元组传输数目对整体查询性能的影响；(3)对比测试 DISQ 方法与 IDSUD 方法的性能，其中 IDSUD 方法是基于本章中所提出的区间 Skyline 模型，对当前最优的分布式不确定 Skyline 查询方法 e-DUSD 改进后的查询方法；(4)测试了所提出的 DISQ 方法在不同的参数情形下的性能，其中涉及的参数包括区间数据集的规模、区间数据维度、局部节点数和概率阈值。

4.6.2　不同元组选择策略时的性能

由 4.5.2 小节中的讨论可知，对于所提出的迭代反馈查询策略，需要考虑的一个重要问题在于，在局部节点中如何选择最优的元组传送至协调节点 H。为此，在本节中专门测试了 4.5.2 小节中所提出的三种元组选择策略，即 Max-Temp 策略、Min-Rank 策略和 Max-Domin 策略对整体查询性能的影响。特别地，在实验中主要测试了三种元组选择策略对于不同的数据集规模 $\lvert D \rvert$、数据维度 d、局部节点数目 m 和概率阈值 q，在独立型区间数据集和反相关区间数据集上查询处理的性能，其实验测试结果分别如图 4.14 和图 4.15 所示。

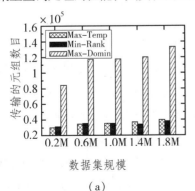

（a）

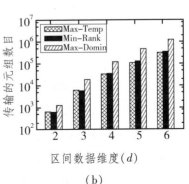

（b）

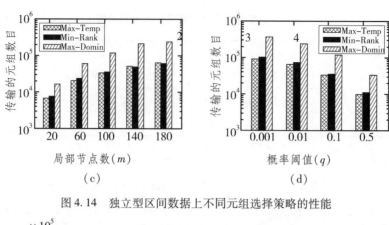

图 4.14 独立型区间数据上不同元组选择策略的性能

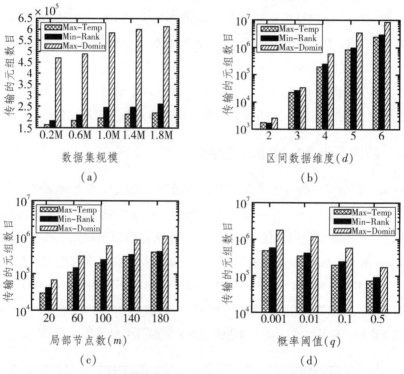

图 4.15 反相关区间数据上不同元组选择策略的性能

由图 4.14 和图 4.15 所示的测试结果可知，对于独立型区间数据集和反相关区间数据集，Max-Domin 策略的性能均劣于其他两种策略的性能。该实验结果与 HUANG 等人[112]论文研究中显示的 Max-Domin 策略的性能完全不同。产生该结果的主要原因在于，两种方法所针对的 Skyline 查询对象不同，从而造成查询的定义和优化策略的性能产生了巨大差异。在本章所研究的分布式区间 Skyline 查询中，相对于传统的分布式 Skyline 查询定义，区间元组的

Skyline 概率值并非主要依赖于元组的支配区域。此外，从实验结果中可以发现，Max-Temp 策略的性能在各种参数情形下均与 Min-Rank 策略相近，特别是对于独立型区间数据集。其主要原因可能在于，对于本章所研究的区间数据，RankScore 值或许能够真实地反映区间数据的支配能力。

然而，从总体上看也能够发现 Max-Temp 策略还是略优于 Min-Rank 策略。特别地，由实验结果可知，对于实验中的各种参数情形，在反相关区间数据集中 Max-Temp 策略的性能均优于 Min-Rank 策略。由此可知，这些更优的结果主要源于其使用了类似的方法累积计算 $P_{t\_sky}(t, D_i)$ 和 $P_{g\_sky}(t)$ 值。由于 Max-Temp 策略中的 $P_{t\_sky}(t, D_i)$ 值主要用于在局部节点处剪枝不可能成为全局 Skyline 的对象，可直接将其在协调节点 H 处用于选择元组。因此，若在 DISQ 方法中采用 $P_{t\_sky}(t, D_i)$ 值来选择元组，则不仅节省了选择元组的计算开销，而且可获得更优的查询处理性能。

因此，基于以上分析和实验测试结果所得出的结论，在 DISQ 方法中采用了 Max-Temp 策略，即选择临时区间 Skyline 概率值最大的元组传输至协调节点。在后续实验中，将选择此策略作为缺省策略进行实验测试。

4.6.3　不同元组传输数目时的性能

如 4.5.4 小节所述，在每次迭代处理的过程中，局部节点向协调节点发送多个元组或许对查询效率的提高有利。然而，这也带来了另一个问题，即每次需要传输多少个元组才能使方法的整体查询性能最优。为了探知元组传输数目对查询性能的影响，特别设计了多组实验来加以验证。

特别地，为了实现 DISQ 方法的多元组传输策略，在算法 4.6 的第 5 行，只需将其修改为"$t' \in D_L \wedge t' \neq t$ 且 t' 不来自 LS_i"即可。在本实验中，将每次传输的元组数目 k 由 1 逐渐增加至 71。在每次独立的实验中，除非局部节点中剩余的元组数小于 k，否则每个局部节点传输至协调节点的元组数目为固定的 k 个。若剩余元组小于 k，则发送全部剩余的元组。此外，每次传输的元组均为临时 Skyline 概率 $P_{t\_sky}(t, D_i)$ 最大的 k 个元组。实验测试的具体结果如图 4.16 所示。

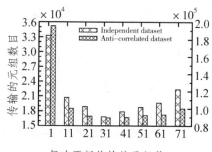

图 4.16　每次更新传输的元组数对查询性能的影响

由图 4.16 所示的测试结果可知，随着每次传输的元组数 k 的不断增大，查询所需的总的通信开销呈现出先变小再逐渐增大的现象，且该现象对于反相关区间数据集更为明显。产生该现象的主要原因在于，随着每次传输至协调节点 H 的元组数的不断增大，将有更多不可能成为全局 Skyline 的元组在 H 处被剪枝掉。然而，若每次传输的元组数过多，则同样会存在较多元组不能被剪枝掉，而其中不能被剪枝的多数对象需要在后续处理中再反馈至局部节点，这反而增加了查询的通信开销。此外，若更多的元组传送至协调节点 H，则 H 需要更多的内存开销和计算开销，这也容易在 H 处造成单点失效等性能瓶颈。因此，为了平衡总的通信开销和协调节点 H 处的资源消耗等因素，需要根据特定的应用选择一个合适的传输数目。由图 4.16 所示的结果中不难发现，当 k 取 31 或者 41 时，算法的查询性能较优。因此，在后续实验中，如无特别指出，将选择 31 作为缺省的传输数目进行实验测试。

4.6.4　不同查询方法性能对比测试

由于国内外尚无直接相关的研究来阐述和解决分布式区间 Skyline 查询问题，而 DING 等人[123]所研究的分布式概率 Skyline 查询方法是仅有的与本章工作相近的研究，且均采用了迭代反馈机制来处理分布式 Skyline 查询。因此，根据本章中所提出的区间 Skyline 查询建模方式，重新修改了 DING 等人[123]研究的 e-DSUD 方法，并将其命名为 IDSUD 方法。在本实验中，将通过直接与 IDSUD 方法相比，来分析本章中所提出的 DISQ 方法的整体查询处理性能。

IDSUD 方法采用 DING 等人[123]论文研究中给出的分布式框架处理分布式区间 Skyline 查询，且通过本章中所提出的区间 Skyline 模型计算元组的区间

Skyline 概率值。此外，在每次迭代处理的反馈阶段，IDSUD 方法中每个局部节点将局部区间 Skyline 概率值 $P_{sky}(t, D_i)$ 最大的元组 t' 传送至协调节点 H 作为反馈元组，并利用元组 t' 的更新的局部区间 Skyline 概率，即 $P_{sky}(t, D_i) \cdot [1 - P(t' < t)]$ 值来剪枝元组。

首先，在不同的合成区间数据集下，利用 IDSUD 方法和 DISQ 方法测试了各数据集中全局区间 Skyline 对象的数目，其测试结果如表 4.3 所示。

表 4.3　不同数据集下区间 Skyline 对象的数目

维度	正相关数据集	独立型数据集	反相关数据集
2	1	2	11
3	3	12	72
4	9	89	612
5	34	464	3 456
6	135	1 854	14 940

由表 4.3 所示的结果可知，正相关区间数据集对应的 Skyline 数目同样远小于独立型和反相关区间数据集对应的 Skyline 数目。分析其主要原因在于，对于正相关区间数据集中的两个元组，其支配概率远大于其他数据集中的元组。因此，根据公式(4.13)可知，在局部 Skyline 计算的过程中或者后续的迭代反馈过程中元组更容易被剪枝掉。为了更为清晰地对比分析所提出的方法的性能，在后续实验中仅评估其在独立型和反相关区间数据集下两种方法的性能。

其次，测试了以上两种方法在两种典型的合成区间数据集下，对于不同数据集规模时的查询处理性能，其具体结果如图 4.17 所示。

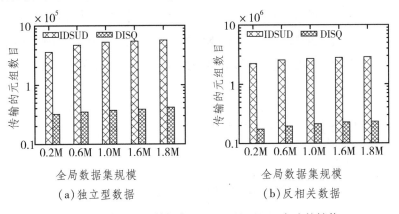

图 4.17　合成区间数据集上 DISQ 和 IDSUD 方法的性能

由图 4.17 所示的测试结果可知，随着全局区间数据集规模由 0.2M 增加至 1.8M，两种方法在查询处理过程中传输的元组数目均呈略微增加的趋势，然而其增加的幅度并不明显。由此可见，当数据集规模变大时，元组被剪枝的比例将相对更多，显然符合区间 Skyline 查询定义的特点。同时，由实验测试结果也可知，与 IDSUD 方法相比，DISQ 方法消耗的通信开销降低了超过一个数量级的幅度，这主要源于 DISQ 方法中更优的剪枝策略和高度优化的迭代反馈处理机制。

此外，实验中还对比了两种方法在真实区间数据集 Apartments 上的查询性能，其测试结果如图 4.18 所示。根据图 4.18 所示的测试结果可知，DISQ 方法在查询处理过程中传输的元组数目远远小于 IDSUD 方法，这与合成数据集上的测试结果类似。因此，该测试结果也表明了所提出的 DISQ 方法的查询处理性能更加高效。

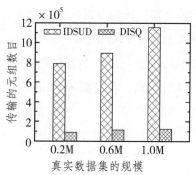

图 4.18　真实数据集上 DISQ 与 IDSUD 方法性能对比

综合上述实验测试结果可知，DING 等人[123] 所提出的方法并不适合于分布式区间 Skyline 查询，而 DISQ 方法由于其采用了多种针对分布式区间 Skyline 查询的优化策略，使得其整体性能较好。因此，在后续的实验测试中，将重点分析本章中所提出的优化策略的性能，并分析其在不同参数情形下的整体查询处理性能。

4.6.5　不同参数下方法的性能测试

在本节实验中，主要测试了 DISQ 方法在不同参数下的性能。实验中涉及的参数主要包括：全局数据集的规模、区间数据维度、局部节点数和概率阈值。同时，为了进一步分析协调节点中所采用的剪枝优化策略对整体查询性能的影响，在实验中专门测试了采用该优化策略时 DISQ 方法的性能，以及未采用该优化策略时 DISQ 方法的性能。特别地，为了便于描述，在后续实验描述中将前者称为 DISQ-E 方法，而将后者简称为 DISQ-B 方法。其中，DISQ-E 方法中采用了 4.5 节中所提出的所有优化策略；而与 DISQ-E 方法不同，DISQ-B 方法在协调节点剪枝和选择反馈元组时采用了 e-DSUD 方法中所使用的方式，即根据元组局部 Skyline 概率与其相对于其他局部数据集的相对局部 Skyline 概率的乘积值来进行剪枝和选择反馈元组。以下将对各种参数环境下的测试结果分别展开论述。

1. 数据集规模对性能的影响

图 4.19 中显示了将全局元组数目 $|D|$ 在 0.2M 和 1.8M 之间变化时，在独立型和反相关区间数据集下方法查询所需的总的通信开销。在以上两种方法中，传输的元组数均随着数据集规模的增大而增加，但是增加的幅度相对不明显。主要原因在于，数据集的规模越大，则在查询处理过程中需要对元组进行支配测试的数目越多。此外，在局部节点中元组数目越多，则其中元组被剪枝的可能性也越大，因为一个元组的区间 Skyline 概率值是通过公式(4.16)累积计算而获得的。

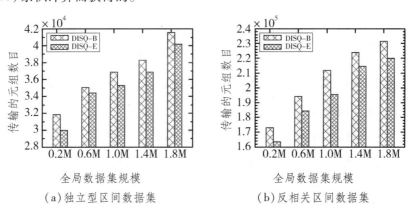

(a) 独立型区间数据集　　　　　(b) 反相关区间数据集

图 4.19　不同全局数据集规模时方法的性能

同时，从图 4.19 中可以较为明显地看出，无论是对于独立型区间数据集，还是反相关区间数据集，与 DISQ-B 方法相比，DISQ-E 方法所需的通信开销更小，从而进一步表明了 DISQ 方法中各种剪枝优化策略的有效性。

2. 数据维度数对性能的影响

为分析区间数据维度对查询性能的影响，实验中专门测试了当区间数据维度 d 由 2 增加至 6 时，两种方法查询所需的通信开销，其测试结果如图4.20 所示。

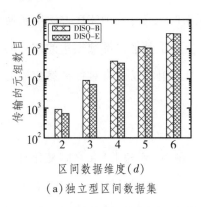 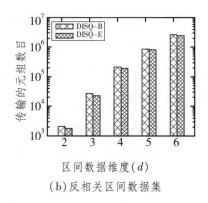

（a）独立型区间数据集　　　　　（b）反相关区间数据集

图 4.20　不同数据维度时方法的性能

由图4.20 中测试结果可知，无论是在独立型区间数据集，还是在反相关的区间数据集中，两种方法查询所消耗的总的通信开销随着数据维度的增大而逐渐增加。该现象其实是预期的测试结果，因为区间元组的维度越大，则元组之间支配的概率越小，所以最终的全局 Skyline 数目相对更多。同时，由图4.20 中测试结果可知，在两种区间数据集下，DISQ-E 方法查询消耗的通信开销远远小于 DISQ-B 方法。另外，由测试结果同样可知，在相同的参数配置下，反相关区间数据集对应的通信开销总是大于独立型区间数据集，这与集中式 Skyline 查询研究中的结论类似。

此外，由图4.20 所示的结果可知，尽管 DISQ-B 方法和 DISQ-E 方法在查询处理过程中传输的元组数目相差不大，然而仍可看出 DISQ-E 方法相对于 DISQ-B 方法所需的通信开销更小，对于独立型区间数据集其优势更为明显。

3. 局部节点数对性能的影响

为分析局部节点数对整体查询性能的影响，实验中专门测试了在不同局部节点数的情况下，两种查询方法的性能，其测试结果如图4.21 所示。

由图4.21 所示的测试结果可知，当局部节点数 m 由 20 增加至 180 时，在独立型和反相关区间数据集下，两种方法在查询过程中传输的元组数目呈不断增加的趋势。由于最终 Skyline 元组的总数目是由数据集自身决定的，这些元组均需要在协调节点 H 处传输，且其数目是固定的。因此，局部节点的数目越多，则传输相同数目的区间 Skyline 元组，其消耗的通信开销越大。此外，由实验测试结果可知，与 DISQ-B 方法相比，DISQ-E 方法所需的通信开销更小，这也表明了 DISQ 方法中优化剪枝策略的有效性和高效性。

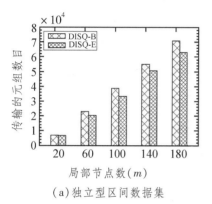 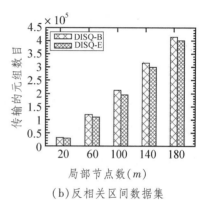

（a）独立型区间数据集　　　　　（b）反相关区间数据集

图 4.21　不同局部节点数时方法的性能

此外，在实验中还测试了在真实区间数据集 Apartments 上，局部节点数 m 对整体查询性能的影响，其测试结果如图 4.22 所示。由图中测试结果可知，随着局部节点数 m 由 20 增加至 180，两种方法查询所需的通信开销呈不断增加的趋势。此外，相对于 DISQ-B 方法而言，DISQ-E 方法查询所消耗的通信开销更少，这反映了本章中所提出的优化剪枝策略的有效性和高效性。

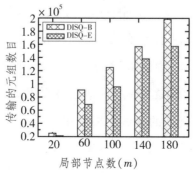

图 4.22　真实数据集上局部节点数对方法性能的影响

4. 概率阈值对性能的影响

为分析概率阈值对整体查询性能的影响，实验中专门测试了在不同概率阈值的情况下，两种查询方法的性能，其测试结果如图 4.23 所示。

由图 4.23 所示结果可知，随着概率阈值 q 的不断增大，无论对于独立型还是反相关区间数据集，DISQ-E 方法和 DISQ-B 方法需要传输的元组数均呈不断下降的趋势。该结果完全是预期的，因为概率阈值的变化会严重影响最终全局 Skyline 对象的总的数目。通常地，概率阈值越小，Skyline 结果的数目越大。主要原因在于，若元组 t 属于 q-Skyline 集合且 $q' \leq q$，则其必然属于 q'-Skyline 集合。因此，最终传输的区间 Skyline 元组数随着 q 值的不断增大而逐渐减小。此外，需要指出的是，以上两种方法的性能对于概率阈值的改变较为敏感，因为方法中剪枝策略均与概率阈值紧密相关，所以概率阈值的改变直接影响着查询过程中迭代剪枝的效率。

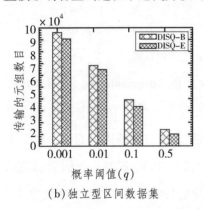

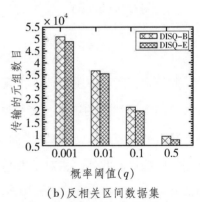

(b)独立型区间数据集　　　　　　　(b)反相关区间数据集

图 4.23　不同概率阈值时方法的性能

此外，通过实验测试了在真实数据集 Apartments 上，概率阈值 q 对以上两种方法查询性能的影响。由图 4.24 可知，随着 q 值的不断增大，两种方法执行查询所消耗的通信开销逐渐减少，表明概率阈值对于查询的通信开销较为敏感。此外，同样由查询的测试结果可知，相对于 DISQ-B 方法，DISQ-E 方法所消耗的通信开销更少，这与合成区间数据集上的测试结果类似。

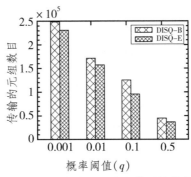

图 4.24　真实数据集上概率阈值对性能的影响

4.7　本章小结

　　针对已有的 Skyline 查询技术在分布式区间 Skyline 查询建模和查询效率方面不足的问题，本章中提出了一种基于迭代反馈的分布式区间 Skyline 查询方法 DISQ。在 DISQ 方法中，首先对区间 Skyline 查询问题进行了有效建模，并采用了一种四阶段的迭代反馈机制来优化查询处理。在迭代反馈处理过程中，各局部节点通过优化元组选择策略和元组传输数目，来改进整体查询处理的性能；同时，根据临时区间 Skyline 概率信息剪枝各局部区间数据集，以降低查询过程中传输的元组数目。对于协调节点，分别基于其所维护的优先队列中的候选元组信息，以及查询处理过程中被剪枝的历史元组信息，来剪枝并选择最优的候选元组进行反馈，从而提高查询处理的效率。大量合成区间数据集和真实区间数据集上的实验测试结果表明，相对于已有的分布式 Skyline 查询处理技术，DISQ 方法有效地解决了分布式区间 Skyline 查询的建模问题，不仅满足查询的正确性和渐进性，而且极大地减少了查询所需的通信开销。

第 5 章

基于窗口划分的分布并行 Skyline 查询模型

不确定数据流上的 Skyline 查询处理，作为当前大数据查询分析的一个重要方面，目前已受到研究者们的广泛关注。尽管近几年已有少数不确定数据流的 Skyline 查询方法被提出，然而这些方法主要关注于集中式环境，特别是单处理器环境下查询处理。该方式不仅严重限制了方法的可扩展性，而且难以满足查询的计算能力需求。高性能分布式计算环境(如云计算环境)的兴起和广泛使用，为解决复杂的不确定数据流的 Skyline 查询问题提供了良好的分布并行处理环境。分布并行 Skyline 查询不仅能够极大地减少查询处理的时间，而且能够有效地提高整个查询系统的灵活性和有效性，也是当前学术界研究的热点之一。然而，已有的各种分布并行处理模型如 MapReduce 及其各种改进版本，由于其自身结构的原因，均难以解决不确定数据流上的分布并行 Skyline 查询问题。为此，本章中提出了一种基于窗口划分的分布并行 Skyline 查询模型 WPS（window-partitioning based distributed parallel Skyline query model）。WPS 模型在逻辑上通过将全局滑动窗口划分为多个局部窗口，并利用一定的流数据映射策略将各局部窗口中的查询任务映射至各计算节点，实现了查询的分布并行处理；基于排队理论分析模型自适应地调整窗口滑动的粒度，保证了流数据不被溢出；根据滑动窗口的综合处理能力划分各局部窗口长度，较好地实现了各计算节点上的负载均衡。特别地，WPS 模型中实现了集中式、轮转式、分布式和角划分四种流数据映射策略，能够适应不同分布式计算环境和满足用户不同的查询处理需求。

5.1 引 言

近年来，不确定数据流广泛存在于诸如传感器网络、RFID 网络、数据清洗、在线购物、基于位置的服务和市场监控等众多实际应用中，使得对不确定数据流进行高效管理和分析具有极其重要的现实意义。由于 Skyline 查询操作在多目标决策支持和流数据监控等方面的重要作用，使得对不确定数据流进行 Skyline 查询成为当前数据库领域的一个研究热点。与传统静态数据集上的 Skyline 查询相比，不确定数据流上的 Skyline 查询主要存在着计算复杂性和数据流复杂性两个方面的挑战。其计算复杂性主要体现在：不确定数据流上的 Skyline 计算不仅需要检测对象之间的支配关系，而且需要计算对象的 Skyline 概率；显然其处理过程是 CPU 计算密集型的，需要较强的处理能力，且传统的优化查询策略均无法有效使用。数据流复杂性主要体现在：不确定流数据源源不断且快速到达，需要高效地对流数据进行及时处理，且其查询的对象集合是高度动态变化的流数据集合，导致传统静态数据集上的各种 Skyline 查询处理方法难以解决数据流上的 Skyline 查询问题。

虽然近年来已有少数不确定数据流上的 Skyline 查询方法被提出，然而这些方法主要关注于集中式环境，特别是单处理器环境下不确定数据流的 Skyline 查询。这不仅严重限制了算法的可扩展性，而且难以满足查询的计算能力需求，迫切需要研究一种高效的分布并行查询处理方法。当前诸如云计算等分布式计算环境的兴起和广泛运用，为分布并行处理不确定数据流上的 Skyline 查询提供了有利条件。特别地，目前已经出现了一些利用分布式计算环境并行处理 Skyline 查询的研究。在这些研究中，大多数基于当前一些已有的分布并行处理模型展开，最典型的如 MapReduce 模型及其各种改进版本。

然而，目前已有的分布并行 Skyline 查询研究主要针对静态确定性数据集上的并行 Skyline 查询处理，而难以解决不确定数据流上的分布并行 Skyline 查询问题。其主要原因在于：第一，这些分布并行处理模型或框架主要面向基于分布式文件系统的静态数据上的并行查询处理，而难以实现无文件系统支持的数据流的 Skyline 查询处理；第二，众多复杂查询中的任务难以直接采用分而治之的思想进行各自独立的处理，特别是对于不满足查询可加性的不确定 Skyline 查询操作；第三，不确定 Skyline 查询上的分布并行处理需要多个节点之间直接频繁地交互，甚至需要某些辅助节点的支持来优化处理，然而基于 MapReduce 的模型或框架则难以有效支持并行计算节点之间的频繁通信，如 Map 节点之间难以直接通信等。

此外，已有的确定性数据上的并行 Skyline 查询模型和方法，由于不确定 Skyline 查询操作与确定性 Skyline 查询操作的巨大差异性，使得其同样难以解决不确定数据流的并行 Skyline 查询问题。因此，迫切需要设计一种能够有效解决不确定数据流的分布并行 Skyline 查询模型。

针对已有的分布式计算环境中的分布并行处理模型（如 MapReduce）由于其自身结构的原因而难以支持不确定数据流的分布并行 Skyline 查询的问题，提出了一种基于窗口划分的分布并行查询模型 WPS。在 WPS 模型中，首先通过在逻辑上将全局滑动窗口划分为多个局部窗口，并将各局部窗口中的查询任务映射至各计算节点，从而有效地实现了多个计算节点的并行查询处理。同时为进一步优化查询处理过程，一方面，在利用排队论建模并分析流数据到达速率、数据流的处理速率以及缓存容量之间关系的基础上，自适应地调整滑动窗口的滑动粒度，保证了流数据不被溢出；另一方面，根据滑动窗口的综合处理能力来划分各计算节点上维护的局部窗口尺寸，实现了较好的负载均衡性能。

特别地，为了适应各种分布式计算环境和并行查询需求，在 WPS 模型中实现了四种流数据映射策略，即集中式映射策略 CMS（centralized mapping strategy）、轮转式映射策略 AMS（alternate mapping strategy）、分布式映射策略 DMS（distributed mapping strategy）和角划分映射策略 APS（angle-based partitioning mapping strategy）。在 CMS 策略中，监控节点将新到达的流数据映射至所有计算节点上，且各计算节点均存储着全局滑动窗口，因此在并行处理过程中各计算节点之间无须通信；该策略适合于带宽受限的分布式计算环境。在 AMS 策略中，监控节点以轮转的方式，依次按序填满各计算节点上维护的局部窗口；该策略无须维护全局滑动窗口，显著降低了内存存储开销和各局部窗口的动态变化性，适合高带宽的分布式计算环境。在 DMS 策略中，监控节点逐个交替地将新到达的流数据分别按序映射至各计算节点，其查询处理过程完全采用分布式的形式进行；该策略能够最大化并行处理的效率且能够实现较好的负载均衡。在 APS 策略中，监控节点根据计算节点的综合处理能力划分其管辖的角空间范围，并根据新到达流数据的角坐标确定其映射的计算节点；该策略通过强化数据之间的支配关系来提高查询效率，适合于高带宽的分布式计算环境且对负载均衡需求相对较弱的应用。

5.2　不确定数据流 Skyline 查询问题描述

本节主要介绍本章中涉及的一些基本概念，然后论述不确定数据流 Skyline 查询的相关定义以及本章研究的主要问题。

5.2.1　基本概念

1. 滑动窗口模型

由于数据流的无限到达特性与已有计算资源的有限性和查询处理的实时性需求之间的矛盾，使得在算法设计时必须考虑流数据的查询处理范围。特别地，在数据流查询处理研究中，通常将用户查询的对象聚焦于一定的窗口之中，即采用窗口模型来建模查询对象。根据用户所关心的窗口时序范围的不同，可将数据流的窗口模型分为界标模型（landmark model）、滑动窗口模型（sliding-window model）和快照模型（snapshot model）三种，其具体描述分别如下：

（1）界标模型：其查询范围从某一初始已知时间戳（如 s）到当前时间戳（假定为 n）范围内的数据，即 $\{D_s, \cdots, D_n\}$，该窗口模型中的数据集合随着流数据的不断到达而不断扩大；

（2）滑动窗口模型：其查询范围为数据流中最新的若干（假定为 W）个时间戳范围内的数据，即 $\{D_{\max(n-W+1,0)}, \cdots, D_n\}$，随着数据流的不断到达，滑动窗口模型中的数据在不断更新，然而窗口中数据集的大小不会发生变化；

（3）快照模型：其查询范围限制在两个预定义的时间戳（如 s 和 e）之间，窗口中的数据集合可表示为 $\{D_s, \cdots, D_e\}$，显然该段时间内的流数据是确定的。

在当前数据流的 Skyline 查询研究中，通常采用滑动窗口模型，即将查询的流数据元组始终聚焦于最近的固定时间戳范围内的流数据元组。通常地，目前主要存在两种基本的滑动窗口类型，即基于计数的滑动窗口和基于时间的滑动窗口。在基于计数的滑动窗口中，活跃的流数据的数目是固定的，所以当滑动窗口已满时，若有 r 个新的元组到达，则必有 r 个元组过期；在基于时间的滑动窗口中，活跃的元组数目不固定，而所有的活跃元组均由最近 T 时间内到达的流数据元组组成。

在本章中，主要研究针对基于计数的滑动窗口上不确定数据流的分布并行 Skyline 查询。如图 5.1 所示为一个典型的基于计数的滑动窗口示例。由图 5.1 可知，随着时间的推进，在每个流数据更新的过程中，对于某个流数据元组 e，其在新到达时的位置和过期时的位置总是满足关系 $e.\exp = e.\mathrm{arr} + N$，其中 N 为滑动窗口的尺寸。假定数据流中的元组按照先到先服务，即 first-in-first-out（FIFO）的方式进行依次处理，且最先到达的元组最先处理和过期。

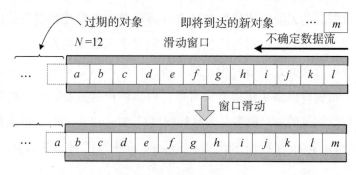

图 5.1　滑动窗口模型示例

本章研究的问题主要关注于增量（append-only）数据流模型，即在流数据过期前不存在元组被删除或者修改的现象。此外，为便于描述，本章中采用整数值并依据流数据的到达顺序标记各流数据的位置。特别地，流数据 e 在数据流中的到达次序采用整数 $\kappa(e)$ 标记，表示 e 为数据流中第 $\kappa(e)$ 个到达的元组。

尽管本章中主要关注于基于计数的滑动窗口，然而所提出的方法通过简单修改即可适应于基于时间的滑动窗口。为简化描述，本章中将整个数据流表示为 DS，且将 DS 中最近到达的 N 个元组记为 DS_N，其均属于滑动窗口 W 中的元组。

2. 基本查询定义

下面主要论述一些与不确定数据流上的 Skyline 查询相关的定义。为便于描述，本章中假定所有讨论的数据均以小为优。

定义 5.1（流数据支配）：对于任意两个具有 d 个确定性维度的流数据元

组 u 和 v，u 支配 v（标记为 $u \prec v$），当且仅当在所有维度 $1 \leqslant i \leqslant d$ 上，均满足 $u.i \leqslant v.i$，且至少存在某一维度 j，使得其满足 $u.j < v.j$。

需要特别指出的是，对于任意两个确定性的静态属性或者动态属性均可直接确定其支配关系。特别地，对于对象的静态属性，可根据其坐标值直接确定，而对于动态属性，则其值为元组的坐标值与给定的某个查询点的距离。在本章中，主要关注于不确定数据流上静态属性的 Skyline 查询。尽管如此，本章所提出的分布并行查询模型仍然能够很容易地扩展至动态属性的不确定 Skyline 查询中。例如，对于某个 2 维空间中的数据对象，可根据其与某个给定查询点的坐标值之差的绝对值作为其动态属性值。

由于不确定数据本身所固有的不确定性，使得对于不确定数据的 Skyline 查询难以直接给出精确的 Skyline 结果。通常地，数据的不确定性使得难以直接确定哪些对象为确切的 Skyline 流数据元组，但是可获得其成为 Skyline 对象的概率。

假定 DS_N^c 表示 DS_N 对应的确定性数据集合版本，即集合中的每个元组只有确定性的属性值而无存在概率。DS_N 的可能世界 W 是一组由 DS_N^c 中元组所组成的一个子序列，而可能世界 W 出现的概率为 $P(W) = \prod\limits_{a \in W} P(a) \cdot \prod\limits_{a \in W} [1 - P(a)]$。假定 Ω 表示所有可能世界实例的集合，则必然满足 $\sum\limits_{W \in \Omega} P(W) = 1$。同时，假定 $\mathrm{SKY}(W)$ 表示 W 中成为 Skyline 的可能世界实例的集合，则流数据元组 e 成为 Skyline 的可能世界的概率为 $P_{\mathrm{sky}}(e) = \sum\limits_{e \in \mathrm{SKY}(W), W \in \Omega} P(W)$。因此，对于滑动窗口 DS_N 中的元组 e，可给出如下与 ZHANG 等人[110]论文研究中类似的流数据 Skyline 概率的定义：

定义 5.2（流数据 Skyline 概率）：对于 DS_N 中的不确定流数据 e，其成为 Skyline 的概率可定义为：

$$P_{\mathrm{sky}}(e) = P(e) \cdot \prod_{a \in \mathrm{DS}_N, a \prec e} [1 - P(a)] \tag{5.1}$$

根据以上流数据的 Skyline 概率定义，可进一步对 DS_N 中元组的 q-Skyline 集合（表示为 $\mathrm{SKY}_{N,q}$）定义如下：

定义 5.3（流数据 q-Skyline 集合）：给定概率阈值 q，DS_N 中的 q-Skyline 集合定义为 DS_N 的一个子集，其中每个流数据元组成为 DS_N 中 Skyline 对象的概率均不小于概率阈值 q，即对于每一个 $\mathrm{SKY}_{N,q}$ 中的元组 e，均满

足 $P_{sky}(e) \geqslant q$。

5.2.2 问题描述

尽管在不少数据流应用中，流数据可能采用分布式的形式收集，然而本章中所关心的数据流的处理模型如图 5.2 所示，即主要关注于汇聚到达的集中式的不确定数据流，即流数据的来源可能由单个或者多个分布式数据流汇聚而成。在该处理模型中，尽管本章中所提出的分布并行处理模型能够支持即时查询和连续查询，然而主要目标还是在于处理连续查询。通常连续查询的执行方式包括立即执行和周期执行两种，本章中的研究主要关注于周期执行。

不确定数据流的诸如数据不确定性、需要实时响应、只允许单遍处理等，使得其上的 Skyline 查询面临严峻挑战。通过分布式集群或者云计算环境中的数据中心对海量密集型数据的分析和处理的需求，在近年来愈发受到重视。

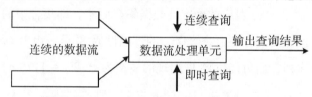

图 5.2　数据流的处理模型

因此，在本章中主要关注于利用高性能的分布式计算环境，如云计算数据中心环境，对不确定数据流进行分布并行 Skyline 查询处理。需要指出的是，与分布式 Skyline 查询目标不同，本章中研究的不确定数据流的分布并行 Skyline 查询处理的目标在于，在保证查询结果正确性的基础上，最小化查询处理的时间。特别地，由于数据流的 Skyline 查询旨在根据滑动窗口中的流数据变化进行查询更新，因此减少每次执行查询更新的时间即为本章所研究的分布并行查询模型的主要目标。此外，由于采用多个计算节点并行处理查询，所以可扩展性和负载均衡性也是在设计分布并行查询模型时需要考虑的重要目标。

基于上述讨论和 5.2.1 小节中的一些基本定义，可进一步将本章所要研究的不确定数据流的分布并行 Skyline 查询模型问题描述如下：

问题描述：对于一组不断集中到达的不确定数据流 DS，假定采用长度为

N 的滑动窗口 W 对其进行建模，且该窗口中的流数据元组的集合为 DS_N，研究一种基于高带宽的分布式计算环境（如数据中心环境）连续查询 DS_N 中 q-Skyline 对象集合的分布并行查询模型，且该模型不仅能够快速精确地返回 DS_N 中每次查询更新的 q-Skyline 结果，而且具有较好的可扩展性和负载均衡性能。

为便于描述，将本章中常用的符号及其含义归纳为表 5.1。

表 5.1　本章中涉及的常用符号及其含义

符号	含义
DS	包含一组连续流数据元组的不确定数据流
DS_N	包含 DS 中 N 个最近元组的数据流数目
W	不确定数据流 DS 对应的全局滑动窗口
$\mid W \mid$	滑动窗口 W 的窗口长度
W_i	节点 P_i 所维护的局部滑动窗口
$\kappa(e)$	数据流 DS 中第 $\kappa(e)$ 个到达的元组 e 的位置
$\mathrm{SKY}_{N,q}$	滑动窗口 W 中的 q-Skyline 集合
e_{new}	滑动窗口 W 中最新到达的流数据
e_{old}	滑动窗口 W 中过期的流数据
$P(e)$	流数据元组 e 的出现（或存在）概率
$P_d^j(e)$	流数据元组 e 对于滑动窗口 W_j 的支配概率
$P_{\mathrm{sky}}(e)$	流数据元组 e 对于滑动窗口 W 的 Skyline 概率

5.3　分布并行 Skyline 查询模型设计

在 WPS 模型的设计中，主要基于窗口划分的方式来分割全局窗口中的任务，从而实现多个计算节点的并行查询处理。特别地，流数据的映射策略是实现窗口划分的重要途径，而且直接影响着并行查询的具体处理方式。为此，在 WPS 模型中实现了多种流数据映射策略，以适应不同的分布式计算环境和查询处理需求。

5.3.1 全局滑动窗口划分

将对集中式不确定数据流上的 Skyline 查询转换为并行处理的方式，是本章研究分布并行查询模型的根本问题。为实现并行处理，需要有效地分配查询处理的任务，并协调各计算节点合作完成整个查询任务。由于不确定数据流上的 Skyline 查询，主要针对全局滑动窗口上的流数据进行，所以可将全局滑动窗口按照某种方式划分为多个局部滑动窗口，并将各个局部窗口上的流数据映射至各计算节点，从而实现多个计算节点的并行查询处理。在上述划分过程中，采用完全不重叠的划分方式，使得各计算节点能够独立地针对各自局部窗口中的数据展开计算。此外，由于不确定数据的 Skyline 查询操作不满足传统 Skyline 查询操作所具有的可加性，所以无法简单地采用类似于 MapReduce 模型中所采用的分而治之再合并计算的思想，而是需要多个计算节点之间相互通信协作来完成整个查询计算。

此外，在全局滑动窗口划分的过程中，还需要重点考虑两个方面的问题：第一，全局滑动窗口每次滑动更新的粒度；第二，各局部滑动窗口所划分的尺寸。针对第一个问题，WPS 模型基于排队理论建模分析流数据的到达速率、处理速率和缓存容量之间的关系，采用了自适应地调整窗口滑动粒度的策略。针对第二个问题，WPS 模型根据各计算节点的综合处理能力来划分其所维护的局部滑动窗口的长度，以尽可能地实现各计算节点上的负载均衡。

5.3.2 流数据的映射策略

在上述基于窗口划分的并行查询处理过程中，最为重要的是采用何种流数据的映射策略来实现滑动窗口的逻辑划分。简而言之，即采用何种方式来确定将新到达的流数据发送至具体哪个计算节点。流数据的映射策略不仅影响着数据在各计算节点上的放置位置，而且直接影响着分布并行查询处理的具体实现过程。

因此，为适应不同分布式计算环境和满足用户不同的查询处理需求，本章中深入研究了新到达流数据的映射策略问题，并提出了四种当前典型的流数据映射策略，即集中式策略 CMS、轮转式策略 AMS、分布式策略 DMS 和角划分策略 APS。在 CMS 策略中，流数据被映射至所有计算节点上，且各计算节点均维护着全局滑动窗口，因此计算节点之间无须通信便可完成查询任务。在 AMS 策略中，监控节点以轮转的方式依次按序填满各个计算节点上的局部窗口，在一段时间内单个计算节点专门负责新到达流数据的 Skyline 计算任务，其查询过程中涉及计算节点间频繁地交互过程。在 DMS 策略中，监控节点逐个交替地将流数据按序映射至各计算节点，其查询完全采用分布式的形式进行，以充分发挥各计算节点的处理能力。在 APS 策略中，监控节点根据计算节点的综合处理能力划分其管辖的角空间范围，并根据流数据的角坐标确定其映射的计算节点。

5.4　基于窗口划分的分布并行查询模型

WPS 模型主要通过滑动窗口划分的形式，基于计算节点的综合处理能力均衡地分配查询任务，以实现多个计算节点的分布并行查询处理。在分布并行查询模型研究中，主要涉及三个方面的研究内容：第一，研究 WPS 模型所采用的分布并行处理架构；第二，研究每次查询更新时滑动窗口滑动的粒度调整问题；第三，研究通过合理地划分各计算节点上局部滑动窗口的尺寸来实现负载均衡的问题。

5.4.1　分布并行查询模型的架构

由于流数据以集中的方式到达监控节点 M，为了实现不确定数据流上的分布并行 Skyline 查询处理，首先需要解决的问题是如何将集中式的查询转化为并行查询处理的方式。通常地，将集中式处理过程转换为并行查询过程主要有两种实现方式，即基于数据划分的方式和任务划分的方式。在设计分布并行查询模型时需要充分考虑以上两种实现方式。第一，通过将整个查询任务划分成多个子任务或者查询处理阶段，并将这些处理的子过程分别赋予查询模型中的一个处理阶段。第二，在各个处理阶段，可进一步根据数据划分，将每个阶段上的处理任务分别赋予多个计算节点，从而使得其能够将整个大数据集上的查询计算任务由多个计算节点并行处理完成。因此，对于各个处理阶段上的计算节点，只需共同完成其所属的本处理阶段的查询处理任务即可。

基于上述思想，本章中首先提出了如图 5.3 所示的针对数据流查询的分布并行查询处理框架。在该框架中，共包含了多个查询处理阶段，而在每个处理阶段均包括映射层和汇聚层两个层次。特别地，在查询处理过程中，并行查询所划分的阶段数通常由用户根据查询需求来定制。在各处理阶段，上一阶段的计算节点能够与下一阶段的计算节点直接通信，并通过一定的映射策略建立上、下阶段计算节点之间的联系。对于每个处理阶段中的映射层和汇聚层，上、下层节点之间的映射关系由并行处理算法决定，而同一层的计算节点之间能够直接相互通信。

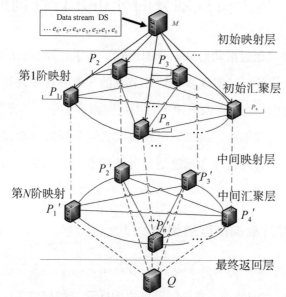

图 5.3　数据流的通用分布并行查询处理框架

在该分布并行查询处理框架中，主要包括以下五种类型的层次结构：

（1）初始映射层：该层负责将初始收集到的流数据按照某种流数据映射策略发送至初始的汇聚层，通常该层需要执行一些初始化任务；

（2）初始汇聚层：该层主要负责对初始映射层所发送的流数据进行初始阶

段的处理，并将初始处理的结果传递至下一层；

（3）中间映射层：该层负责将初始汇聚层所处理的中间结果映射至中间汇聚层中的计算节点；

（4）中间汇聚层：该层负责对中间映射层发送的中间结果做进一步的处理；

（5）最终返回层：该层主要负责收集查询的最终结果，并将其返回给用户。

通常地，对于众多数据流上的查询处理，只需考虑单一阶段的处理即可，然而在某些复杂的算法设计中，则需要考虑多个阶段的并行处理。特别地，基于上述数据流的分布并行查询处理框架，本章中提出了一种基于窗口划分的不确定数据流的分布并行 Skyline 查询模型 WPS。在该模型中，只需考虑单个阶段的处理过程，其分布并行处理所采用的网络架构如图 5.4 所示。

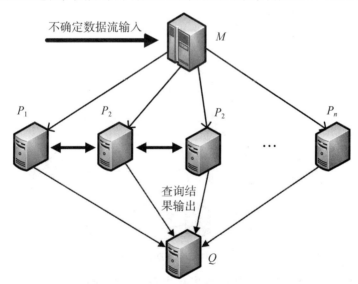

图 5.4　WPS 模型的网络架构

由图 5.4 可知，在 WPS 模型的网络架构中主要存在三种类型的节点：

（1）监控节点（M）：该节点负责发送新到达的流数据至多个参与并行处理的计算节点 $P_i(1 \leqslant i \leqslant n)$，以及协调计算节点之间的查询计算等；

（2）计算节点（P_i）：该节点负责参与执行与计算相关的任务，如计算新到达元组的 Skyline 概率和数据到达或者过期而导致的 Skyline 概率更新等；

(3)查询节点(Q)：该节点负责不断地收集各计算节点所返回的 Skyline 查询结果，并将其呈现给用户。

在 WPS 分布并行查询模型中，将大型的全局滑动窗口 W 划分为多个局部滑动窗口 $W_i(1 \leqslant i \leqslant n)$，同时将这些局部滑动窗口上的查询计算任务分配至多个计算节点 $P_i(1 \leqslant i \leqslant n)$上。因此，在该模型中每个计算节点上处理的局部窗口实际上为整个全局滑动窗口的一个有效划分，其窗口划分示例如图 5.5 所示。

由以上划分策略可知，其划分必然满足 $W = \bigcup\limits_{i=1}^{n} W_i$ 和 $W_i \cap W_j = \varnothing (i \neq j)$。因此，可将整个全局滑动窗口上的处理任务完全无重复地分派至各个计算节点 $P_i(1 \leqslant i \leqslant n)$上，而每个计算节点 P_i 上维护着一个局部滑动窗口 W_i，并在监控节点 M 的协调处理下，完成对不确定数据流的并行 Skyline 查询处理任务。

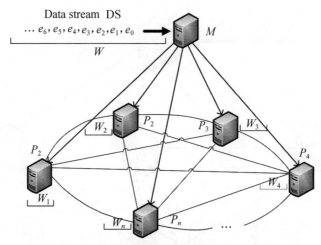

图 5.5　WPS 模型中滑动窗口划分示例

在该模型中，监控节点 M 负责将每次新到达的流数据按照一定的流数据映射策略将其发送至某个计算节点。当各计算节点接收到新到达的流数据后，将根据新到达的流数据(如 e_{new})和过期的流数据(如 e_{old})进行 Skyline 概率的更新计算。在该查询处理过程中，主要包括两种类型的计算任务：第一，计算新到达流数据 e_{new} 的 Skyline 概率；第二，各计算节点均根据 e_{new} 和 e_{old} 对其所维护的局部滑动窗口中的流元组进行 Skyline 概率更新。当以上计算过程均完成之后，各计算节点均将更新后 Skyline 概率大于用户给定阈值的元组返回

至查询节点 Q。同时，监控节点发送下一个新到达的流数据元组，进行新一轮的查询更新处理过程。特别地，在上述处理过程中，流数据的映射策略至关重要，它不仅影响流数据的分发过程，而且会对整个处理的计算方式产生重大影响。

5.4.2　窗口滑动粒度自适应调整

在数据流上的 Skyline 查询中，一个需要重点关注和考虑的问题是滑动窗口更新的粒度，即滑动窗口每次更新时所滑动的流数据数目。由于流数据的到达速率在不同的应用、不同的时刻通常是不一样的，所以有必要分析流数据更新的粒度与流数据到达速率和缓存容量之间的关系，以适应不同的流数据应用，从而在保证流数据不被溢出的情形下，实现及时并行查询处理的目标。

为解决此问题，可将其建模为一个排队系统中的问题。假定不确定数据流的到达过程为一个参数为 $\lambda(>0)$ 的泊松过程，即流数据到达的时间间隔序列 $\{\tau_n, n \geq 1\}$ 是独立的，且服从参数为 λ 的负指数分布 $F(t) = 1 - \mathrm{e}^{-\lambda t}$，$t \geq 0$。此外，每个流数据的服务时间序列 $\{x_n, n \geq 1\}$ 同样是独立的，且服从负指数分布 $G(t) = 1 - \mathrm{e}^{-\mu t}$，$t \geq 0$。同时，假定仅存在一个服务节点（即对应分布并行查询模型中的监控节点），流数据的到达过程和服务过程相互独立。因此，该问题可建模为 $M/M/1/\infty$ 排队系统中的一个参数优化问题。

假定 $\rho = \lambda/\mu$，根据 $M/M/1/\infty$ 排队系统的结论，在稳态状态下（即 $\rho < 1$），平均队列长度 $\bar{N}$ 为：

$$\bar{N} = E[N] = \sum_{j=0}^{\infty} j \cdot p_j = \frac{\rho}{1-\rho} \tag{5.2}$$

同样，等待队列的平均长度为：

$$\bar{N}_q = \sum_{j=1}^{\infty} j \cdot p_{j+1} = \frac{\rho^2}{1-\rho}, \ \rho < 1 \tag{5.3}$$

定理 5.1： 在稳态（$\rho < 1$）情形下，流数据的等待时间 $W_q(t) = P W_q \leq t$ 所满足的分布函数为：

$$W_q(t) = 1 - \rho \cdot \mathrm{e}^{-\mu(1-\rho)t}, \ t \geq 0 \tag{5.4}$$

而平均等待时间 $\bar{W}_q$ 为：

$$\bar{W}_q = E[W_q] = \frac{\rho}{\mu(1-\rho)}, \ \rho < 1 \tag{5.5}$$

假定用于维护滑动窗口的最大的等待队列长度为 L，若需保证队列不溢出，则需要满足以下条件：

$$\bar{N}_q = \frac{\rho^2}{1-\rho} < L \tag{5.6}$$

假定 $\mu(>0)$ 表示每个单元时间的平均服务率，即服务队列的处理速率，由于 $\rho = \lambda/\mu$，则可得：

$$\rho = \frac{\lambda}{\mu} < \frac{\sqrt{L^2 + 4L} - L}{2} \tag{5.7}$$

因此，可进一步得出如下结果：

$$\mu > \frac{2\lambda}{\sqrt{L^2 + 4L} - L} \tag{5.8}$$

由上述推理公式可知，为了保证流数据不被溢出，需要根据最大的滑动窗口长度和流数据的到达速率，自适应地选择计算节点的数目 n 和滑动窗口的粒度 m。为了便于描述，在前面所述的各种分布并行查询模型中，仅考虑一次更新仅有一个流数据到达，然而可较为容易地将其转换为对一批新到达的流数据进行查询更新处理。特别地，可将新到达的多个元组保存在缓存中，然后当新到达的流数据数目满足公式(5.8)的条件时处理查询更新。特别地，在后续的实验中，专门测试了在不同的滑动粒度下的分布并行查询模型的性能。

尽管在众多已有的数据流 Skyline 查询研究中，通常假定流数据每次更新滑动的粒度为 1，即到达一个流数据即触发一次查询更新，而忽略更新粒度对查询效率的影响。其主要原因在于，这些查询研究主要关注于查询处理效率，而非从系统的角度考虑查询处理过程，其通常假定缓存空间足够大，即流数据不会发生溢出。然而，在 WPS 分布并行查询模型中，充分考虑了更新粒度的问题。特别地，在实际查询过程中，若用户不特别指出具体的更新粒度值，将采用本节中所提出的优化策略自适应地调整每次更新时窗口滑动的粒度。

5.4.3　计算节点的负载均衡优化

在 WPS 模型中，由于多个计算节点共同参与流数据的查询处理，而各计算节点的处理能力往往存在较大差异。因此，在 WPS 模型中需要重点考虑的一个问题是如何确定每个局部滑动窗口所划分的尺寸，以有效地解决所有计算节点上的负载均衡问题。特别地，为了达到此目标，可将整个全局滑动窗口根据每个计算节点的综合处理能力进行均衡地划分。通常地，各计算节点的综合处理能力涉及计算节点的 CPU 处理能力、存储能力和网络带宽等多个相关参数。

由于每个计算节点可能在其上运行了多种其他的应用或者服务，则每个计算节点剩余的资源在不同的时刻通常是不断变化的。因此，可通过抽样一组不同规模的静态数据集，并测试其在这些数据集上的查询处理速率来评估各计算节点的综合处理能力。在此基础上，依据各计算节点的综合处理能力确定其所维护的局部滑动窗口的尺寸，从而尽可能地实现负载均衡的目标。本章中所提出的面向负载均衡的滑动窗口划分算法如图 5.6 所示。

算法 5.1 面向负载均衡的滑动窗口划分算法

输入 全局滑动窗口 $|W|$ 的长度；总的计算节点数目 n

输出 每个局部滑动窗口的长度 $|W_i|$ $(1 \leqslant i \leqslant m)$

1 随机产生 m 组符合均匀分布的不同规模的不确定数据集 S_1，S_2，$\cdots$，S_m；

2 各计算节点测试针对以上数据集上的 Skyline 查询所需的时间 t_1，t_2，$\cdots$，t_m；

3 各计算节点计算并获得处理速率为 $v_i = |S_i|/t_i$，$(i = 1, 2, \cdots, m)$；

4 各计算节点连续抽样并计算 l 次，获得平均处理速率为 $\bar{v}_i = (v_{i1} + v_{i2} + \cdots + v_{il})/l$ $(i = 1, 2, \cdots, m)$；

5 **foreach** 计算节点 $i(1 \leqslant i \leqslant n)$ **do**

6   计算总体平均处理速率 $v_i' = (\bar{v}_1 + \bar{v}_2 + \cdots + \bar{v}_n)/n$；

7   计算总体能力权重为 $w_i = (v_1' + v_2' + \cdots + v_n')/n$；

8   获得局部滑动窗口的长度为 $|W_i| = w_i \cdot |W|$；

图 5.6 面向负载均衡的滑动窗口划分算法

在面向负载均衡的滑动窗口划分算法中，首先，抽样一组不同规模的不确定数据集并测试各计算节点针对这些数据集的查询处理能力，且该处理能力可通过计算查询处理的速率(如算法第 3 行)来衡量。其次，通过计算多次测试的平均时间值来获得每个计算节点的平均速率(如算法第 4 行)。在此基础上,可进一步获得各计算节点的总体平均处理速率(如算法第 6 行),并根据各计算节点的总体能力权重赋予其所维护的局部窗口不同的尺寸(如算法第 7 ~ 8 行)。

5.5　基于不同映射策略的分布并行查询模型

不同的数据流映射策略会产生不同的滑动窗口划分方式,从而使得其基于 WPS 模型的并行处理过程各不相同。特别地,为了适应不同的分布式计算环境和满足用户不同的查询处理需求,在 WPS 模型中实现了四种不同的流数据映射策略,包括集中式映射策略 CMS、轮转式映射策略 AMS、分布式映射策略模型和角划分映射策略 APS。为便于描述,将基于上述四种映射策略的分布并行查询模型分别简称为集中式并行查询模型 CPM(centralized parallel query model)、轮转式并行查询模型 APM(alternate parallel query model)、分布式并行查询模型 DPM(distributed parallel query model)和角划分并行查询模型 PPM(angle-based partitioning parallel query model)。

5.5.1　集中式并行查询模型

如图 5.7 所示,在集中式并行查询模型 CPM 中,监控节点 M 直接与所有的计算节点相连,而所有的计算节点之间无须通信。各计算节点独立地执行 Skyline 查询计算,并将计算更新后的查询结果直接发送至查询节点 Q。

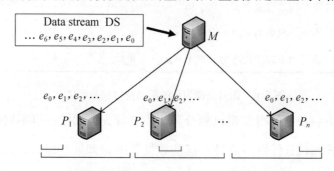

图 5.7　集中式并行查询模型 CPM 映射示例

此外，监控节点 M 直接将流数据传输至每个计算节点 $P_i(1 \leqslant i \leqslant n)$。同时，每个计算节点 P_i 接收新的流数据，并维护一个全局滑动窗口 W 和一个局部滑动窗口 W_i，其中 $W = \bigcup_{i=1}^{n} W_i$ 且 $W_i \cap W_j = \varnothing (i \neq j)$。因此，每个计算节点可对其所维护的局部滑动窗口中的元组根据公式(5.1)计算全局 Skyline 概率。在实际查询过程中，只需根据如下公式更新局部滑动窗口中活跃的流数据的 Skyline 概率即可：

$$P_{\text{sky}}(e) = \begin{cases} P_{\text{sky}}(e) * [1 - P(e_{\text{new}})], & \text{if } e_{\text{new}} < e \\ P_{\text{sky}}(e)/[1 - P(e_{\text{old}})], & \text{if } e_{\text{old}} < e \end{cases} \tag{5.9}$$

此外，由于每个计算节点中均维护着全局滑动窗口，所以各计算节点可直接根据以下公式计算新到达流数据 e_{new} 的 Skyline 概率：

$$P_{\text{sky}}(e_{\text{new}}) = P(e_{\text{new}}) \cdot \prod_{e \in W, e < e_{\text{new}}} [1 - P(e)] \tag{5.10}$$

在持续监控 Skyline 集合之前，CPM 模型需要进行如下初始化工作：M 通知所有的计算节点全局滑动窗口长度为 W，且 P_i 维护的局部滑动窗口 W_i 的具体区间为 $[|W_{i-1}| + 1, |W_i|]$。假定初始化工作已经完成且全局滑动窗口 W 已满，则利用 CPM 模型并行处理不确定数据流 Skyline 查询的过程可归纳为如图 5.8 所示。

算法 5. 2　基于 CPM 模型的分布并行 Skyline 查询处理算法

1　**While**（新的流数据 e_{new} 到达监控节点 M）**do**

2　　　M 将 e_{new} 传输至所有计算节点 $P_i(1 \leqslant i \leqslant n)$；

3　　　**foreach** 计算节点 $P_i(1 \leqslant i \leqslant n)$ **do**

4　　　　　$W = W + e_{\text{new}} - e_{\text{old}}$；

5　　　　　**if** $(\kappa(e_{\text{new}}) \% |W| \in [|W_{i-1}| + 1, |W_i|])$ **then**

6　　　　　　　$W_i = W_i + e_{\text{new}} - e_{\text{old}}$；

7　　　　　　　P_i 根据公式(5.10)计算 W 中 $P_{\text{sky}}(e_{\text{new}})$ 值；

8　　　　　　　根据公式(5.9)更新 W_i 中所有元组的 Skyline 概率；

9　　　　　　　返回 W_i 中满足 $P_{\text{sky}}(e) \geqslant q$ 的所有元组并将其传送至查询节点 Q；

图 5.8　基于 CPM 模型的并行 Skyline 查询处理算法

通过上述描述可知，CPM 模型具有较好的可扩展性，即更多的计算节点用于查询处理，则全局滑动窗口划分数目越多，所以查询中所涉及的密集型计算任务可通过更多计算节点并行执行。因此，该模型能够有效地解决大型滑动窗口上不确定数据流的 Skyline 查询问题。由于该模型中的计算节点之间无须通信，所以其适用于带宽受限的分布式计算环境。然而，该模型需要大量的内存资源来维护全局滑动窗口。因此，为了解决此问题，提出了以下三种分布并行查询模型，即轮转式并行查询模型 APM、分布式并行查询模型 DPM 和角划分并行查询模型 PPM。

5.5.2　轮转式并行查询模型

如图 5.9 所示，在 APM 并行查询模型中，监控节点 M 直接与所有其他的计算节点相连，且所有计算节点之间可相互通信。此外，每个计算节点 P_i($1 \leqslant i \leqslant n$)仅需维护一个局部滑动窗口 W_i，且其满足条件 $W = \bigcup\limits_{i=1}^{n} W_i$ 和 $W_i \cap W_j = \varnothing$($i \neq j$)。

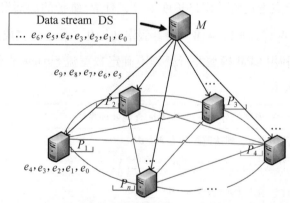

图 5.9　交替式并行查询模型 APM 映射示例

在本模型中，监控节点 M 首先将新到达的流数据元组 e_{new} 发送至某个计算节点(如 P_i)，该计算节点负责计算 e_{new} 的全局 Skyline 概率，并在后续的查询更新过程中对其进行维护。然后，P_i 将 e_{new} 传输至所有其他的计算节点，以获得各局部窗口对 e_{new} 的支配概率值 $P_d^j(e_{new})$($1 \leqslant j \leqslant n$, $j \neq i$)，且该值可通过以下公式计算获得：

$$P_d^j(e_{new}) = \prod_{e_i \in W_j, e_i < e_{new}} \left[1 - P(e_i) \right] \tag{5.11}$$

因此，当从所有的计算节点获得支配概率后，计算节点 P_i 可直接根据以下公式计算新到达元组 e_{new} 的 Skyline 概率：

$$P_{sky}(e_{new}) = P(e_{new}) \cdot \prod_{j=1}^{n} P_d^j(e_{new}) \qquad (5.12)$$

与此同时，存储着最旧流数据的计算节点 P_i，将过期的元组传输至所有其他的计算节点。因此，其他的各计算节点可根据过期节点对其维护的滑动窗口中的元组进行 Skyline 概率更新。在接收到所有的 $P_d^j(e_{new})$（$1 \leq j \leq n$，$j \neq i$）值之后，P_i 聚集这些结果以获得最新流数据 e_{new} 的全局 Skyline 概率。至此，对于 e_{new} 的更新工作已经完成。然后，连续执行上述处理过程，直至 P_i 中所维护的元组数目等于局部滑动窗口 $|W_i|$ 的长度。之后，监控节点 M 传输新到达的元组至计算节点 $P_{(i+1)\%n}$，且迭代执行上述类似于 P_i 的操作。如图 5.10 所示为 APM 模型的滑动窗口划分示例。

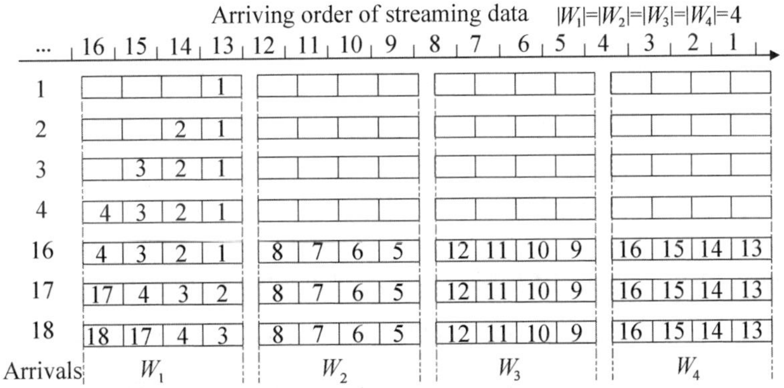

图 5.10　基于 APM 模型的滑动窗口划分示例

与前面所述的 CPM 模型相同，假定并行查询处理的初始化工作已经完成，且全局滑动窗口 W 已满，则基于 APM 模型连续并行处理不确定数据流上 Skyline 查询的过程可归纳为图 5.11 所示。

算法 5.3　基于 APM 模型的并行 Skyline 查询处理算法

1　　**while**（新的流数据 e_{new} 到达监控节点 M）**do**

2　　　**if**($\kappa(e_{new})\% |W| \in [|W_{i-1}| + 1, |W_i|]$, $2 \leq i \leq n$) **do**

3　　　　M 将 e_{new} 传输至计算节点 P_i；

4　　　　$W_i = W_i + e_{new} - e_{old}$；

5　　　　P_i 发送 e_{new} 及 e_{old} 至所有其他计算节点

6　　　　**foreach** 计算节点 P_j($1 \leq j \leq n$) **do**

7	计算元组 e_{new} 的支配概率 $P_d^j(e_{\text{new}})$，然后将其传输至计算节点 P_i 若 $j \neq i$；
8	根据公式(5.9)更新局部滑动窗口 W_j 中的 Skyline 概率
9	返回 W_j 中所有满足条件 $P_{\text{sky}}(e) \geq q$ 的元组并将其发送至查询节点 Q；
10	P_i 汇集所有返回的值并根据公式(5.12)计算 $P_{\text{sky}}(e_{\text{new}})$ 值；
11	若新到达的元组满足条件 $P_{\text{sky}}(e_{\text{new}}) \geq q$，则将其返回至查询节点 Q；

图 5.11　基于 APM 模型的并行 Skyline 查询处理算法

通过上述分析可知，由于该模型需要计算节点之间进行频繁的通信，所以其适合于高带宽的分布式计算环境。同时，由于流数据以轮转的形式依次完全更新各计算节点上的局部窗口，使得在相对较长的时间范围内局部窗口中的流数据保持不变(除所映射的窗口外)，从而有效地降低了各局部窗口的动态变化性。这不仅有利于优化查询过程中的通信过程，而且降低了对各局部节点上运行的其他应用或服务的影响；同时，也为研究基于编码的容错并行查询处理技术提供了便利。

5.5.3　分布式并行查询模型

如图 5.12 所示，DPM 模型与 APM 模型在结构上较为相似，不同之处在于两个模型中所采用的特定的流数据映射规则不同。在 APM 模型中，监控节点 M 连续地将到达的流数据元组传送至某个计算节点，直至该节点的局部滑动窗口更新完毕才将其传送至下一个计算节点。然而，在 DPM 模型中监控节点 M 将新到达的流数据逐个交替地在所有的计算节点之间传输。

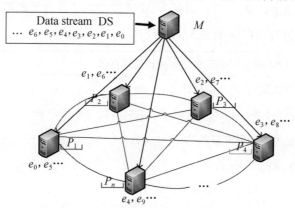

图 5.12　分布式并行查询模型 DPM 映射示例

为了更为清晰地阐述 DPM 模型的滑动窗口划分策略，将通过一个如图 5.13 所示的具体实例对其划分的过程进行详细论述。由图 5.13 可知，假定系统中存在四个计算节点参与并行计算，全局滑动窗口的尺寸为 16，且每个计算节点上维护的局部窗口中均包含四个元组。监控节点 M 首先将 e_1 传输至计算节点 P_1，然后将 e_2 传输至 P_2，接着 e_3 传输至 P_3，以后的数据映射过程均按此方式进行。当流数据 e_{18} 到达后，各局部窗口中所包含的流数据如图 5.13 所示。

特别地，在 DPM 模型中，若某个计算节点 P_i 的滑动窗口已满且其接收到新到达的流数据 e_{new}，则 P_i 将 e_{new} 和过期的元组 e_{old} 发送至所有其他的计算节点 $P_j(1 \leqslant j \leqslant n)(j \neq i)$。在接收到来自计算节点 P_i 的元组之后，P_j 计算 e_{new} 相对于局部滑动窗口 W_j 的支配概率值 $P_d^j(e_{new})$，然后将计算的结果发送至计算节点 P_i。同时，P_j 对其所维护的局部滑动窗口 W_j 中元组的 Skyline 概率根据 e_{new} 和 e_{old} 进行更新，并将更新后 Skyline 概率大于用户给定的概率阈值的元组发送至查询节点 Q。此外，对于新到达流数据 e_{new} 所映射的计算节点 P_i，当其接收到来自所有其他计算节点发送的支配概率值 $P_d^j(e_{new})(1 \leqslant j \leqslant n, j \neq i)$ 之后，即可直接根据公式(5.12)计算新到达元组 e_{new} 的全局 Skyline 概率。

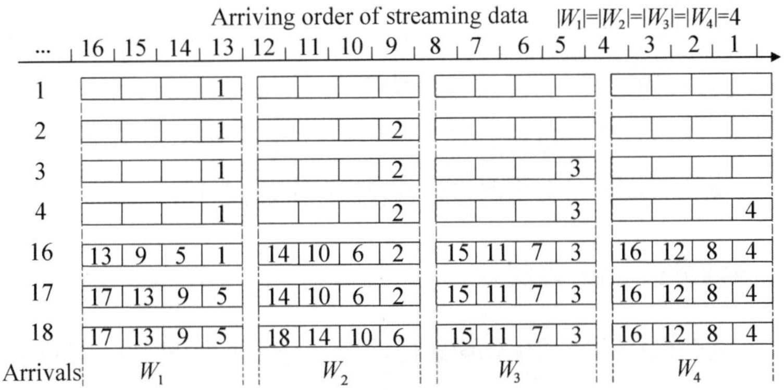

Arriving order of streaming data　$|W_1|=|W_2|=|W_3|=|W_4|=4$

Arrivals	16	15	14	13	12	11	10	9	8	7	6	5	4	3	2	1
1				1												
2				1				2								
3				1				2				3				
4				1				2				3				4
16	13	9	5	1	14	10	6	2	15	11	7	3	16	12	8	4
17	17	13	9	5	14	10	6	2	15	11	7	3	16	12	8	4
18	17	13	9	5	18	14	10	6	15	11	7	3	16	12	8	4
	W_1				W_2				W_3				W_4			

图 5.13　基于 DPM 模型的滑动窗口划分示例

类似地，与论述 CPM 模型类似，假定初始化过程完成且全局滑动窗口 W 已满，则基于 DPM 模型的不确定数据流上的 Skyline 查询过程可描述为图 5.14 所示。

算法 5.4　基于 DPM 模型的并行 Skyline 查询处理算法

1	**while**（新的流数据 e_{new} 到达监控节点 M）**do**
2	$t = (i+1) \% n (1 \leqslant i \leqslant n)$；
3	M 将 e_{new} 传输至计算节点 P_t；
4	$W_i = W_i + e_{new} - e_{old}$；
5	P_i 发送 e_{new} 及 e_{old} 至所有其他计算节点；
6	**foreach** 计算节点 $P_i (1 \leqslant i \leqslant n)$ **do**
7	计算 e_{new} 的支配概率值 $P_d^i(e_{new})$ 并将其传送给计算节点 P_t；
8	根据公式 (5.9) 更新 W_i 所有流数据的 Skyline 概率；
9	返回 W_i 中所有 Skyline 概率满足条件 $P_{sky}(e) \geqslant q$ 的元组至查询节点 Q；
10	P_t 汇集所有计算节点返回的支配概率值并根据公式 (5.10) 计算 $P_{sky}(e_{new})$ 值；
11	若 $P_{sky}(e_{new}) \geqslant q$，则返回 e_{new} 至查询节点 Q；

图 5.14　基于 DPM 查询模型的并行 Skyline 查询处理算法

根据上述描述和分析可知，DPM 模型的可扩展性远较 APM 模型强，由于其无须维护全局滑动窗口，使得其内存消耗远远小于 CPM 模型。DPM 模型通过逐个交替地将流数据按序映射至各计算节点，最大化地开发了各计算节点的处理并行处理效率且具有非常好的负载均衡性。然而，该模型在查询处理过程中需要计算节点之间进行频繁的通信，且各局部窗口中的数据动态变化性较强。可见，该模型适合于网络带宽较高的分布式计算环境。

5.5.4　角划分并行查询模型

角空间划分已成为当前优化确定性数据上分布并行 Skyline 查询的常用策略之一，目前已被证明是一种能够有效地改进并行 Skyline 查询处理性能的策略。因此，本章中将其引入至不确定数据流的分布并行 Skyline 查询处理中。特别地，由于不确定数据具有概率维度，所以此处的角划分主要是针对不确定流数据中的确定性属性值进行划分，其空间划分的基本思想如图 5.15 所示。

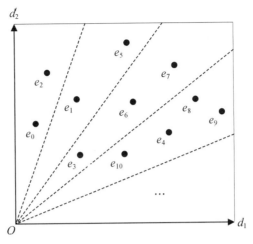

图 5.15　角空间划分示例

由图 5.15 可知，整个数据空间按照角度被划分为多个互不重叠的区域，对于任何流数据均能找到其所属的角空间区域。该划分策略的优势主要包括两个方面：第一，由于各区域中的数据之间的支配关系更加明显，所以在支配比较的过程中能够确定更多的元组被支配，从而可有效地提高过滤非 q-Skyline 元组的能力；第二，采用此策略可以不用如其他三种策略那样按序控制流数据的映射，便能达到较好的负载均衡性能。同样，KÖHLER 等人[143]的论文研究中已经证明了该划分策略对于以上两个方面，均较其他的划分策略（典型的如网格划分）更优，特别是对于反相关类型的数据。因此，研究基于角划分策略的并行 Skyline 查询模型具有重要意义。

在 PPS 模型中，每个计算节点负责维护一个角空间范围内的流数据，而该角空间的范围区间大小取决于各计算节点的综合处理能力。例如，假定计算节点 P_i 的角空间范围为 $[\alpha, \beta]$，而计算节点 P_{i+1} 的角空间范围为 $[\beta, \gamma]$。当监控节点 M 接收到新到达的流数据 e_{new} 后，首先计算 e_{new} 的空间角坐标，然后将其映射至其所属的角空间中。例如，经过计算可知 e_{new} 的角坐标值在区间 $[\beta, \gamma]$ 之内，则将 e_{new} 映射至计算节点 P_{i+1}。通过上述分析可知，所有到达的流数据均通过计算其角坐标，并刺探各计算节点负责的角空间范围来进行映射。该映射策略易导致各个计算节点上映射的流数据元组的数目可能不同，且其映射的元组编号无特定规律，如图 5.16 所示为基于角划分的并行查询模型 PPM 映射的一个典型示例。

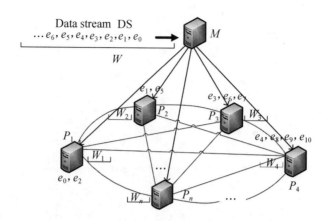

图 5.16　角划分并行查询模型 PPM 映射示例

　　特别地，本章中对于流数据元组的角坐标映射过程采用了 VLACHOU 等人[106]所提出的方法。该方法主要包括两个计算过程：第一，将流数据确定性属性的坐标值，即笛卡尔空间坐标（cartesian coordinate），映射至一个超球面空间（hyperspherical space）中；第二，将数据空间按照角坐标值划分为多个区间扇面。特别地，假定在一个 n 维数据空间中，不确定流数据 e 的确定性属性可表示为 $e_c = \{d_1,\ d_2,\ \cdots,\ d_n\}$，其中 d_i 表示 e 的第 i 个维度上的确定性属性值，则 e_c 可映射至一个半径为 r 和 $n-1$ 维角坐标向量 $\{\varphi_1,\ \varphi_2,\ \cdots,\ \varphi_{n-1}\}$ 的超球面空间中，其中各项参数分别为：

$$r = \sqrt{d_1^2 + d_2^2 + \cdots + d_n^2}$$

$$\tan(\varphi_1) = \frac{\sqrt{d_2^2 + \cdots + d_{n-1}^2 + d_n^2}}{d_1}$$

$$\cdots$$

$$\tan(\varphi_{n-2}) = \frac{\sqrt{d_{n-1}^2 + d_n^2}}{d_{n-2}}$$

$$\tan(\varphi_{n-1}) = \frac{\sqrt{d_n^2}}{d_{n-1}}$$

　　在以上计算的基础上，将确定性属性的数据空间根据角坐标值划分为多个扇面区间。例如，对于如图 5.15 所示的二维数据空间，若一个流数据其确定性属性为 $e_c = (x,\ y)$，则其相应参数可表示为：

$$r = \sqrt{x^2 + y^2}, \qquad \tan(\varphi) = \frac{y}{x}$$

基于 PPM 模型的流处理过程可简单描述为：当接收到新到达的流数据 e_{new} 后，监控节点 M 首先计算其角坐标并确定 e_{new} 的所属区域，以及负责该区域的计算节点 P_i，从而将 e_{new} 发送至 M。与 DPM 模型不同，由于接收到 e_{new} 的计算节点 P_i，其上并不一定有过期的元组。因此，在监控节点 M 处，需要专门记录其所收到的每个元组映射的具体计算节点，从而能够快速地发现过期元组所在的计算节点，以便于过期节点将过期元组发送至其他计算节点进行元组的 Skyline 概率更新。除此之外，其他的处理过程与 DPM 模型类似，其具体处理流程如图 5.17 所示。

算法 5.5　基于 PPM 模型的并行 Skyline 查询处理算法

1　**while**（新的流数据 e_{new} 到达监控节点 M）**do**

2　　M 计算 e_{new} 的角空间坐标值并确定其所示计算节点 P_t；

3　　M 将 e_{new} 发送至计算节点 P_t 并通知有过期数据的节点 P_{old}；

4　　P_t 发送 e_{new} 至其他计算节点；

5　　P_{old} 发送 e_{old} 至其他计算节点；

6　　**foreach** 计算节点 $P_i (1 \leqslant i \leqslant n)$ **do**

7　　　　计算 e_{new} 的支配概率值 $P_d^i(e_{new})$ 并将其传送给计算节点 P_t；

8　　　　根据公式 (5.9) 更新其窗口 W_i 中所有流数据的 Skyline 概率；

9　　　　返回 W_i 中所有 Skyline 概率满足条件 $P_{sky}(e) \geqslant q$ 的元组至查询节点 Q；

10　　　P_t 汇集所有计算节点返回的支配概率值并根据公式 (5.10) 计算 $P_{sky}(e_{new})$ 值；

11　　　若 $P_{sky}(e_{new}) \geqslant q$，则返回 e_{new} 至查询节点 Q；

图 5.17　基于 DPM 查询模型的并行 Skyline 查询处理算法

通过上述描述和分析可知，角划分策略根据流数据的角坐标确定其映射的计算节点，能够通过强化流数据之间的支配关系来提高查询处理的效率，适合于高带宽环境且对负载均衡需求相对较弱的查询应用。

通过以上分析可知，集中式并行查询模型采用集中处理的形式，导致其整体处理效率相对较低，而其他三种模型均采用分布处理的形式，使得其在计算效率上更高。然而，集中式并行查询模型的通信开销却最低。假定传送一个流数据元组的通信开销为 c_i，传送一个计算结果的值为 c_v，而计算节点的数目为 n，且忽略将更新后的查询结果返回查询节点 Q 的通信开销，因为在各种模型中计算出的最终的全局 Skyline 个数均相同，所以其涉及的数据传输的通信开销相同。基于以上假设可定量地确定 CPM 模型更新 N 次的开销为 $N \cdot n \cdot c_i$，而其他三种分布并行查询模型的通信开销均为 $N[n \cdot c_i + (n-1) \cdot c_v]$。显然，CPM 模型的通信开销更低。

5.6 实验测试与分析

5.6.1 实验环境设置

本章中涉及的所有实验均部署在一个实际的数据中心环境中，该系统包括 48 台物理节点，分为三个集群，且所有的物理节点均为同构的机器，配有双核 2.6 GHz Xeon CPU、4 GB 内存、1TB 硬盘和千兆网卡。此外，每台物理机上均配置了两台虚拟机，且每台虚拟机实际对应本章所提出的系统中的一个计算节点。实验中基于 WPS 模型实现了一个完整的原型系统，以支持不确定数据流上分布并行 Skyline 查询计算。特别地，该系统和本章中所有的算法均采用 Java 实现，并运行于 CentOS 操作系统上。在本章的所有实验中，每次运行实验 5 次并取测试结果的平均值。

本章中的实验采用了由合成数据和真实数据生成的不确定流数据进行实验测试。对于合成数据主要包括独立型合成数据和反相关合成数据，这也是当前数据流 Skyline 查询研究中最为公认的合成测试数据集，其具体描述如图 3.8 所示。真实数据采用了关于 NBA 球员的数据集，其中包含了多个球员在不同时期的比赛数据。此外，为了向以上数据中加入不确定性，实验中使用正态分布的数据产生方式随机地为每个元组分配出现（或存在）概率，且正态分布的均值 μ 为 0.7，标准方差 σ 为 0.3。为便于描述，将以上合成数据和真实数据生成的不确定数据流，简称为合成流数据和真实流数据。

在本章涉及的实验中，主要测试评估了所提出的分布并行查询模型在不同的窗口滑动粒度 m（即每次更新的元组数目）、全局滑动窗口长度 $|W|$、计算节点数目 n，以及流数据维度 d 情形下的查询性能，且该性能主要通过每

次查询更新所消耗的时间来衡量。此外，还对基于各种流数据映射策略的分布并行查询模型的负载均衡性能进行了对比测试和分析。需要特别指出的是，此处所述的数据维度 d 是指不包括存在概率这一维的确定性属性的维度数。表 5.2 中归纳了实验中所涉及的主要相关参数以及相应的取值，如无特别指出表中粗体显示的数值即为缺省的参数值。

表 5.2　实验中涉及的相关参数及其取值

符号	值
m	10^0、10^1、$\mathbf{10^2}$、10^3
$\mid W \mid$	0.1M、0.5M、**1M**、2M、5M
n	1、2、**4**、8、16
d	2、3、**4**、5、6

5.6.2　窗口滑动粒度对性能的影响

由于流数据是连续到达的，且有时流数据每次批量到达，所以有必要测试当每次查询更新需要处理多个流数据时的性能。尽管在实际应用中，滑动窗口的更新粒度与用户具体的查询需求有关，且在当前已有的数据流 Skyline 查询研究中通常将其设定为 1，即新到达一个流数据即进行一次更新处理。然而，为了评估滑动窗口每次窗口滑动粒度对所提出模型性能的影响，专门对不同窗口滑动粒度的性能进行了测试。实验中将窗口滑动的粒度 m 由 1 按指数级逐渐增加至 10^3，其合成流数据和真实流数据上的实验测试结果分别如图 5.18 和图 5.19 所示。

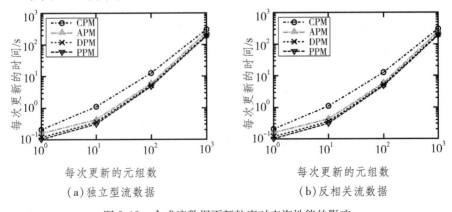

（a）独立型流数据　　　　　　　（b）反相关流数据

图 5.18　合成流数据更新粒度对查询性能的影响

由图 5.18 中测试结果可知，无论对于合成流数据还是真实流数据，随着

m 值的逐渐增大，每次查询更新所消耗的时间不断增大。产生该现象的主要原因在于，当新到达的流数据数目越多，其每次需要考查的流数据元组更多，导致其更新和计算需要更多的时间开销。然而尽管如此，仍然能够发现其增长的时间开销并非随着 m 的增大而呈线性增长。其主要原因可能在于，当 m 值较小时，在分布并行处理过程中，通信延迟所占的比例相对较大，使得其通信延迟相对增加。

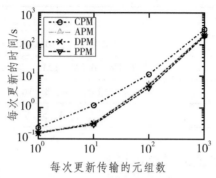

图 5.19　真实流数据上更新粒度对查询性能的影响

另外，由图 5.18 和图 5.19 同样可知，DPM 模型和 APM 模型的性能较为接近，其主要原因在于两者采用了类似的分布处理方式。PPM 模型在四种策略之中，性能相对更优。此外，CPM 模型的查询效率相对最差，其主要原因在于：对于新到达流数据的 Skyline 概率计算，其主要依靠单个计算节点计算获得，而在其他模型中该概率计算是通过多个计算节点并行计算获得，显然其计算效率相对更低，尤其是对于高维的数据类型。然而，在计算节点之间网络通信环境较差的环境下，CPM 模型则是一种最优的模型，因为该模型无须计算节点之间相互通信。为了更为明显地评估和分析四种分布并行查询模型的性能，在后续实验中将选择 100 作为缺省的更新粒度值进行各项实验测试。

此外，由图 5.18 可知，四种查询模型在两种合成流数据中测试的结果非常接近，其主要原因在于：在各种模型中，计算新到达流数据的 Skyline 概率和更新已有流数据的 Skyline 概率，均基于元组间的完全支配测试进行。由于本章中所提出的模型主要关注于并行处理，其进一步优化查询的策略，如利用索引结构或者其他各种优化的剪枝技术等，均是未来研究的主要工作。因此，在后续实验中，直接使用独立型流数据和真实流数据来测试所提出的各种模型和算法的性能。

5.6.3　全局窗口长度对性能的影响

为了评估不同的全局滑动窗口长度 | W | 对模型查询性能的影响，实验中将 | W | 从 0.1M 增加至 5M，以测试四种分布并行查询模型的查询处理性能。此外，由于实验中每个计算节点的配置几乎相同，所以每个计算节点上划分的窗口长度相同，即均为 | W_i | = | W | $/n(1 \leqslant i \leqslant n)$，以使得各个计算节点上的负载尽量均衡。对于不同的滑动窗口长度，四种模型的查询处理性能如图 5.20 所示。

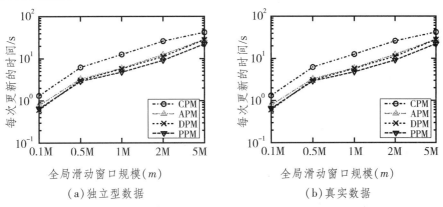

（a）独立型数据　　　　　　　　　（b）真实数据

图 5.20　全局滑动窗口长度对查询性能的影响

由图 5.20 所示的测试结果可知，随着全局滑动窗口长度由 0.1M 增加至 5M，四种模型对应的每次更新的时间在总体上均呈现出不断增加的趋势。产生该结果的主要原因在于：随着全局滑动窗口长度的增加，每个计算节点中需要维护的流数据数目越多，所以其涉及的计算开销，包括对已有元组的 Skyline 概率更新和计算新到达流数据的 Skyline 概率等，显然会有所增加。与5.6.2 小节中的测试结果类似，DPM、APM 和 PPM 模型的整体查询性能均优于 CPM 模型，其主要原因在于：对于新到达的流数据，前三种模型在计算新到达流数据的 Skyline 概率时，可利用多个计算节点并行计算，而非如 CPM 模型中仅采用单个计算节点进行计算。

5.6.4　计算节点数目对性能的影响

为了评估各种分布并行查询模型的可扩展性，实验中在独立型流数据和真实流数据上，分别测试了在不同计算节点数目时各种分布并行查询模型的性能，其实验结果分别如图 5.21 和图 5.22 所示。

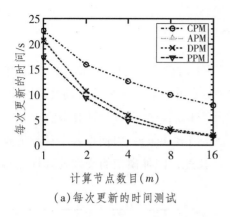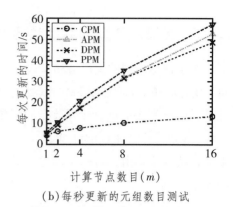

（a）每次更新的时间测试　　　　（b）每秒更新的元组数目测试

图 5.21　独立型流数据上计算节点数对查询性能的影响

由图 5.21（a）和图 5.22（a）所示的测试结果可知，在每个分布并行查询模型中，其每次更新的时间随着计算节点数目由 1 增加至 16 而不断降低。实验结果足以证明，用于并行处理的计算节点数越多，其更新效率越高，尤其是对于大型滑动窗口上的 Skyline 查询而言。因此，该测试结果可证明所提出的模型具有较好的可扩展性，可用于不确定数据流上的分布并行 Skyline 查询。实际上，该模型中的单个节点处理即为当前集中式的处理方法，通过该实验可发现利用多个计算节点并行执行查询，确实能够显著提高不确定流 Skyline 查询处理的效率。

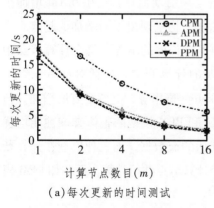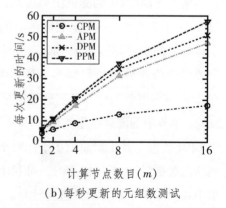

（a）每次更新的时间测试　　　　（b）每秒更新的元组数测试

图 5.22　真实流数据上计算节点数对查询性能的影响

此外，由图 5.21（b）和图 5.22（b）中可知，所有分布并行查询模型的处理速率，即每秒更新的元组数目，随着计算节点数目的增加而不断增大。然而，其增长速率与计算节点数的增加相比则相对缓慢。主要原因在于：每个计算节点所维护的局部滑动窗口的长度，随着计算节点数目的增加而逐渐下降；

尽管每个计算节点的计算开销成比例地降低了，然而查询所需的通信开销却显著增加了；此外，参与并行处理的计算节点越多，则在查询过程中同步等待的时间相对更长，显然也影响了分布并行查询模型的性能。由实验测试结果可知，在四种分布并行查询模型中，DPM 模型和 PPM 模型的查询性能相对更优。

5.6.5　流数据的维度对性能的影响

为了测试流数据维度对不同模型查询性能的影响，实验中专门针对独立型流数据和真实流数据，分别测试了流数据维度由 2 增加至 6 时四种模型的查询性能，其实验测试结果如图 5.23 所示。

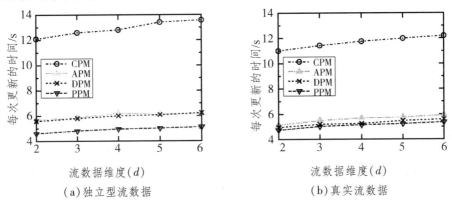

图 5.23　流数据维度对查询性能的影响

由图 5.23 可知，所有模型的查询性能均随着数据维度的不断增加而缓慢降低。表明三种模型的处理效率均对维度的增加不敏感。其主要原因在于，尽管随着流数据维度的增加其计算开销会缓慢增加，然而由于其计算过程分散于多个计算节点之上，使得与集中式查询处理方式相比，其每次更新计算增加的时间并不明显。因此，与已有的集中式流数据的 Skyline 查询方法相比，本章所提出的分布并行查询模型能够更好地适应于多维不确定数据流的查询处理。

此外，综合以上测试结果可知，PPM 模型的总体性能较其他两种模型更优，特别是对于独立型流数据。产生该结果的主要原因在于，在 PPM 模型中由于其采用了基于角划分的策略，使得对于独立型的流数据其支配关系较其他三种策略更加显著，使得其剪枝效率相对更高，从而减少了查询更新的总体时间。

5.6.6　计算节点负载均衡性能测试

为了分析所提出并行查询模型的负载均衡性能，实验中使用了 10 个计算节点来实现不确定数据流的分布并行 Skyline 查询处理，且通过为每个虚拟机配置不同的计算资源而使得各计算节点具有不同的综合处理能力。根据 5.5.2 小节中所述的负载均衡优化策略可知，实现负载均衡的关键在于：根据每个计算节点的综合能力为每个局节点分配局部滑动窗口长度，而每个节点的总体查询处理速率可通过其在抽样数据集上的查询处理性能来进行衡量。

在本实验中，共抽取了规模为 1M、10M 和 100M 的三种独立型数据集，然后通过获得对此三个数据集的总体处理速率来得到各计算节点总体处理能力的权重，以进一步确定各个局部滑动窗口的长度。在本实验中，独立型流数据的维度设为 4，全局滑动窗口的长度设为 5M，更新粒度为 10^2，且计算节点的数目为 10。

表 5.3 中给出了四种查询模型在 10 个计算节点上分别执行单次 Skyline 计算更新所需的平均时间(单位为 s)。需要特别指出的是，对于 PPM 模型，由于其采用了基于角划分的映射策略，所以无法为其分配固定长度的局部滑动窗口，而只能根据各计算节点的处理能力对角空间进行划分。因此，在 PPM 模型中，根据所测得的能力权重值分配各计算节点所管辖的角空间范围，而非指定固定的局部窗口长度。从表中所示结果可知，本章中所提出的算法使得各计算节点能够达到较好的负载均衡。由此可见，在算法 5.1 中，监控节点根据每个计算节点的综合处理能力公平地分配局部窗口长度，使得并行查询能够得到较好的负载均衡性能。

表 5.3　负载均衡性能测试结果

计算节点 ID	1	2	3	4	5	6	7	8	9	10
能力权重	0.022	0.041	0.062	0.083	0.096	0.105	0.115	0.134	0.163	0.179
局部窗口长度	0.25	0.35	0.38	0.46	0.42	0.44	0.54	0.70	0.40	0.64
CPM	17.32	18.03	17.89	17.37	17.44	18.39	18.52	17.61	17.25	17.99
APM	11.87	11.57	12.29	12.23	11.98	12.45	12.01	11.76	11.65	11.58
DPM	11.11	11.91	11.42	12.03	11.57	11.78	12.34	11.45	11.09	11.89
PPM	10.88	11.53	10.53	10.32	10.34	11.44	11.22	11.31	10.45	10.43

5.7　本　章　小　结

针对已有的分布并行查询模型（如 MapReduce 模型）由于其自身结构的原因而难以支持不确定数据流的分布并行 Skyline 查询的问题，本章中提出了一种基于窗口划分的分布并行查询模型 WPS。在 WPS 模型中，通过将全局滑动窗口划分为多个局部窗口，实现了多个计算节点的并行查询处理。同时，为进一步优化查询处理过程，一方面，在利用排队论建模分析流数据的到达速率、处理速率以及缓存容量之间关系的基础上，自适应地调整滑动窗口的滑动粒度，保证了查询处理过程中流数据不被溢出；另一方面，根据各计算节点的综合处理能力来划分其上所维护的局部窗口长度，较好地实现了各计算节点上的负载均衡。

特别地，为了适应各种分布式计算环境和查询需求，在 WPS 模型中基于四种流数据映射策略实现了四种分布并行查询模型，即集中式并行查询模型 CPM、轮转式并行查询模型 APM、分布式并行查询模型 DPM 和角划分并行查询模型 PPM。在 CPM 模型中，新到达的流数据被映射至所有的计算节点上，且各计算节点均维护着全局滑动窗口，因此在并行处理过程中各计算节点之间无须通信，该模型适合于带宽受限的分布式计算环境。在 APM 模型中，监控节点以轮转的方式依次按序地更新完各个计算节点上所维护的局部窗口，能够降低各局部窗口的动态变化性且适合于高带宽的分布式计算环境。在 DPM 模型中，监控节点逐个交替地将新到达的流数据按序映射至各计算节点，查询处理的过程采用完全分布式的形式进行，能够最大化并行处理的效率且具有相对最优的负载均衡性。在 PPM 模型中，监控节点根据计算节点的综合处理能力划分其管辖的角空间范围，并根据新到达的流数据的角坐标确定其映射的计算节点；该模型能够通过强化流数据之间的支配关系来提高查询效率，适合于高带宽的分布式计算环境且对负载均衡需求相对较弱的查询应用。大量合成流数据和真实流数据上的实验测试结果表明，与已有方法相比，基于 WPS 模型实现的分布并行 Skyline 查询方法的处理效率显著提高，且对于不同的滑动窗口更新粒度、流数据维度和滑动窗口长度，能够维持较好的查询处理效率和保证较优的负载均衡性能。

第 6 章

基于两级优化的分布并行 Skyline 查询方法

当前在诸如传感器网络、无线射频识别（RFID）网络、数据清洗、在线购物、基于位置的服务（LBS）、网络流量分析、GPS 系统和微观经济学分析等不确定数据流应用中，Skyline 查询为决策制定、数据分析和环境监控等提供了重要依据和手段。作为大数据处理的一个重要方面，复杂不确定数据流上的 Skyline 查询处理已成为当前数据库领域的一个研究热点。然而，已有的不确定数据流 Skyline 查询方法采用集中式的查询处理方式，使得其在计算能力和可扩展性等方面存在严重不足，导致其难以有效地解决高吞吐率数据流环境下对大规模滑动窗口进行快速 Skyline 查询的问题。因此，为了实现不确定数据流的高效 Skyline 查询处理，本章中提出了一种基于两级优化的分布并行 Skyline 查询方法 PSS（two-level optimization based distributed parallel Skyline query scheme）。在 PSS 方法中，基于窗口划分的 WPS 模型实现了有效的分布并行查询处理框架，并通过新到达流数据的映射策略来优化计算节点之间的组织关系，极大地减少了各计算节点所维护的元组之间的支配测试次数，从而提高了分布并行计算的效率；同时，在各计算节点内部采用网格索引结构来优化支配关系测试与概率更新计算，提高了各计算节点内部查询计算的效率，从而有效地提高了整体并行查询处理的效率。

6.1 引　言

不确定数据流上的 Skyline 查询，作为不确定数据管理的一个重要方面，在当前众多实际应用中发挥着重要作用。典型地，例如在采用雷达网络监控恶劣天气的应用中，大量的气象数据源源不断地采集并流入实时处理系统，以预测如龙卷风和恶劣风暴等天气。在海啸监控应用中，通过部署大量的海洋浮标，源源不断地收集来自海洋的监控数据，并通过对这些数据的 Skyline 查询分析，实时地监控海洋环境的异常并及时发出预警信号。在上述应用中，由于诸如数据随机性、不完整性、测量设备的精度限制、数据更新或传输的延迟和丢失、隐私保护和人为误操作等各种因素的存在，使得众多数据流应用中产生的流数据存在着不确定性。由于不确定数据流的 Skyline 查询，兼具数据流的高度动态、持续到达、需要及时处理和无限容量等特点，以及流数据不确定性所引起的查询复杂性等特征，使得当前研究不确定数据流的 Skyline 查询处理面临严峻挑战。一方面，在不确定数据流的 Skyline 查询中，其计算过程不仅涉及大量的流元组之间的支配关系测试，而且需要频繁地更新计算元组成为 Skyline 的概率。因此，传统的剪枝策略难以甚至无法用于不确定数据查询的剪枝过程中，并且其计算量更大，需要更为强大的处理能力。另一方面，在某些数据流应用中，流数据的到达速率较传统的流数据应用更大，比如单个雷达节点产生的速率可达 200 Mb/s。这些高速产生流数据的应用，对及时甚至实时的流查询处理提出了新的挑战。然而，对于这些复杂的不确定数据流，当用户关心的滑动窗口尺寸较大时，目前仅有的集中式不确定数据流 Skyline 查询方法均难以满足查询处理的需求。

随着云计算、多核处理环境以及其他并行处理环境的发展和广泛运用，并行 Skyline 查询为大数据分析提供了新的思路。实际上，确定性数据上的并行 Skyline 查询研究，近年来已经受到了学术界的广泛关注。然而，已有的这些方法确定性数据上的并行 Skyline 查询方法均难以有效地处理不确定数据上的 Skyline 查询，更无法处理不确定数据流上的 Skyline 查询。其主要原因在于，已有的这些方法均只能解决满足查询可加性的静态确定性数据集上的 Skyline 查询，而不确定数据上的 Skyline 查询则不满足查询的可加性。

为此，本章中深入研究了不确定数据流上的并行 Skyline 计算问题。针对已有的不确定数据流 Skyline 查询方法难以解决高吞吐率数据流环境下对大规模滑动窗口进行快速 Skyline 查询的问题，提出了一种基于两级优化的分布并行 Skyline 查询方法 PSS。在 PSS 方法中，采用基于窗口划分的 WPS 模型实现了有效的分布并行 Skyline 查询处理框架；在此基础上，利用计算节点之间以及计算节点内部的两级优化处理，实现了不确定数据流的高效并行 Skyline 查询处理。特别地，采用特定的流数据映射策略对计算节点进行组织以建立各计算节点之间的支配关系，从而减少了各计算节点所维护的元组之间的支配测试次数；同时采用基于 Z-order 曲线的网格索引结构来优化各计算节点内部的计算，有效地改进了计算节点内部的计算效率，从而提高了整体并行查询处理的性能。

6.2　分布并行 Skyline 查询问题描述

本节主要介绍本章中涉及的一些基本概念，然后介绍不确定数据流并行 Skyline 查询的定义和本章研究所需要解决的主要问题。

6.2.1　基本概念

本章中研究的不确定数据流上的 Skyline 查询，主要关注于基于计数的滑动窗口上的连续 Skyline 查询，且主要针对增量（append-only）数据流模型，即在流数据过期前不存在元组被删除或者修改的现象。不确定数据流中的元组按照先到先服务，即 first-in-first-out（FIFO）的方式进行处理，且最先到的元组最先过期。此外，本章中采用整数值并依据流数据的到达顺序标记各流数据的位置。特别地，流数据 e 在数据流中的到达次序采用整数 $\kappa(e)$ 标记，表示 e 为数据流中第 $\kappa(e)$ 个到达的元组。同时，为便于描述，将整个不确定数据流表示为 DS，且将 DS 中最近到达的 N 个元组记为 DS_N，其均属于滑动窗口 W 中的元组。此外，不失一般性，在本章中假定所有流数据中的确定性维度值均以小为优。

在上述假定条件的基础上，本章中采用了与第 5 章中相同的流数据支配、流数据 Skyline 概率、流数据 q-Skyline 集合的定义，即将其分别定义如下：

定义 6.1（流数据支配）：对于任意两个具有 d 个确定性维度的流数据元组 e 和 e'，e 支配 e'（标记为 $e \prec e'$），当且仅当在所有确定性维度 $1 \leqslant i \leqslant d$ 上，均满足 $e.i \leqslant e'.i$，且至少存在某一维度 j，使得其满足 $e.j < e'.j$。

定义 6.2（流数据 Skyline 概率）：对于 DS_N 中的不确定流数据元组 e，其成为 DS_N 中 Skyline 元组的概率可定义为：

$$P_{\text{sky}}(e) = P(e) \cdot \prod_{e' \in \text{DS}_N, e' < e} [1 - P(e')] \tag{6.1}$$

定义 6.3（流数据 q-**Skyline** 集合）：给定概率阈值 q，DS_N 中的 q-Skyline 集合定义为 DS_N 的一个子集，其中每个流数据元组成为 DS_N 中 Skyline 元组的概率均不小于 q，即对于每一个 $\text{SKY}_{N,q}$ 中的元组 e，均满足 $P_{\text{sky}}(e) \geqslant q$。

此外，为了便于本章中的后续论述，另外给出以下三个基本的定义。

（1）$P_{\text{new}}(e)$：对于任意元组 $e \in \text{DS}_N$，$P_{\text{new}}(e)$ 表示那些比 e 更早到达且支配 e 的所有元组均不存在的概率，即

$$P_{\text{new}}(e) = \prod_{e' \in \text{DS}_N, e' < e, \kappa(e') > \kappa(e)} [1 - P(e')] \tag{6.2}$$

（2）$P_{\text{old}}(e)$：对于任意元组 $e \in \text{DS}_N$，$P_{\text{old}}(e)$ 表示那些比 e 更晚到达且支配 e 的所有元组均不存在的概率，即

$$P_{\text{old}}(e) = \prod_{e' \in \text{DS}_N, e' < e, \kappa(e') < \kappa(e)} [1 - P(e')] \tag{6.3}$$

（3）$S_{N,q}$：对于任意元组 $e \in \text{DS}_N$，$S_{N,q}$ 表示 DS_N 中部分元组的集合，对于该集合中的任意元组 e 均满足 $P(e) \cdot P_{\text{new}}(e)$ 值不小于概率阈值 q，即

$$S_{N,q} = \{e \mid e \in \text{DS}_N \wedge P(e) \cdot P_{\text{new}}(e) \geqslant q\} \tag{6.4}$$

因此，根据上述三个基本定义，可将计算全局滑动窗口中任一元组 e 的 Skyline 概率的公式（6.1），采用另一种形式表示，即

$$P_{\text{sky}}(e) = P(e) \cdot P_{\text{new}}(e) \cdot P_{\text{old}}(e) \tag{6.5}$$

6.2.2　问题描述

本章主要研究针对集中到达的不确定数据流，利用分布式计算环境（如云计算数据中心环境）进行高效分布并行 Skyline 查询处理。特别地，本章中主要针对高速到达的不确定流数据进行查询，且用户关注的滑动窗口尺寸较大。此外，与已有的数据流 Skyline 查询研究一样，主要关注于即时的连续 Skyline 查询更新处理，即到达一个新的流数据即进行一次查询更新。本章所研究的不确定数据流的分布并行 Skyline 查询方法的主要目标在于，在保证查询结果正确性的基础上，最小化每次查询更新所需的处理时间。

基于以上讨论和 6.2.1 小节的一些基本定义，可进一步将本章中所要研究的不确定数据流的高效分布并行 Skyline 查询处理问题描述如下：

问题描述： 对于一组集中且高速连续到达的不确定数据流 DS，假定采用长度较大的基于计数的滑动窗口对该数据流进行建模，且该滑动窗口中流数据的集合为 DS_N，研究一种基于高带宽的分布式计算环境（如数据中心环境）连续查询 DS_N 中 q-Skyline 元组集合的高效分布并行查询处理方法，且该方法能够在保证查询结果完全正确的基础上，最小化每次查询更新所需的处理时间。

为便于描述，将本章中常用的符号及其含义如表 6.1 所示。

表 6.1　本章中涉及的常用符号及其含义

符号	含义
DS_N	数据流 DS 中最近 N 个流数据的集合
W	不确定数据流 DS 对应的全局滑动窗口
$|W|$	滑动窗口 W 的窗口长度
W_i	节点 P_i 所维护的局部滑动窗口
$\kappa(e)$	数据流 DS 中第 $\kappa(e)$ 个到达的元组 e
e_{new}	滑动窗口 W 中最新到达的流数据
e_{old}	滑动窗口 W 中最近过期的流数据
P_{new}	新到达流数据 e_{new} 所映射的计算节点
P_{old}	过期元组 e_{old} 所属的计算节点
$P(e)$	流数据元组 e 的出现（或存在）概率
$P_{new}(e)$	不被 W 中比 e 更早到达的全部元组所支配的概率
$P_{old}(e)$	不被 W 中比 e 更晚到达的全部元组所支配的概率
$P_d^j(e)$	流数据元组 e 对于滑动窗口 W_j 的支配概率
$P_{sky}(e)$	流数据元组 e 对于滑动窗口 W 的 Skyline 概率
$S_{N,q}$	W 中满足 $P(e)\cdot P_{new}(e)$ 值不小于 q 的元组集合
$SKY_{N,q}$	滑动窗口 W 中的 q-Skyline 集合

6.3　分布并行 Skyline 查询方法设计

在 PSS 方法中，基于 WPS 分布并行查询模型以实现不确定数据流 Skyline

查询的分布并行处理，在此基础上对计算节点之间和计算节点内部两级进行查询优化。一方面，通过优化计算节点的组织来建立各计算节点之间的支配关系，以减少各计算节点元组之间的支配测试；另一方面，采用网格索引结构优化计算节点内部的查询处理，以提高各计算节点内部的查询处理效率。以下将分别针对 PSS 中的计算节点组织和网格索引优化两个方面展开论述。

6.3.1　计算节点组织

通过第 5 章的分析论述可知，在分布并行查询处理过程中，流数据的映射策略对查询的性能和查询处理的执行过程均有着极其重要的影响。在第 5 章所述的 WPS 分布并行查询模型中，计算节点之间本身并无任何关系，只是并行计算的参与者，独立维护其节点内部局部窗口上的流数据计算。然而，在流数据映射的过程中，若能将各计算节点进行有序组织，并建立各计算节点之间的某种内在联系，则可有效地减少大量元组之间的支配关系测试，从而优化整个查询计算的效率。

典型地，在 PSS 方法中，首先将各计算节点按节点 ID 进行排序，并将新到达的流数据按照一定的计算规则将其映射至各计算节点上。特别地，在映射完流数据之后，可建立各计算节点之间支配关系的联系，即排序在前的计算节点中的流数据不被排在其后的计算节点上的流数据支配。因此，通过此优化方式，能够减少查询过程中大量元组之间的支配关系测试，从而提高查询处理的效率。

6.3.2　网格索引优化

尽管通过合理地组织并行计算节点能够有效地提高查询处理的效率，然而在滑动窗口规模较大的情形下，映射至单个计算节点内的数据流元组同样规模较大。因此，在各计算节点内部查询处理的过程中，同样需要对其进行优化处理。为此，本章中提出了使用网格索引的方式来优化计算。利用网格索引结构不仅能够减少单个计算节点内部各元组之间的支配关系测试，而且对于优化新到达流数据的 Skyline 概率计算和各计算节点内元组的 Skyline 概率更新均能发挥重要作用。

此外，在利用概率网格索引进行查询优化的过程中，一个极其重要的问题是如何对网格划分产生的大量网格元胞进行有效管理，并使之能够紧密地与查询处理过程相结合。为此，本章中通过深入挖掘并利用数据集 Z-order 列表的特性，来优化各个计算节点内部网格元胞的组织。在此基础上，PSS 将网格元胞管理、网格索引与具体的并行查询处理过程相结合，以全面提高各计算节点内部的查询计算效率，从而提高整个系统并行 Skyline 查询处理的效率。

6.4　基于节点支配关系的查询优化

为了实现不确定数据流 Skyline 查询的分布并行处理，在 PSS 方法中采用了第 5 章所提出的基于窗口划分的 WPS 模型；在此基础上，通过特定的流数据映射策略来实现计算节点的优化组织，以建立各计算节点中元组之间支配关系的内在联系，从而优化查询计算的过程。由此可知，对于各计算节点之间的关系而言，主要存在两个方面的联系：第一，外在的组织关系，即基于窗口划分的 WPS 模型建立起整个分布并行查询处理的框架；第二，内在的组织关系，即基于流数据映射策略建立起计算节点之间支配关系的联系。

6.4.1　分布并行查询框架

在 PSS 查询方法中，基于 WPS 分布并行查询模型，实现了一个基本的基于分布式处理方式的分布并行 Skyline 查询处理框架。在该查询框架中，基于 WPS 模型将全局滑动窗口 W 划分为多个互不重叠的局部窗口 $W_i (1 \leqslant i \leqslant n)$，其中 n 为计算节点的总数，且满足 $W = \bigcup_{i=1}^{n} W_i$ 和 $W_i \cap W_j = \varnothing (i \neq j)$。同时，将局部窗口 $W_i (1 \leqslant i \leqslant n)$ 按照一定的流数据映射策略将其分别映射至各个局部节点 $P_i (1 \leqslant i \leqslant n)$ 上。特别地，该框架采用了如图 5.4 所示的分布并行 Skyline 查询处理框架。在该框架中主要包括三类节点，即监控节点 (M)、计算节点 $P_i (1 \leqslant i \leqslant n)$ 和查询节点 (Q)。监控节点负责将新到达的不确定流数据发送至监控节点，同时协调各个计算节点之间的查询计算；计算节点主要负责与查询相关的计算任务；查询节点负责收集每次查询更新完成后，各计算节点所

返回的最终 q-Skyline 结果。

特别地，该分布并行查询框架采用了如图 5.5 所示的滑动窗口划分方式。在此分布并行查询框架中，各计算节点 $P_i(1 \leqslant i \leqslant n)$ 分别负责其所维护的局部滑动窗口内元组的 Skyline 概率更新，同时负责对新到达流数据支配概率的计算；对于新到达的流数据所映射的计算节点，还需负责计算新到达流数据的全局 Skyline 概率。

在此框架中，假定监控节点接收到新到达的流数据 e_{new}，监控节点 M 首先将其发送至全部计算节点，并将其映射至某个计算节点（如 P_i），即元组 e_{new} 所属的计算节点。在后续处理过程中，P_i 将负责计算 e_{new} 的全局 Skyline 概率。由于所有的计算节点均需要根据新到达的流数据更新各自局部窗口内元组的 Skyline 概率，因此 M 将 e_{new} 全部直接发送至所有计算节点，以避免需要通过其他节点进行再次转发。在查询处理过程中，过期的计算节点需要将过期的元组 e_{old} 发送至其他节点，使得各计算节点能够同时根据 e_{old} 和 e_{new} 来更新其局部窗口中元组的 Skyline 概率。

特别地，当各个计算节点 $P_j(1 \leqslant j \leqslant n, j \neq i)$ 接收到新到达的流数据 e_{new} 后，即可根据如下公式计算出 e_{new} 相对于该局部滑动窗口 W_i 的支配概率值 $P_d^j(e_{\text{new}})(1 \leqslant i \leqslant n, j \neq i)$：

$$P_d^j(e_{\text{new}}) = \prod_{e_i \in W_j, e_i < e_{\text{new}}} [1 - P(e_i)] \tag{6.6}$$

当各计算节点计算出 $P_d^j(e_{\text{new}})$ 值之后，分别将其发送至 e_{new} 所映射的计算节点 P_i。因此，当计算节点 P_i 获得所有计算节点上的支配概率值之后，即可根据如下公式直接计算出 e_{new} 的全局 Skyline 概率值：

$$P_{\text{sky}}(e_{\text{new}}) = P(e_{\text{new}}) \prod_{i=1}^{n} P_d^j(e_{\text{new}}) = P(e_{\text{new}}) \cdot \prod_{i=1}^{n} \left\{ \prod_{e \in W_i, e < e_{\text{new}}} [1 - P(e)] \right\}$$
$$\tag{6.7}$$

同时，各局部计算节点均根据所接收到的 e_{new} 和 e_{old} 元组信息，采用如下公式更新其各自局部滑动窗口中元组的 Skyline 概率：

$$P_{\text{sky}}(e) = \begin{cases} P_{\text{sky}}(e) * [1 - P(e_{\text{new}})], & \text{if } e_{\text{new}} < e \\ P_{\text{sky}}(e) / [1 - P(e_{\text{old}})], & \text{if } e_{\text{old}} < e \end{cases} \tag{6.8}$$

当更新操作完成后，各计算节点将满足条件 $P_{sky}(*) \geq q$ 的所有元组发送至查询节点 Q。需要特别注意的是，对于各计算节点中所维护的局部滑动窗口中的元组，并非需要对所有的元组进行概率更新计算，而是仅需对有希望成为最终 q-Skyline 的元组进行概率更新计算，即满足条件 $\{e \mid P(e) \cdot P_{new}(e) \geq q\}$ 的元组集合。因为在各局部滑动窗口中，不满足以上条件的元组最终不可能成为全局 q-Skyline 元组。为便于描述，在后续论述中将满足以上条件的元组称为候选 q-Skyline 元组。

在分布并行查询处理的过程中，首先需要进行一些初始化工作，例如监控节点 M 通知所有的计算节点关于其他计算节点的相关信息，如计算节点的编号信息等，以方便各计算节点相互通信和标记各计算节点。假定初始化工作已经完成，且全局滑动窗口已满，则可将基于上述并行查询处理过程归纳为算法 6.1。

需要注意的是，如图 6.1 所示的算法 6.1 中 12～19 行中的操作实际上是在各计算节点中并行执行。特别地，在第 12～13 行中各计算节点分别计算新到达元组 e_{new} 的支配概率，并将其发送至其他计算节点，若该计算节点即为 P_{new} 本身则无须发送。此外，在算法 6.1 的第 18 行，所有的计算节点均需要根据 e_{new} 和 e_{old} 来更新计算各局部窗口中候选元组的 Skyline 概率值。若更新后元组的 Skyline 概率不小于用户给定的阈值，则将其返回至查询节点 Q。特别地，由于需要判断新到达的元组 e_{new} 是否为候选 q-Skyline 元组，所以在节点 P_{new} 处需要计算 $P(e_{new}) \cdot P_{new}(e_{new})$ 值。若该值不小于阈值 q，则将 e_{new} 加入至候选的 q-Skyline 集合中，并发送 $\langle 1, P_{new}, e_{new} \rangle$ 信息至所有其他的计算节点，否则无需计算其 Skyline 概率和发送 $\langle 1, \varnothing, e_{new} \rangle$ 至其他计算节点。其中，在发送的信息中"1"表示该元组 e_{new} 为新到达的元组，而"0"表示该元组为过期的元组。若三元组消息中的第一项标记为"1"且第二项为 P_{new}，则表示其他的计算节点需要计算 e_{new} 的支配概率并将其返回至 P_{new}；而若第二项为空，则表示该元组不是候选的 q-Skyline 元组，因此无须计算其支配概率和返回支配概率值。

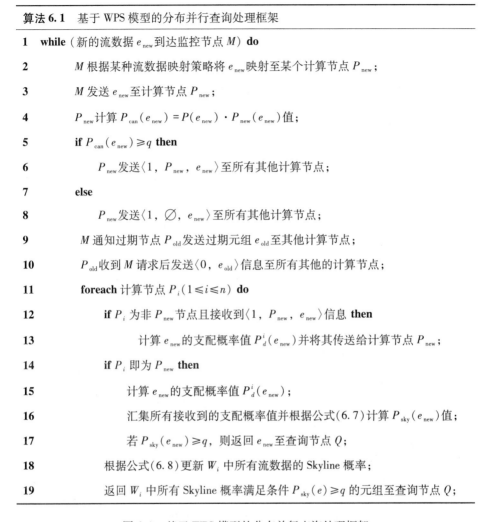

算法 6.1　基于 WPS 模型的分布并行查询处理框架

1	**while**（新的流数据 e_{new} 到达监控节点 M）**do**
2	M 根据某种流数据映射策略将 e_{new} 映射至某个计算节点 P_{new} ;
3	M 发送 e_{new} 至计算节点 P_{new} ;
4	P_{new} 计算 $P_{can}(e_{new}) = P(e_{new}) \cdot P_{new}(e_{new})$ 值;
5	**if** $P_{can}(e_{new}) \geqslant q$ **then**
6	P_{new} 发送 $\langle 1, P_{new}, e_{new} \rangle$ 至所有其他计算节点;
7	**else**
8	P_{new} 发送 $\langle 1, \varnothing, e_{new} \rangle$ 至所有其他计算节点;
9	M 通知过期节点 P_{old} 发送过期元组 e_{old} 至其他计算节点;
10	P_{old} 收到 M 请求后发送 $\langle 0, e_{old} \rangle$ 信息至所有其他的计算节点;
11	**foreach** 计算节点 $P_i (1 \leqslant i \leqslant n)$ **do**
12	**if** P_i 为非 P_{new} 节点且接收到 $\langle 1, P_{new}, e_{new} \rangle$ 信息 **then**
13	计算 e_{new} 的支配概率值 $P_d^i(e_{new})$ 并将其传送给计算节点 P_{new} ;
14	**if** P_i 即为 P_{new} **then**
15	计算 e_{new} 的支配概率值 $P_d^i(e_{new})$;
16	汇集所有接收到的支配概率值并根据公式(6.7)计算 $P_{sky}(e_{new})$ 值;
17	若 $P_{sky}(e_{new}) \geqslant q$ ，则返回 e_{new} 至查询节点 Q ;
18	根据公式(6.8)更新 W_i 中所有流数据的 Skyline 概率;
19	返回 W_i 中所有 Skyline 概率满足条件 $P_{sky}(e) \geqslant q$ 的元组至查询节点 Q ;

图 6.1　基于 WPS 模型的分布并行查询处理框架

6.4.2　计算节点组织优化

通过上述对分布并行查询处理框架的描述可知，当监控节点 M 接收到新到达的流数据 e_{new} 后，其首要任务在于将 e_{new} 通过某种映射方法将其映射至某个计算节点 $P_i(1 \leqslant i \leqslant m)$ 。在 PSS 方法中，主要采用如图 6.2 所示的算法实现映射过程。

由算法 6.2 可知，所要处理的首要任务在于根据算法 5.1 确定各计算节点的综合处理能力，并根据其综合处理能力分配局部窗口的长度，如算法的第 1 ~ 2 行。在第 4 ~ 5 行中计算并排序欧氏距离的原因在于，通过将整个距离范围划分成多个距离区间段，能够使得各局部滑动窗口中维护的元组数目尽量均衡，以达到负载均衡的目的。因此，新到达的元组 e_{new} 可通过刺探距离区间来发现其所属的区间，并确定其所属的局部窗口，如算法 6.2 中的第 6 ~ 7 行所示。尽管该映射方法由于采用了抽样的映射机制而无法保证其能够实现绝对的负载均衡，然而通过此方法确实能够优化负载均衡性能，后续 6.6.5 小节的实验测试结果即可说明其负载均衡性能较好。

算法 6.2 PSS 方法中的流数据映射算法

输入 新到达的流数据 e_{new}；

      m 个计算节点 $P_i(1 \leqslant i \leqslant m)$

输出 将 e_{new} 映射至节点 $P_i(1 \leqslant i \leqslant m)$，即 $e_{new} \in P_i$

1   根据算法 5.1 获取所有计算节点各自所维护的窗口长度集合 $|W_i|$ $(1 \leqslant i \leqslant m)$；

2   计算每个局部窗口 $|W_i|$ 对于全局窗口 W 的权重 $r_i = |W_i| / |W|$ $(1 \leqslant i \leqslant m)$；

3   抽样一组静态数据集 D 并计算其中每个元组 $e \in D$ 的欧氏距离值 $d = \sqrt{d_1^2 + d_2^2 + \cdots + d_n^2}$；

4   对距离值排序并根据权重 $r_i(1 \leqslant i \leqslant m)$ 将距离分为 m 个区间 $[0, I_1]$，$(I_1, I_2]$，$\cdots$，$[I_{m-1}, I_m]$，其中 $I_1 < I_2 < \cdots < I_m$；

5   计算 e_{new} 的欧氏距离 $d' = \sqrt{d_1^2 + d_2^2 + \cdots + d_n^2}$；

6   刺探 e_{new} 所属的区间 $I = [I_{i-1}, I_i]$ 并将 e_{new} 映射至相应的计算节点 P_i.

图 6.2 PSS 方法中的流数据映射算法

根据上述流数据映射策略可知，在 PSS 方法中各计算节点上维护的局部窗口满足 $W = \bigcup_{i=1}^{n} W_i$ 和 $W_i \cap W_j = \varnothing (i \neq j)$ 的条件。需要指出的是，采用上述流数据映射策略的主要原因在于，通过流数据映射来建立各计算节点之间支配关系的联系，可有效地提高并行查询处理的效率。其理论依据主要来源于以下定理：

定理 6.1：假定对于任意两个不确定流数据，其 n 维确定性属性分别为 $e_1 = (d_1, d_2, \cdots, d_n)$ 和 $e_2 = (d_1', d_2', \cdots, d_n')$，若满足条件 $|e_1| \geqslant |e_2|$，则 e_1 必然不支配 e_2，其中 $|e_i|$ 为 e_i 与原点的欧氏距离，即 d

$$= \sqrt{d_1^2 + d_2^2 + \cdots + d_n^2}。$$

证明： 假定 $e_1 < e_2$，则根据元组之间的支配关系定义可知，e_1 在所有维度上的取值都不大于 e_2，并且至少存在一个维度上的取值小于 e_2，则必然满足 $|e_1| = \sqrt{d_1^2 + d_2^2 + \cdots + d_n^2} < |e_2| = \sqrt{d_1^{'2} + d_2^{'2} + \cdots + d_n^{'2}}$。因此，若满足条件 $|e_1| \geqslant |e_2|$，则 e_1 显然不可能支配 e_2，证毕。

因此，若将所有的计算节点根据欧氏距离区间的值由小到大按序排序，则根据定理 6.1 可知，若 $i < j$，则计算节点 P_i 上的局部滑动窗口 W_i 中的元组必然不会支配计算节点 P_j 上的局部滑动窗口 W_j 中的元组。此外，根据定理 6.1 实际上能够在一定的程度上聚集流数据元组，从而使得后续采用的网格索引能够更好地支持并行查询。实际上，相对于反相关类型的流数据而言，网格索引更加适合于均匀分布类型的流数据查询，而上述所提出的映射策略能够在一定程度上缓解此问题。

通过上述分析，可将 6.4.1 小节分布并行查询框架中的部分处理过程进行重新组织优化。当新到达的元组 e_{new} 到达监控节点 M 时，M 根据算法 6.2 将 e_{new} 映射至某个计算节点 P_i。在 M 中维护了一个长度为 $|W|$ 的优先队列 L，以记录最新到达的一些流数据元组及其所映射的计算节点，并采用 $\langle \kappa(e), P_i \rangle$ 的形式加以记录。

假定各计算节点已按序编号组织，则当接收到 e_{new} 后，M 将其至计算节点 P_i 并通知含有过期元组的节点 P_k。当 P_i 接收到 e_{new}，首先判断 e_{new} 是否为候选元组，若是则发送四元组 $\langle 1, e_{\text{new}}, P_i, 1 \rangle$ 信息至计算节点 P_1，P_2，$\cdots$，P_i。其中，第一个"1"表示 e_{new} 为新到达的元组，而"0"表示发送的元组为最新过期的元组；第三个位置的"P_i"表示元组 e_{new} 属于计算节点 P_i；第四个位置的"1"表示需要计算 e_{new} 的支配概率并返回至 P_i，若为"0"则表示无须计算 e_{new} 的支配概率和返回。同时，若某个计算节点 P_j 中存在过期的元组 e_{old}，则 M 将其从优先队列 L 中弹出，并通知 P_j 其窗口中有过期的元组。为此，P_j 快速查找出过期的元组 e_{old} 并将其发送至计算节点 P_{j+1}，P_{j+2}，$\cdots$，P_m。需要注意的是，将 e_{old} 只发送至部分而非全部计算节点的原因在于：根据定理 6.1 可知，只有节点序号排在 P_j 后面的计算节点 P_{j+1}，P_{j+2}，$\cdots$，P_m 的局部滑动窗口中的元组才可能被 e_{old} 支配，而排在其前面的计算节点 P_1，P_2，$\cdots$，P_{j-1} 中

的元组不可能被 e_{old} 支配。因此，大部分元组之间需要支配比较的计算开销大为减少，从而能够显著提高对候选元组 Skyline 概率更新计算的效率。

6.5　基于网格索引结构的查询优化

由 6.3 节的论述可知，在 PSS 方法中除了对计算节点之间进行优化组织外，还对各计算节点内部的处理过程进行了优化。特别地，对于各计算节点内部的查询计算，PSS 方法中采用了网格索引的优化方式。在本节中，将对各计算节点中基于网格索引的优化处理过程展开详细论述。首先，介绍了 PSS 方法中所采用的网格索引结构及其相关定义；其次，阐述了基于 Z-order 地址对网格元胞进行编码，以及基于 Z-order 列表对网格元胞进行组织的具体过程；最后，对各计算节点基于网格索引的具体查询处理过程进行了详细论述。

6.5.1　网格索引及相关定义

网格索引作为数据流管理中使用最为频繁的索引结构之一，能够高效地支持流数据的插入和删除操作。因此，为了优化各计算节点内部的 Skyline 查询计算，在 PSS 方法中采用了网格索引结构来维护各局部滑动窗口中的流数据。

由于所有的流数据共享相同的数据空间，所以可将整个数据空间划分为多个独立的网格元胞(cell)来维护各计算节点上存储的局部窗口中的数据，而各流数据均能够定位其所属的网格元胞。例如，在二维数据空间中，每个流元组(如 e)均表示为 $\langle id, d_1, d_2 \rangle$ 的形式。如图 6.3 所示，整个 2 维空间被划分为规格相同的多个网格元胞，假定在各个维度上每个网格元胞的宽度为 δ，则网格元胞 q 中包含了所有满足 $i \cdot \delta < e.d_1 \leqslant (i+1) \cdot \delta$ 和 $j \cdot \delta < e.d_2 \leqslant (j+1) \cdot \delta$ 的元组。为便于描述，将某个元组 e 属于网格元胞 $C_{i,j}$ 表示为 $e \in C_{i,j}$。相反地，对于某个元组 e，同时也能够容易地确定其所属的网格元胞 $C_{i,j}$，其中 $i = e.d_1/\delta$ 且 $j = e.d_2/\delta$。假定 $C_{i,j}.\mathrm{LB}$ 和 $C_{i,j}.\mathrm{RT}$ 分别表示网格元胞 $C_{i,j}$ 的左下角和右上角位置的坐标，则对于任意元组 $e \in C_{i,j}$，均满足 $C_{i,j}.\mathrm{LB} < e$ 和 $e < C_{i,j}.\mathrm{RT}$。

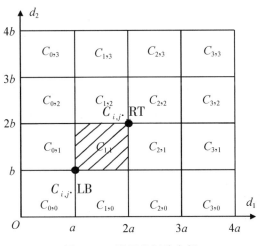

图 6.3　2 维网格划分实例

假定 ξ 表示每个维度上的划分数，且各个维度上的值域为 U，则显然有 $\xi = U/\delta$。为便于描述，假定对于本章中所讨论的流数据，其各个维度上的取值范围均为 $(0，1)$ 且各维上的划分数相同，即 $\xi = 1/\delta$，则总共的网格元胞数目为 $(1/\delta)^d$。

由于网格元胞的数目众多，使得网格元胞的存储组织成为影响查询性能的重要因素之一。最直接且最简单的存储方式是利用多维数组进行存储，并使用网格元胞在每个维度上的序号作为数组的下标。虽然该方法简单且能够快速访问，然而其可能导致过多的存储开销，且随着维度的增长而呈指数级增长。此外，若数据不能均匀地分布于各网格元胞中，则众多网格元胞中可能不含或者仅含少量元组，这将导致大量内存存储开销的浪费。因此，在本章中采用动态创建网格元胞的方式，即只有当某个网格元胞中含有元组时才创建相应的网格元胞并为其分配内存，而当某个网格元胞中的元组数为空时则将其销毁。因此，该方法能够极大地减少所创建的网格元胞数目，从而有效地降低了内存存储开销。

以下将介绍一些与利用网格索引优化 Skyline 查询相关的概念。

定义 6.4（元组与元胞支配关系）：对于任一元组 e 和网格元胞 $C_{i,j}$，若 $e < C_{i,j}.LB$，则称 e 支配 $C_{i,j}$，并将其表示为 $e < C_{i,j}$。若 $e < C_{i,j}$，则所有位于网格元胞 $C_{i,j}$ 中的元组均被 e 支配。若 e 满足条件 $e < C_{i,j}.RT$ 且 $e \nless C_{i,j}.LB$，则称 e 部分支配 $C_{i,j}$，且将其表示为 $e \nprec C_{i,j}$。

与上述关系类似，同样可定义网格元胞之间的支配关系如下：

定义 6.5（元胞与元胞支配关系）：对于任意两个网格元胞 $C_{i,j}$ 和 $C_{i',j'}$，若 $C_{i,j}.\mathrm{RT} < C_{i',j'}.\mathrm{LB}$，则 $C_{i,j}$ 支配 $C_{i',j'}$，并将其表示为 $C_{i,j} < C_{i',j'}$。若 $C_{i,j} < C_{i',j'}$，则所有位于元胞 $C_{i,j}$ 中的元组均支配 $C_{i',j'}$。若同时满足条件 $C_{i,j}.\mathrm{LB} < C_{i',j'}.\mathrm{RT}$ 和 $C_{i,j}.\mathrm{LB} < C_{i,j}.\mathrm{LB}$，则称 $C_{i,j}$ 部分支配 $C_{i',j'}$，且将其表示为 $C_{i,j} \vdash C_{i',j'}$。

如图 6.4 所示，根据以上定义可知，$c < C_{2,2}$，$C_{1,1} < C_{2,2}$，$h \vdash C_{1,1}$ 且 $C_{1,0} \vdash C_{1,1}$。为便于后续描述，以下给出网格元胞不存在概率的定义。

定义 6.6（网格元胞不存在概率）：对于某个网格元胞 $C_{i,j}$，其不存在概率 $C_{i,j}.\mathrm{NEP}$ 是指网格元胞 $C_{i,j}$ 中所有的元组均不存在的概率，其可形式化地描述为：

$$C_{i,j}.\mathrm{NEP} = \prod_{e \in C_{i,j}} [1 - P(e)] \tag{6.9}$$

对于任一元组 e，由于其 Skyline 概率为 $P_{\mathrm{sky}}(e) = P(e) \cdot P_{\mathrm{new}}(e) \cdot P_{\mathrm{old}}(e)$，若元组 e 满足条件 $P(e) \cdot P_{\mathrm{new}}(e) < q$，则 e 不可能成为 q-Skyline 元组。此外，由于元组 e 的 $P_{\mathrm{new}}(e)$ 的值随着新到达的流元组数目的增多而逐渐减小，所以不在候选集合 $S_{N,q}$ 中的元组最终不可能成为 q-Skyline 元组。因此，在 Skyline 计算更新的过程中，仅需要考虑 $S_{N,q}$ 中的元组，而可忽视其他元组，以降低计算开销和提高查询速度。

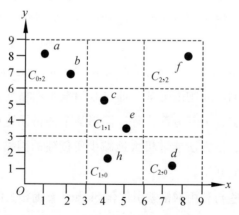

图 6.4　网格元胞支配关系示例

需要特别注意的是，每个计算节点上维护的局部滑动窗口中的所有元组，均根据元组 ID 号以哈希表的形式进行组织，从而进一步优化对各网格元胞中元组定位的效率。此外，每个网格元胞中均包含了一个索引列表，以索引存储于网格元胞中的各个元组。在 PSS 方法中，每个计算节点中均包含了两种网格索引结构，其一是针对局部滑动窗口中所有活跃的流数据元组的索引，其二是对于局部滑动窗口中候选元组的索引。特别地，在 PSS 方法中将所有非空的网格元胞利用 Z-order 曲线进行组织，以优化查询处理的效率。

6.5.2　网格元胞编码和组织

为进一步提高各个计算节点内部查询计算的效率，在 PSS 方法中采用 Z-order 地址对网格元胞进行编码。因此，本章中首先介绍 Z-order 地址的概念：

定义 6.7（Z-order 地址）：若某个数据集合中的 l 维数据点 v，可表示为一个 $l \times k$ 位的二进制位串，即 $v = (a_{1,1}a_{1,2}\cdots a_{1,k}, \cdots, a_{l,1}a_{l,2}\cdots a_{l,k})$，其中 $[0, 2^k - 1]$ 为该数据集合中所有数据点坐标的值域范围，则数据点 v 的 Z-order 地址可表示为 $Z(v) = a_{1,1}a_{2,1}\cdots a_{l,1}a_{1,2}a_{2,2}\cdots a_{l,2}\cdots a_{1,k}a_{2,k}\cdots a_{l,k}$。

例如，表 6.2 中列举了 8 个 2 维数据对象及其相应的 Z-order 地址值。

表 6.2　Z-order 编码示例

数据点	坐标值	Z-order 地址	十进制值
p_1	(0, 7)	010101	21
p_2	(3, 4)	011010	26
p_3	(6, 4)	111000	56
p_4	(1, 3)	000011	7
p_5	(3, 3)	001111	15
p_6	(7, 2)	101110	46
p_7	(4, 1)	100001	33
p_8	(5, 6)	110110	54

在上述例子中数据点的 Z-order 地址包含了 6 个二进制位，如数据点 p_2 的 Z-order 地址可计算如下：

$$(3, 4) \rightarrow (011, 100) \rightarrow \begin{pmatrix} 0 & 1 & 1 \\ 1 & 0 & 0 \end{pmatrix} \rightarrow (011010) \tag{6.10}$$

根据定义 6.7 可知，每个网格元胞均有一个多维坐标值，根据该坐标值可计算其唯一的 Z-value 值。特别地，假定每个维度上的划分数为 2^n，则网格

元胞 $C_{x_1, x_2, \cdots, x_d}$ 的 Z-order 地址可表示为一个 $d \times n$ 位的二进制位串（$b_{11} b_{12} \cdots b_{1n}$，$b_{21} b_{22} \cdots b_{2n}$，$\cdots$，$b_{d_1} b_{d_2} \cdots b_{d_n}$），其中 $b_{ij} \in \{0, 1\}$ 表示第 i 维的第 j 个二进制位；网格元胞 $C_{x_1, x_2, \cdots, x_d}$ 的 Z-value 值被定义为该二进制串 $b_{11} b_{12} \cdots b_{1n}$，$b_{21} b_{22} \cdots b_{2n}$，$\cdots$，$b_{d_1} b_{d_2} \cdots b_{dn}$ 的十进制整数值。例如，网格元胞 $C_{2,1}$ 和网格元胞 $C_{3,2}$ 的 Z-value 值分别为（1001）＝9 和（1110）＝14。基于以上 Z-order 地址和 Z-value 值的定义，可进一步给出 Z-order 列表的概念如下：

定义 6.8（Z-order 列表）：数据集 D 的 Z-order 列表被定义为一个关于 D 中数据的有序列表，且该列表中的数据点均按照其 Z-value 值的升序排序。

以表 6.2 中的 8 个数据对象为例，其 Z-order 列表为 $\langle p_4, p_5, p_1, p_2, p_7, p_6, p_8, p_3 \rangle$。

通常对于一个数据对象集合，其 Z-order 列表具有一个良好的性质，即单调性，该性质能够用于提高 Skyline 支配测试计算的效率。

性质 6.1（单调性）：对于给定的两个多维数据点 e_1 和 e_2，若 $e_1 < e_2$，则 $Z(e_1) < Z(e_2)$，其中 $Z(e)$ 表示点 e 的 Z-value 值。

如图 6.5(a) 中所示，位于区域 G_0 中的数据对象不可能被其他区域的对象所支配。相反地，位于区域 G_3 中的所有对象被任意位于 G_0 区域中的对象所支配。此外，由于区域 G_1 和 G_2 互相不支配，所以能够有效避免两个区域之间对象的大量支配测试过程。G_1 和 G_2 部分被区域 G_0 所支配。由图 6.5 同样可知，在 Z-order 曲线中，对每一个子区域的访问顺序呈现出 Z 字形，即左下、左上、右下、右上（$G_0 \to G_1 \to G_2 \to G_3$）的顺序。按照此规则，图 6.5(b) 中对象的访问顺序为 $\langle p_4, p_5, p_1, p_2, p_7, p_6, p_8, p_3 \rangle$，这与各数据对象 Z-order 值的排序完全相同。

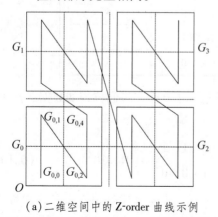

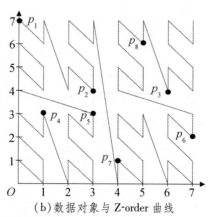

（a）二维空间中的 Z-order 曲线示例　　（b）数据对象与 Z-order 曲线

图 6.5　Z-order 曲线示例

根据 Z-order 的相关定义，可计算出所有网格元胞的 Z-order 地址，并将其按升序排序。由性质 6.1 可知，对于任一排序在第 k 位的网格元胞 C_k，只可能被排在其前面的网格元胞 C_1，…，C_{k-1} 所支配。通过此性质，可有效地提高支配计算的效率。例如，在计算元胞 C_k 中的元组 e 的 Skyline 概率时，无须将 e 与元胞 $C_l (k \leqslant l \leqslant (1/\delta)^d)$ 中的元组一一进行支配关系测试，因为这些元胞中的元组必定不支配 e。由此可见，利用 Z-order 列表的单调性，能够极大地提高 Skyline 计算的效率。特别地，在 PSS 方法中，各计算节点中网格元胞的编码和组织策略可归纳为如图 6.6 所示的算法 6.3。

由算法 6.3 可知，首先将整个数据空间划分为多个网格元胞（第 1 行），并计算每个网格元胞的 Z-order 地址（第 2 行）。在此基础上，将所有网格元胞的 Z-order 地址按升序排序（第 3 行），并将网格元胞与其坐标排序值的映射关系以 $\langle G_i, r_i \rangle$ 的形式存储于相应的哈希表中（第 4 行）。为优化对网格元胞的快速索引定位，将所有网格元胞的索引用数组进行组织，且按照 r_i 的升序顺序存储（第 5 行）。

算法 6.3　网格元胞的编码与组织算法

1　将数据空间划分为多个网格元胞且每个元胞 G_i 坐标为 $(c_1, c_2, \cdots, c_d)$，其中 $c_i = 1, 2, \cdots, 1/\delta$；

2　计算每个网格元胞 G_i 的 Z-order 地址值 $\text{Addr}_{G_i} (1 \leqslant i \leqslant (1/\delta)^d)$；

3　对所有元胞的 Z-order 地址值按十进制值排序并记录每个元胞的排序号 r_i；

4　将每个元胞的实际坐标映射至相应的排序号并以 $\langle G_i, r_i \rangle$ 形式存储于 HGList 和 HCList 中；

5　将网格元胞的所有索引按 r_i 值的升序排序存储于数组 GArray 和 CArray 中.

图 6.6　网格元胞的编码与组织算法

特别地，由算法 6.3 可知，在 PSS 方法中，每个计算节点内部均维护了 GArray 和 CArray 两个数组，分别存储了指向整个局部滑动窗口和候选元组集合中元组的索引。此外，与这两个数组相对应的哈希表分别为 HGList 和

HCList。如图 6.7 所示，假定元组 e 位于网格元胞 C_{ij} 中，则分别搜索哈希表 HGList 和 HCList 即可获得该网格元胞对应的 Z-order 地址排序值 r_i 和 c_i。因此，通过 r_i 和 c_i 值即可直接访问数组 GArray 和 CArray，以获取各网格元胞的索引。特别地，只有当两个索引均采用相同的网格划分策略时，其对应的 r_i 和 c_i 值才会相同。

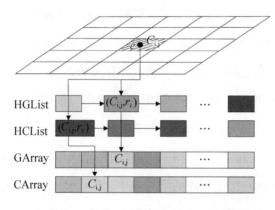

图 6.7 网格元胞及其相应索引结构示意图

在并行查询的过程中，一种重要的改进查询效率的途径是优化元组之间的支配测试效率。在 PSS 方法中，主要采用网格索引和 Z-order 编码的方式来优化计算。

首先，为了计算新到达元组 e_{new} 相对于滑动窗口 W_i 的支配概率，则需要找出 W_i 中所有元组与 e_{new} 的支配关系，并且根据公式 $P_{dom}(e_{new})* = [1 - P(e)]$ 不断地累积计算支配概率。如图 6.8(a) 中所示，位于区域 I 中的网格元胞被网格元胞 $C_{2,2}$ 所支配，而 $C_{2,2}$ 被区域 II 中的所有元胞支配，而区域 III 中的网格元胞则互相不支配。显然地，由前面的相关定义可知，若一个元组 e 支配某个网格元胞 C，则 e 必然支配该网格元胞 C 中的所有元组。相反地，若元组 e 被一个网格元胞所支配，则该网格元胞中的所有元组均支配 e。例如，在图 6.8(b) 中，由于 $e < C_{3,3}$ 且 $C_{1,1} < e$，所以 e 支配所有 $C_{3,3}$ 中的元组，而网格元胞 $C_{1,1}$ 中的元组均支配 e。由此可见，通过比较网格元胞之间或者网格元胞与元组之间的支配关系，可显著地减少查询处理过程中的支配比较次数，

而无需完全地遍历检测所有元组之间的支配关系。

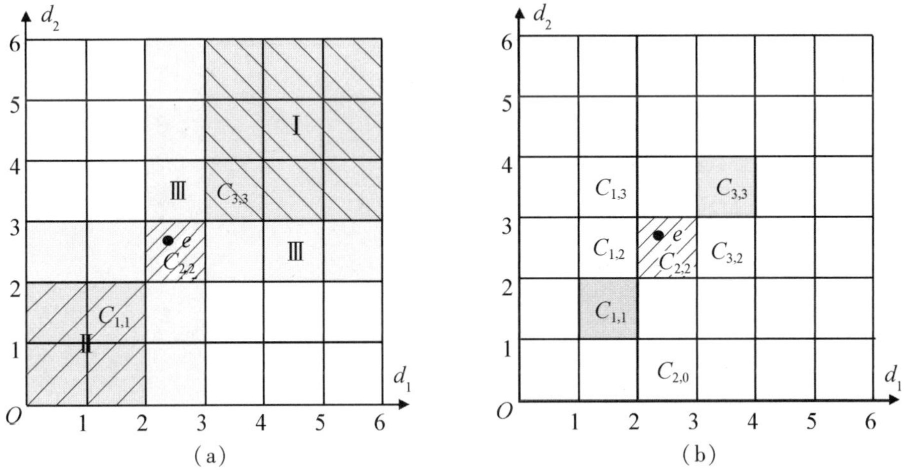

图 6.8　元组与网格元胞以及网格元胞之间的支配关系示例

根据上述网格索引以及网格元胞的编码和组织策略，可进一步结合前面所述的分布并行查询处理框架，实现不确定数据流上的高效并行 Skyline 查询计算。

6.5.3　基于索引的处理过程

当接收到新到达的流数据元组 e_{new} 后，各计算节点 $P_i'(1 \leqslant i' \leqslant i)$ 均能够利用网格索引快速计算出 e_{new} 相对于某个滑动窗口中元组的支配概率 $P_d^{i'}(e_{new})$，并将其发送至 e_{new} 所属的计算节点 P_i。因此，计算节点 P_i 在收集完全部相应的支配概率值之后，可根据以下公式计算 e_{new} 成为 Skyline 的概率。

$$P_{sky}(e_{new}) = P(e_{new}) \cdot \prod_{j=1}^{n} \{ \prod_{e \in W_j, e < e_{new}} [1 - P(e_{new})] \}$$

$$= P(e_{new}) \cdot \prod_{j=1}^{n} P_d^j(e_{new}) \tag{6.11}$$

与此同时，各计算节点 $P_i'(1 \leqslant i' \leqslant i)$ 分别更新其所维护的候选集合 $S_{N,q}$ 中所有元组的 Skyline 概率值，以及对应的 $P(e) \cdot P_{new}(e)$ 值。其中，对于所有收到 e_{old} 的计算节点 P_{j+1}，P_{j+2}，…，P_n，将分别根据 e_{old} 更新候选集合中所有元组的 Skyline 概率。所有的计算节点将最终的 q-Skyline 结果，即满足条件 $P_{sky}(e) \geqslant q$ 的元组发送至查询节点 Q，直至此时一个完整的更新周期才算完成。在 PSS 方法中，分布并行 Skyline 查询计算的整个查询处理过程可归纳为如图 6.9 所示的算法 6.4。

算法 6.4　PSS 分布并行查询处理过程

输入　新到达的流元组 e_{new}；

　　　　m 个计算节点 $P_i(1 \leq i \leq m)$

输出　全局 Skyline 结果集合 $\text{SKY}_{N,q}$

1　监控节点 M 根据算法 6.2 将 e_{new} 映射至计算节点 P_i；

2　M 发送 e_{new} 至计算节点 P_i 并通知过期节点 P_k；

3　P_i 计算 $P_{\text{can}}(e_{\text{new}}) = P(e_{\text{new}}) \cdot P_{\text{new}}(e_{\text{new}})$ 值；

4　**if** $P_{\text{can}}(e_{\text{new}}) \geq q$ **then**

5　　　P_i 发送 $\langle 1, e_{\text{new}}, P_i, 1 \rangle$ 至计算节点 $P_1, P_2, \cdots, P_i$；

6　　　P_i 发送 $\langle 1, e_{\text{new}}, P_i, 0 \rangle$ 至节点 $P_{i+1}, P_{i+2}, \cdots, P_n$；

7　**else**

8　　　P_i 发送 $\langle 1, e_{\text{new}}, P_i, 0 \rangle$ 至所有计算节点；

9　过期计算节点 P_k 查找出 e_{old}；

10　P_k 查找 e_{old} 并发送 $\langle 0, e_{\text{old}} \rangle$ 至计算节点 $P_{k+1}, P_{k+2}, \cdots, P_m$，且发送 $\langle 0, \varnothing \rangle$ 至 $P_1, P_2, \cdots, P_{k-1}$；

11　**foreach** 计算节点 $P_j(1 \leq j \leq i-1)$ **do**

12　　　查找 e_{new} 所在的元胞 C_{new}；

13　　　GetDomPro$(e_{\text{new}}, C_{\text{new}}, \text{HGList}, \text{GArray})$；

14　　　发送 $P_d^j(e_{\text{new}})$ 至计算节点 P_i；

15　P_i 收集所有的 $P_d^j(e_{\text{new}})$ 值并计算 e_{new} 的 Skyline 概率 $P_{\text{sky}}(e_{\text{new}})$；

16　P_i 将 e_{new} 插入其所属的元胞 C 中并更新 C. NEP $* = [1 - P(e)]$ 值；

17　P_k 将 e_{old} 从其所属的元胞中删除并更新 C. NEP$/ = [1 - P(e)]$ 值；

18　**foreach** 计算节点 $P_t(i \leq t \leq n)$ **do**

19　　　UpdateNew$(e_{\text{new}}, C_{\text{new}}, \text{HCList}, \text{CArray})$；

20　**foreach** 计算节点 $P_t'(k \leq t' \leq n)$ **do**

21　　　查询 e_{old} 所属的网格元胞 C_{old}；

22　　　UpdateOld$(e_{\text{old}}, C_{\text{old}}, \text{HCList}, \text{CArray})$；

23　查询节点 Q 收集所有计算节点发送的 Skyline 结果集合 $\text{SKY}_{N,q}$.

图 6.9　PSS 分布并行查询处理过程

需要特别指出的是，在算法 6.4 中的具体处理过程并非完全顺序执行，在不同的计算节点上各操作均为并行执行，典型的如算法 6.4 中的第 11～14 行和第 18～22 行中的操作均在多个计算节点上并行执行。特别地，在第 11 行的子算法 GetDomPro(e_{new}, C_{new}, HList, GArray) 中，各计算节点根据公式计算某个计算节点如 P_j 中的元组 e_{new}，相对于滑动窗口 W_j 的支配概率值 $P_d^j(e_{new})$，如图 6.10 所示的算法 6.5 中对此处理过程进行了详细描述。此外，在算法 6.4 中，计算节点 P_k 发送 $\langle 0, e_{old} \rangle$ 至计算节点 P_{k+1}, P_{k+2}, $\cdots$, P_n，而发送 $\langle 0, \varnothing \rangle$ 至计算节点 P_1, P_2, $\cdots$, P_{k-1} 的主要原因在于：因为只有节点 ID 号排在 P_k 后面的计算节点中的元组才可能被 e_{old} 支配，从而需要更新被支配的元组的 Skyline 概率；而排在 P_k 前面的计算节点中的元组不可能被 e_{old} 支配，所以无须将 e_{old} 发送至这些计算节点，从而减少了部分通信开销。

算法 6.5　GetDomPro(e_{new}, C_{new}, HGList, GArray)

1　　$P_{dom}(e_{new})$：= 1；

2　　据 C_{new} 搜索 HGList 并获得其在数据 GArray 中的索引下标 r_i；

3　　**foreach** GArray 中索引下标不大于 r_i 的元胞 C **do**

4　　　　**if** $C < C_{new}$ **then**

5　　　　　　$P_{dom}(e_{new}) * = C.\text{NEP}$；

6　　　　**else**

7　　　　　　**foreach** 元胞 C 中的元组 e **do**

8　　　　　　　　**if** $e < e_{new}$ **then**

9　　　　　　　　　　$P_{dom}(e_{new}) * = [1 - P(e)]$；

10　**return** $P_{dom}(e_{new})$；

图 6.10　PSS 方法中的支配概率计算算法

在算法 6.5 中，首先，初始化 $P_{dom}(e_{new})$ 的值为 1，并获取其在数组 GArray 中的索引号 r_i。为此，在计算过程中只需关注于索引号排在 r_i 前面的网格元胞即可，因为根据性质 6.1 可知，排在其后面的网格元胞中的元组不可能支配排在其前面的元胞中的元组。其次，扫描这些排在前面的网格元胞，并确定网格元胞之间以及对应元组与网格元胞的支配关系，从而更新计算支配概率 $P_{dom}(e_{new})$ 值，如算法 6.5 中的第 4～9 行。最后，将计算后所得的

$P_{\mathrm{dom}}(e_{\mathrm{new}})$ 值返回至 e_{new} 所在的计算节点。

算法 6.6 中描述了当某个计算节点如 P_j，接收到 e_{new} 后的具体的更新处理过程。首先，获取 e_{new} 所在的元胞 C_{new} 对应的在数组 CArray 中的索引下标 c_i，并扫描 CArray 中索引下标排在 c_i 之前的网格元胞。其次，根据 e_{new} 与相应网格元胞的支配关系（如第 3 行），以及 e_{new} 与其他网格元胞中元组之间的支配关系（如第 11 行），不断更新候选元组及其 Skyline 概率。最后，若发现某个元组如 e 不满足 $P_{\mathrm{can}}(e) \geqslant q$，则 e 不可能成为 q-Skyline 元组，从而可将其直接删除，如算法 6.6 中的第 7 行和第 14 行。

算法 6.6 *UpdateNew*(e_{new}，C_{new}，HCList，CArray)

---

1 根据 C_{new} 搜索 HCList 并获取其在 CArray 中的索引 c_i；

2 **foreach** CArray 中索引下标不大于 c_i 的元胞 C **do**

3   **if** $e_{\mathrm{new}} \prec C$ **then**

4   **foreach** 元胞 C 中的元组 e **do**

5 $P_{\mathrm{can}}(e) * = [1 - P(e_{\mathrm{new}})]$；

6   **if** $P_{\mathrm{can}}(e) < q$ **then**

7   将 e 从元胞 C 中删除；

8 $P_{\mathrm{sky}}(e) * = [1 - P(e_{\mathrm{new}})]$；

9   **else**

10   **foreach** 元胞 C 中的元组 e **do**

11   **if** $e_{\mathrm{new}} \prec e$ **then**

12 $P_{\mathrm{can}}(e) * = [1 - P(e_{\mathrm{new}})]$；

13   **if** $P_{\mathrm{can}}(e) < q$ **then**

14   将 e 从元胞 C 中删除；

15 $P_{\mathrm{sky}}(e) * = [1 - P(e_{\mathrm{new}})]$；

图 6.11 PSS 中候选元组针对新到达元组的 Skyline 概率更新算法

类似地，如图 6.12 所示的算法 6.7 中描述了由元组 e_{old} 过期所引起的更新过程。同样地，首先获取 e_{old} 对应的网格元胞 C_{old} 对应的在数组 CArray 中的索引下标 c_i，并扫描 CArray 中索引下标排在 c_i 之后的各网格元胞，因为只有这些网格元胞中的元组才可能被 C_{old} 支配。因此，与算法 6.6 中的处理过程类似,可进一步根据相应的支配关系来更新各局部窗口中相应候选元组的 Skyline 概率。然而,其更新计算根据$P_{sky}(e)/=[1-P(e_{old})]$执行,而在算法 6.6 中则根据$P_{sky}(e)*=[1-P(e_{new})]$执行。

算法 6.7　UpdateOld(e_{old}, C_{old}, HCList, CArray)

1	根据C_{old}搜索 HCList 并获取其在 CArray 中的索引c_i;
2	**foreach** CArray 中索引下标不小于c_i的元胞 C **do**
3	**if** $e_{old} \prec C$ **then**
4	**foreach** 元胞 C 中的元组 e **do**
5	$P_{sky}(e)/=[1-P(e_{old})]$;
6	**else**
7	**foreach** 元胞 C 中的元组 e **do**
8	**if** $e_{old} \prec e$ **then**
9	$P_{sky}(e)/=[1-P(e_{old})]$;

图 6.12　PSS 中候选元组针对过期元组的 Skyline 概率更新算法

6.6　实验测试与分析

6.6.1　实验环境设置

本章中所有的实验均部署于一个实际的数据中心环境中,该数据中心包含了 3 个集群环境,每个集群包含 16 台物理机,共 48 台物理机。所有物理节点同构,且每台机器配有双核 2.6 GHz Xeon CPU、4 GB 内存、1 TB 硬盘和千兆网卡。此外,在实验中,每个物理节点对应本章中所述的分布并行处理结构中的一个计算节点。所有算法均采用 Java 实现,并运行于 CentOS 操作系统中。在实验测试过程中,对于不同的参数设置,每次实验均运行 5 次并取其均值。特别地,实验中所采用的不确定流数据主要来源于以下两个方面:

(1)合成流数据:实验中采用了多个合成数据集来产生数据流,且这些合成数据集主要包括两种最为常用的数据分布类型,即独立型数据集和反相关数据集，其数据分布的形式如图 4.13 所示。此外，采用正态分布来随机产生并赋予每个合成数据对象一个存在概率值，以生成实验中的完整的流数据元组。其中，正态分布的均值 μ 和方差 α 分别设为 0.7 和 0.3。

(2)真实流数据：实验中所采用的真实实验数据主要来源于以下两个方面：①数据集(IPUMS)，该数据集包括诸如人口统计信息、地理位置信息、房产信息、收入信息、消费信息等众多美国人口普查方面的信息。实验中抽取其中的部分属性的数值信息，并加以规范化处理来产生实验中的数据流。该类型的数据由于其维度之间毫无关联，其数据特征类似于合成数据中的独立型的数据。②数据集(Zillow)，该数据集包含了一些美国家庭房产方面的部分信息。实验中抽取了其中最为常见的一些属性信息，如卧室数目、浴室数、建成年限、房价差额等进行实验测试，其中房价差额等于数据集中最高的房价与自身房价之差。该类型的数据更类似于合成数据中的反相关数据，因为自身房价越高，则该房价差额值越低。此外，与合成数据类似，同样采用正态分布来随机产生并赋予每个合成数据对象一个存在概率值，以生成实验中的流数据元组，且正态分布的均值 μ 和方差 σ 分别设为 0.75 和 0.25。

本章中的实验测试内容主要包括四个方面：第一，测试了网格划分粒度对 PSS 方法查询性能的影响；第二，测试了索引策略对查询处理性能的影响；第三，测试了 PSS 方法中不同流数据映射策略对查询处理性能的影响；第四，测试了 PSS 方法的负载均衡性能。特别地，在上述各项测试内容中，主要考查了不同查询方法在不同参数设置下的查询处理性能，其中涉及的主要参数包括网格索引中每个维度划分数目 δ、流数据的维度 d、全局滑动窗口规模 $P_{new}(e)$、计算节点数目 n，以及用户设定的概率阈值 q。表 6.3 中归纳了实验测试中所涉及的一些参数，如无特别指出，采用粗体显示的数值作为实验的缺省值。特别地，在表中参数 $|W|$ 所对应的取值中，1M 表示全局滑动窗口 W 中含有 1×10^6 个元组。此外，由于实验中的各计算节点同构，所以假定所有计算节点中维护的局部滑动窗口的长度相同，即均为 $|W_i| = |W|/n$，$(1 \leqslant i \leqslant n)$。

表 6.3　实验中涉及的相关参数及其取值

参数	值
δ	5　**10**　15　20　25　30
$\mid W \mid$	0.5M　1M　**2M**　3M　4M　5M
n	1　2　**4**　8　16
d	2　3　**4**　5　6
q	0.1　**0.3**　0.5　0.7

6.6.2　网格划分粒度对性能的影响

在 PSS 方法中，由于采用了网格索引结构，而网格划分的粒度对方法查询处理的性能可能会产生重大影响。为此，在本章的首个实验中，专门测试了网格划分中每个维度上网格划分数目 δ 对 PSS 方法查询性能的影响，其测试结果如图 6.13 所示。由图 6.13 所示的测试结果可知，随着 δ 值从 5 增长至 30，无论对于合成流数据还是真实流数据，每次查询更新所需的时间均呈现先减少后增加的趋势。产生该现象的主要原因在于：当网格划分较为粗糙时，其划分后的网格元胞的数目显然较少，使得落在每个网格元胞中的元组数目相对更多，从而导致根据前面所述的基于网格元胞进行剪枝和优化计算的效率有所下降。相反，若网格划分较细，则基于网格索引的优化效果将会更加明显。

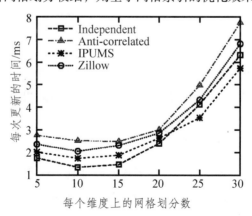

图 6.13　不同网格划分数对查询性能的影响

需要特别注意的是，随着各个维度上网格划分数目的增加，总的网格元胞数目将呈指数级增长，该现象极易导致网格元胞数目巨大而显著增加相应的计算开销。因此，为了平衡通信开销和计算开销，选择一个合适的 δ 值，对 PSS 方法的性能至关重要。从图 6.13 中可以看出，无论对于合成流数据还是真实流数据，当 δ 值取 10 时，PSS 方法查询的性能较其他取值更优。因此，为了达到更优的查询性能，且更为清晰地分析 PSS 方法的性能，在后续的实验中选择 10 作为 δ 的缺省值。

6.6.3　索引策略对处理性能的影响

为了测试本章中所提出的索引策略对查询处理性能的影响，本章中专门实现了一个无索引策略的 PSS 方法 PWS（PSS method without indexing strategy）。与 PSS 方法相同，PWS 方法同样基于 WPS 分布并行查询模型，并采用了 6.4 节中所述的计算节点之间的并行查询优化策略。与 PSS 方法唯一不同的地方在于，PWS 方法中未采用网格索引策略。为了测试两种方法的性能，对其分别在合成流数据和真实流数据上进行了测试，并针对不同的参数设置，包括全局滑动窗口规模 $|W|$ 以及参与并行查询的计算节点数 n，详细地对比测试和分析了两种方法的性能。

如图 6.14 所示为在不同的滑动窗口规模下两种方法的性能。由图 6.14 中结果可知，两种方法的每次更新处理的时间均随着全局滑动窗口规模的增加而变大。该结果在理论上是显然成立的，主要原因在于：随着全局滑动窗口规模的增大，每个计算节点上所维护的流元组数目更多，使得其计算开销，包括已经在窗口中的候选元组的 Skyline 概率更新的计算开销和新到达的流元组 Skyline 概率计算的开销，均在不断增加。此外，从图中能够地明显看出，PSS 方法的查询性能优于 PWS 方法两个数量级。由此可知，PSS 方法中采用的网格索引策略，对优化不确定数据流的分布并行 Skyline 查询处理具有极其重要的影响。

由图 6.15 可知，无论对于合成流数据还是真实流数据，PSS 和 PWS 方法的性能均随着并行节点数目由 1 增加至 16 而不断改进。通常地，从理论上而言，参与并行处理的计算节点数目越多，其性能将不断改进，特别是对于滑动窗口较大的情形，其性能改进将更为明显，这与第 5 章中的测试结果类似。然而，由图 6.15 所示结果的线段斜率同样可知，其查询性能的优化率（即图中测试结果线段的斜率)较于节点的增加率而言相对较缓。该现象的产生，主要源于以下事实：尽管随着计算节点数目的不断增加，每个计算节点中维护的局部滑动窗口规模不断减小，所以其涉及的查询计算的任务更少，从而导致其处理时间随之减少；然而，随着计算节点数的增加，计算节点之间通信的开销以及等待更多个计算节点全部完成更新操作的同步时间也随之增加，显然直接影响了方法的查询性能。此外，与不同的滑动窗口规模处理时的测试结果类似，PSS 方法无论在合成流数据还是在真实流数据上均较 PWS 方法更优，这也证明了所提出的 PSS 中各种优化策略的高效性。

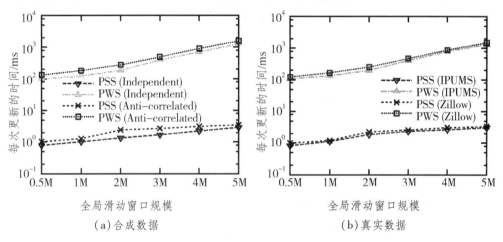

图 6.14　全局滑动窗口规模对查询性能的影响

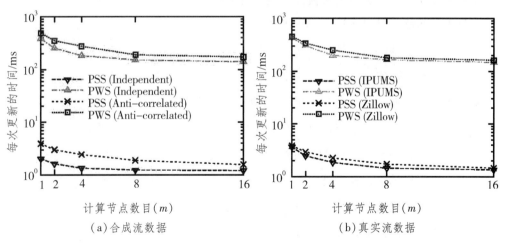

图 6.15　计算节点数目对查询性能的影响

6.6.4 不同映射策略对性能的影响

尽管上述实验已经验证了 PSS 方法的整体性能，然而为了进一步评估流数据映射策略对并行查询性能的影响，在实验中专门实现并测试了基于各种流数据映射策略方法的性能。就作者所知，除了第 5 章中所提出的各种分布并行查询模型外，目前国内外尚无其他不确定数据流的分布并行 Skyline 查询处理方法被提出。由第 5 章中的论述可知，基于分布式映射策略实现的并行处理方法和基于角划分映射策略实现的并行处理方法的性能较优。因此，在本实验中，专门测试对比了基于三种流数据映射策略实现的三种并行处理方法的性能，其具体描述如下：

(1)PSS 方法：该方法即本章中所提出的分布并行查询处理方法，其采用了算法 6.2 中描述的流数据映射策略，通过流数据的映射关系建立各计算节点内部元组的支配关系，从而优化查询处理性能。

(2)DPS 方法：该方法采用了第 5 章中所提出的分布式流数据映射策略，即将新到达的元组逐一交替地按序映射至不同的计算节点上；除映射策略不同外，其他优化策略如网格索引，以及相关的计算过程均与 PSS 方法相同。

(3)APS 方法：该方法基于 KÖHLER 等人[143]所提出的角空间划分的思想来映射流数据元组，目前已被证明是一种有效的改进分布并行 Skyline 查询处理性能的策略，其具体描述如 5.5.4 小节所示；与 DPS 方法相同，除映射策略不同外，其他的查询处理方式和优化方式均与 PSS 方法相同。

特别地，在实现 APS 方法的过程中，每个计算节点负责维护一个角空间范围内的流数据，且该角空间的范围取决于计算节点的整体处理性能。在实验中，由于各个计算节点同构，所以假定每个计算节点所维护的角空间范围相同。此外，DPS 方法和 APS 方法中均采用第 5 章中所提出的负载均衡策略。需要特别强调的是，在上述三种方法的实现中，除了流数据的映射策略不同外，其他的优化策略如网格索引等均相同。特别地，为了更为深入地测试和分析三种方法的性能，在实验中分别针对合成流数据和真实流数据，测试了三种方法在不同滑动窗口规模 $|W|$，计算节点数目 n，流数据维度 d 以及概率阈值 q 情形下的查询处理性能。

1. 全局滑动窗口规模的影响

如图 6.16 所示为在不同的全局滑动窗口规模 | W | 下三种方法的测试结果。由图 6.16 中结果可知，三种方法每次更新需要的时间均随着 | W | 的增长而不断增加。在一般情况下，DPS 方法的性能较 APS 方法更差，其主要原因在于：采用空间角划分策略，能够将一定的角空间范围内的元组聚集在一起，且这些元组由于其支配关系明显而使得剪枝的效率较高。因此，尽管 APS 中各计算节点上的流数据数目难以完全相同，即完全均衡划分负载，但是其在计算效率上较 DPS 方法更优。

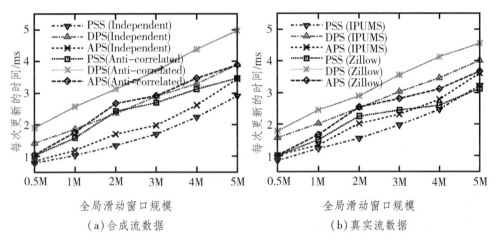

（a）合成流数据　　　　　　　　　（b）真实流数据

图 6.16　全局滑动窗口规模对查询性能的影响

从图 6.16 中也能发现，无论是对于合成数据还是真实数据，PSS 方法的查询性能在三种方法中最优，这也表明所提出的 PSS 方法中的映射策略最优。此外，由图 6.16(a) 所示的结果可知，三种方法在反相关数据上每次查询更新所消耗的时间远较独立型数据时间长。产生该现象的主要原因在于：反相关类型的流数据之间的支配关系没有独立型流数据上的支配关系明显，导致在该类数据上的剪枝效率不如独立型流数据上高，从而使得其更新处理的时间相对更长。

2. 并行计算节点数目的影响

为了分析计算节点数目对查询性能的影响，实验中分别测试了三种方法在不同计算节点数情形下的查询处理性能，其实验测试结果如图 6.17 所示。

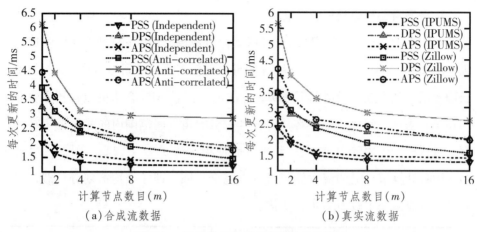

（a）合成流数据　　　　　　　　　　（b）真实流数据

图 6.17　计算节点数目对查询性能的影响

由图 6.17 中结果可知，无论是对于合成数据还是真实数据，其每次查询更新所需的时间均随着计算节点由 1 增加至 16 而不断减少。特别地，与前面介绍的测试结果相似，其查询更新所优化的时间比例与计算节点数的增长率不成正比。产生该现象的主要原因在于，计算节点数的增加将增加额外的通信与同步的时间开销，且该开销的增加往往随着节点数的增加而骤增。此外，由图中的测试结果可知，无论是在合成数据还是真实数据上，PSS 方法的查询性能在三种方法之中最优。

3. 流数据维度对性能的影响

为了测试不同的流数据维度 d 对方法查询性能的影响，实验中专门测试了三种方法在不同数据维度下的查询处理性能，其实验结果如图 6.18 所示。

由图中测试结果可知，无论是对于合成数据还是真实数据，随着数据维度由 2 增加至 6，三种方法中每次流数据更新的时间均呈现逐渐增加的趋势。由此可见，随着数据维度的增加，三种方法的查询处理速率均在不断降低，且三种方法的处理效率均对维度值的变化较为敏感。

然而，在三种方法中，PSS 方法和 APS 方法的性能均优于 DPS 方法，而 PSS 方法和 APS 方法的效率较为接近，特别是对于维度值较大的情形，如维度为 4 至 6 时的情形。产生该现象的原因，主要源于以下方面的事实：尽管整个流数据更新处理的任务由多个计算节点共同承担，然而计算节点和所处理的滑动窗口内流数据之间的异构性，导致各个计算节点的查询处理性能不同。PSS 方法和 APS 方法性能的主要优势在于：无论是对于真实数据或者合成数据，PSS 方法能够利用计算节点之间的组织关系来优化支配计算，而 APS 方法中基于角划分的方式使得各计算节点内流数据之间的支配关系更为明显，从而优化了计算过程。

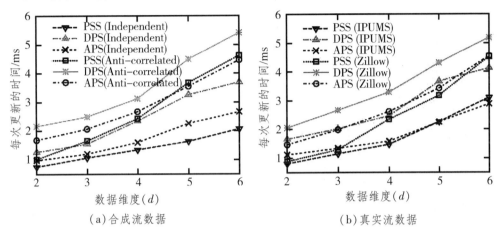

（a）合成流数据　　　　　　　　　　　　（b）真实流数据

图 6.18　数据维度对查询性能的影响

4. 概率阈值对性能的影响

为了验证用户设定的 Skyline 概率阈值 q 对三种方法查询性能的影响，在实验中专门测试了在不同阈值情形下三种方法的性能，其测试结果如图 6.19 所示。

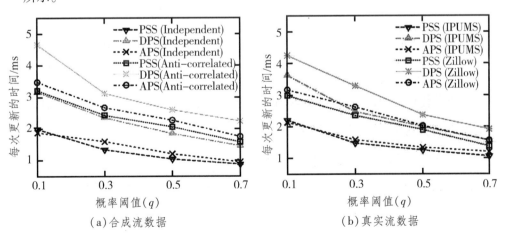

（a）合成流数据　　　　　　　　　　　　（b）真实流数据

图 6.19　概率阈值对查询性能的影响

由图 6.19 中测试结果可知，随着概率阈值 q 由 0.1 不断增加至 0.7，三种方法每次查询更新所消耗的时间均呈现递减的趋势。该测试结果显然是所期待的测试结果，因为由前面对方法的论述过程可知，概率阈值极大地影响着候选 Skyline 的结果。通常地，概率阈值 q 越大，候选 Skyline 元组的数目越少。因为若某个元组 t 属于 q-Skyline 集合且 $q' \leqslant q$，则其必然属于 q'-Skyline 集合。因此，随着概率阈值的不断增大，在查询更新处理的过程中将导致越来越多的元组被剪枝，从而减少了计算的开销和查询处理的时间。此外，从图中 6.19 同样可知，PSS 方法和 APS 方法的性能均优于 DPS 方法，且 PSS 方法的性能相对最优。

6.6.4.5　通信开销的对比分析

假定在并行查询处理过程中，传递一个四元组 $\langle 1, e_{new}, P_i, * \rangle$ 和支配概率值的通信开销分别为 c_i 和 c_r。特别地，在上述三种方法中，Skyline 查询的结果均由计算节点传输至查询节点 Q，而且由于传输的 Skyline 元组的数目均相同，使得三种方法返回查询结果的通信开销相同。因此，在比较三种方法的通信开销时，可直接忽略将查询结果返回的通信开销。此外，由于在整个查询更新过程结束时，各计算节点告知监控节点 M 操作已完成所需的通信开销相同，因此在对比其通信开销时，同样将该通信开销忽略。

根据上述假设和分析可知，对于 n 个计算节点参与的并行处理，DPS 方法和 APS 方法的通信开销主要包括三个部分，即将新到达元组传输至所有计算节点的通信开销 $n \cdot c_i$，并行计算节点返回支配概率的通信开销 $(n-1) \cdot c_r$，以及传输过滤元组至其他计算节点的通信开销 $(n-1) \cdot c_i$。因此，两种方法中需要的总的通信开销为 $C_1 = (2n-1) \cdot c_i + (n-1) \cdot c_r$。

在 PSS 方法中，假定新到达的元组 e_{new} 将被映射至第 k 个计算节点 P_k，且过期的元组位于第 k' 个计算节点 P_k' 上，则该方法的通信开销主要包括三个部分，即监控节点 M 将新到达的元组发送至计算节点 $P_1, P_2, \cdots, P_k$ 的通信开销 $k \cdot c_i$，各计算节点将支配概率返回计算节点 P_k 的通信开销 $(k-1) \cdot c_r$，以及传输过期元组至计算节点 $P_{k'+1}, P_{k'+2}, \cdots, P_n$ 的通信开销 $(n-k') \cdot c_i$。因此，执行单次并行查询更新所需的上述三个方面的总的通信开销为

$$C_2 = (n + k - k') \cdot c_i + (k - 1) \cdot c_2 \circ$$

从上述对三种方法的通信开销的分析可知，由于 k 和 k' 通常小于 n，所以必然有 $C_2 \leqslant C_1$。由此可见，PSS 方法所花费的通信开销较其他两种方法更少。

6.6.5　计算节点负载均衡性能测试

为了进一步分析 PSS 方法的负载均衡性能，与第 5 章中的测试类似，实验中同样选取 10 个计算节点来实现不确定数据流的并行 Skyline 查询计算。在 PSS 方法中，主要通过算法 6.2 来尽可能地实现各计算节点上的负载均衡。在该算法中，首先根据第 5 章中的算法 5.1 来确定各计算节点的综合处理能力，以及各局部窗口占全局窗口的比例权重；在此基础上，确定 PSS 方法中各计算节点所维护的流数据的距离范围区间。由于在 PSS 方法中，流数据的映射是根据新到达元组的欧氏距离来确定的，所以无法如 DPS 方法中那样做到完全均衡地映射元组。然而，通过规划各计算节点所负责的欧氏距离范围，能够尽可能地实现较为均衡的映射。

在本实验中，共抽取了规模为 1M、10M 和 100M 的三种独立型数据集，然后通过获得对此三个数据集的总体处理速率来得到各计算节点综合处理能力的权重，以进一步确定各局部窗口占全局滑动窗口的权重，从而确定各计算节点的欧氏距离范围划分。实验中独立型流数据的维度 d 设为 4，全局滑动窗口的尺寸 $|W|$ 为 5M，且计算节点数 n 为 10。该实验测试了各个计算节点上平均处理每次查询更新所需要的时间，并通过对比各计算节点上的处理时间来评估方法的负载均衡性能。

表 6.4 中给出了采用 PSS 方法执行并行处理时，10 个计算节点分别执行单次 Skyline 计算更新所需的平均时间（单位为 ms）。由表 6.4 中所示的结果可知，10 个计算节点上的平均单次更新时间差别较小，可判断其负载均衡性能较好。通过多次实验发现，各计算节点上的平均处理时间相对均衡，未出现某个计算节点过载而导致查询处理相对过慢的情形。综上可知，PSS 方法具有较好的负载均衡性能。

表 6.4　PSS 方法负载均衡性能测试结果

计算节点 ID	1	2	3	4	5	6	7	8	9	10
滑动窗口权重	0.022	0.041	0.062	0.083	0.096	0.105	0.115	0.134	0.163	0.179
单次更新时间	1.48	1.46	1.38	1.41	1.39	1.39	1.41	1.49	1.44	1.51

6.7　本 章 小 结

　　针对已有的不确定数据流 Skyline 查询方法难以解决高吞吐率数据流环境下对大规模滑动窗口进行快速 Skyline 查询的问题，本章中提出了一种基于两级优化的分布并行 Skyline 查询方法 PSS。在 PSS 方法中，基于窗口划分的 WPS 模型，有效地实现了不确定数据流 Skyline 查询的分布并行处理；在此基础上，利用计算节点之间和计算节点内部的两级优化来提高并行查询处理的效率。在各计算节点之间，利用新到达流数据的映射策略对所有的并行计算节点进行有效组织，建立了各计算节点上元组之间支配关系的联系，极大地减少了各计算节点所维护的元组之间的支配测试次数。在各计算节点内部，采用网格索引结构优化各个计算节点内部计算等，包括元组之间的支配测试计算、候选元组的 Skyline 概率计算和更新等；同时，采用一种基于 Z-order 曲线的管理策略对大量网格元胞进行高效管理，并利用 Z-order 列表的单调性优化网格元胞之间的支配关系测试，进一步提高了各计算节点内部的查询处理效率。大量合成流数据和真实流数据上的实验测试结果表明，与已有方法相比，PSS 方法极大地提高了不确定数据流 Skyline 查询处理的效率，同时降低了查询所需的通信开销，且具有较好的负载均衡性能。

第7章

基于复制的容错分布并行 Skyline 查询方法

在分布式计算领域，容错问题一直是研究的热点问题之一。尽管高带宽的分布式计算环境（如云计算环境），为不确定数据流的分布并行 Skyline 查询处理提供了有利条件，然而由于各种故障的发生，使得在分布并行查询时同样需要考虑容错问题。故障的发生不仅会引起查询结果出错，而且会导致连续查询中断。特别地，与静态数据集上的容错查询不同，流数据的高度动态性，使得其不仅需要快速恢复丢失的数据，而且需要充分利用已查询的中间结果；否则，不仅会导致查询结果出错、浪费大量的计算资源，而且会影响查询的时效性，从而严重影响着用户的查询体验。然而，已有的各种数据流上的 Skyline 查询方法往往仅关注于查询处理的效率，而忽视容错查询的重要性，使得其无法有效解决不确定数据流的容错并行 Skyline 查询问题。为此，本章中提出了一种基于复制的容错分布并行 Skyline 查询方法 FTPS（replication based fault-tolerant distributed parallel Skyline query scheme）。在 FTPS 方法中，基于第 5 章所提出的 WPS 模型和第 6 章所提出的两级优化策略，实现了一种高效的分布并行查询处理框架，以快速并行处理不确定数据流上的 Skyline 查询；同时将各种基于复制的容错策略与分布并行查询处理框架有效结合，实现了高效的不确定数据流的容错分布并行 Skyline 查询处理。

7.1 引　　言

当前诸如云计算数据中心等高带宽的分布式计算环境，虽然为分布并行查询处理提供了极大的便利，然而也带来了一系列的问题和挑战，其中最为典型的便是容错问题。特别地，在数据中心环境中，诸如硬件故障、人为故障、网络故障和软件故障等时有发生。若在分布并行查询处理的过程中发生故障，将会引起查询结果出错、查询中断且浪费大量的系统资源，严重影响着用户的查询体验。特别地，即使采用当前各种存储系统（如 Hadoop 中的 HDFS）中的容错技术，快速恢复丢失的所有数据且重新启动查询处理过程，也将浪费大量的计算资源，而且会影响数据流查询处理的时效性。此外，在不确定数据流 Skyline 查询的过程中，先后到达的数据会直接影响最终的查询结果，若故障发生后直接丢弃已有的计算和数据并等待故障恢复后再继续执行查询，不仅会浪费大量的系统资源，而且会导致查询结果出错，显然也无法满足用户的查询需求。

尽管目前尚无针对不确定数据流 Skyline 查询的容错方法提出，然而在不少 Skyline 查询研究中已经充分认识到了容错查询的重要性。典型地，WANG 等人[129]通过优化计算节点的组织结构来实现负载均衡，以避免单点失效问题，从而在一定程度上有效地提高了系统整体的容错能力；王媛等人[184]针对确定性数据集上的容错分布并行 Skyline 查询问题，提出了基于复制和任务迁移的容错分布并行处理方法。虽然上述研究能够在一定程度上优化或者解决确定性数据集上的容错分布并行 Skyline 查询问题，却无法解决不确定数据流上的分布并行 Skyline 查询问题。其主要原因包括两个方面：第一，不确定数据上的 Skyline 查询计算较确定性数据更为复杂，涉及大量元组之间的支配关系测试和元组 Skyline 概率的计算和更新，查询过程中需要频繁地通信，然而上述研究中所提出的方法均不支持此方式；第二，数据流的查询需要近乎实时的处理，其数据的容错过程和处理过程存在显著差异，静态数据上的查询和容错策略显然无法满足数据流容错查询的需要。

为此，针对在不确定数据流的分布并行 Skyline 查询过程中，故障发生而导致查询结果不准确和查询中断的问题，提出了一种基于复制的容错分布并行 Skyline 查询方法 FTPS。在 FTPS 方法中，首先基于滑动窗口模型对不确定数据流的容错分布并行查询问题进行了明确定义，并将高效的分布并行查询处理框架与有效的容错处理策略相结合，以实现快速的容错分布并行查询处理。一方面，FTPS 方法将基于窗口划分的 WPS 模型和两级优化策略相结合，以实现不确定数据流 Skyline 查询的高效分布并行查询处理框架；另一方面，FTPS 方法中将各种基于复制的容错优化策略与分布并行查询处理框架有效结合，以实现高效的容错分布并行查询处理。在容错查询处理过程中，FTPS 方法对复制的内容、时机、副本的数目和副本放置的位置等多个方面进行了优化。特别地，FTPS 方法选择参与并行处理的计算节点作为副本节点，并对各计算节点上的多个副本进行层次化管理，通过选择优先级高的副本恢复数据，以保证数据恢复的高效性；同时将故障检测、丢失数据恢复和查询过程恢复贯穿于整个查询更新过程中，以降低容错处理的额外通信和计算开销，并实现快速的并行查询恢复过程。

7.2　容错分布并行 Skyline 查询问题描述

本节首先介绍本章中使用的一些基本概念，然后论述容错分布并行 Skyline 查询的定义和本章解决的主要问题。

7.2.1　相关概念

本章中研究的不确定数据流的 Skyline 查询主要关注于基于计数的滑动窗口上的连续 Skyline 查询，且主要针对增量（append-only）数据流模型，即在流数据过期前不存在元组被删除或者修改的现象。不确定数据流中的元组按照先到先服务，即 first-in-first-out（FIFO）的方式进行处理，且最先到达的流数据元组最先过期。此外，为便于描述，本章中统一采用整数值并依据流数据的到达顺序标记各流数据的位置。特别地，假定流数据 e 在数据流中的到达次序采用整数 $\kappa(e)$ 标记，即表示 e 为数据流中第 $\kappa(e)$ 个到达的元组。特别地，将整个不确定数据流表示为 DS。由于查询时始终关注于 DS 中最新到达的 N 个元组，即隶属于全局滑动窗口 W 中的元组，故将 DS 中最近到达的 N 个元组的集合记为 DS_N。此外，不失一般性，本章中假定对于所有不确定流数据中的确定性属性值均以小为优。

在上述条件假定的基础上，给出与本章不确定数据流上分布并行 Skyline 查询处理问题相关的一些基本概念和定义如下：

定义 7.1（流数据支配）：对于任意两个 d 个维度的流数据元组 e 和 e'，e 支配 e'（记为 $e \prec e'$），当且仅当在所有维度 $1 \leqslant i \leqslant d$ 上，均满足 $e.i \leqslant e'.i$，且至

少存在某一维度 j，使得其满足 $e.j < e'.j$。

需要特别指出的是，上述定义中所指出的 d 个维度，是指不确定流数据元组的确定性属性维度，而并不包含流数据的存在概率维度。流数据元组的支配关系，与其存在概率的大小并无任何关系。在上述流数据支配定义的基础上，可得出对于 DS_N 中的元组 e，其成为 Skyline 元组的概率 $P_{sky}(e)$ 为：

$$P_{sky}(e) = P(e) \cdot \prod_{e' \in DS_N, e' < e} [1 - P(e')] \tag{7.1}$$

在此基础上，可进一步给出 DS_N 中 q-Skyline 集合（简记为 $SKY_{N,q}$）的概念如下：

定义 7.2（DS_N 的 q-Skyline 集合）：给定概率阈值 q，DS_N 中的 q-Skyline 集合定义为 DS_N 的一个子集，其中每个流数据元组成为 DS_N 中 Skyline 元组的概率均不小于概率阈值 q，即对于每一个 $SKY_{N,q}$ 中的元组 e，均满足 $P_{sky}(e) \geq q$。

此外，由 6.2 节中的论述可知，实际上公式（7.1）可采用另一种形式表示，即 $P_{sky}(e) = P(e) \cdot P_{new}(e) \cdot P_{old}(e)$，其中 $P_{new}(e) = \prod_{e' \in DS_N, e' < e, \kappa(e') > \kappa(e)} [1 - P(e')]$，且 $P_{old}(e) = \prod_{e' \in DS_N, e' < e, \kappa(e') < \kappa(e)} [1 - P(e')]$。因此，对于 DS_N 中的某个不确定流数据 e，若其不满足条件 $P_{can}(e) = P_{new}(e) \cdot P(e) \geq q$，则 e 必然不能成为 DS_N 中的 q-Skyline 元组。因此，在对全局滑动窗口 W 中的元组进行 Skyline 查询时，只需关注于满足 $P_{can}(*) = P_{new}(*) \cdot P(*) \geq q$ 条件的元组即可，因为不满足此条件的元组不可能成为 q-Skyline 元组。为便于后续描述，对于任意流数据元组 e，在本章中将其 $P_{can}(e) = P_{new}(e) \cdot P(e)$ 值称为元组 e 的候选 Skyline 概率。

7.2.2　问题描述

本章中主要针对集中到达的不确定数据流，利用分布式计算环境（如云计算数据中心环境）进行容错分布并行 Skyline 查询处理。与已有研究类似，本章主要关注于即时的连续查询处理，即到达一个新的流数据即进行一次查询处理更新，而不考虑滑动窗口更新粒度的问题。通常地，在分布式计算环境中，故障发生的情形和类型较多，典型的如节点故障、通信故障和软件故障等。为便于论述，在本章中将发生的各种故障统一称为节点故障，其主要原因在于：在查询处理过程中，计算节点之间通过相互发送探测消息确定各计算节点的状态；若某个计算节点在一定的时间内未返回应答信息，则该计算节点视为失效；尽管该计算节点可能因为通信等原因其未能及时应答，然而由于该计算节点再无参与并行查询处理的能力，而仍将其视为失效。基于7.2.1 小节的相关定义和上述假定，可将本章中研究的不确定数据流的容错分布并行 Skyline 查询问题描述如下。

问题描述： 对于一组高速且连续到达的不确定数据流 DS，假定采用长度为 N 的基于计数的滑动窗口对其进行建模，且该滑动窗口中最新到达的 N 个流数据的集合为 DS_N，研究一种基于高带宽的分布式计算环境（如数据中心环境）连续即时地查询 DS_N 中 q-Skyline 元组集合的并行查询方法，该方法即使在单个甚至多个计算节点失效的情形下，仍然能够快速恢复查询过程并及时准确地返回查询结果。

通过上述问题定义可知，本章中涉及的查询需要获取精确的查询结果。因此，众多传统的用于流数据查询优化的近似处理技术，如草图（sketch）方法和 flajolet-martin（FM）方法等，均无法用于本章中的分布并行查询优化。为了便于描述，将本章中常用的符号及其含义归纳为表 7.1 所示。

表 7.1　本章中涉及的常用符号及其含义

符号	含义
DS_N	数据流 DS 中最近 N 个流数据的集合
W	不确定数据流 DS 对应的全局滑动窗口
$|W|$	滑动窗口 W 的窗口长度
W_i	节点 P_i 所维护的局部滑动窗口
$\kappa(e)$	数据流 DS 中第 $\kappa(e)$ 个到达的元组 e
e_{new}	滑动窗口 W 中最新到达的流数据
e_{old}	滑动窗口 W 中过期的流数据
$P(e)$	流数据元组 e 的出现（或存在）概率
$P_{new}(e)$	不被 W 中比 e 更早到达的全部元组所支配的概率
$P_{old}(e)$	不被 W 中比 e 更晚到达的全部元组所支配的概率
$P_d^j(e)$	流数据元组 e 对于滑动窗口 W_j 的支配概率
$P_{sky}(e)$	流数据元组 e 对于滑动窗口 W 的 Skyline 概率

符号	含义
$P_{can}(e)$	元组 e 的候选 Skyline 概率，其值为 $P_{new}(e) \cdot P(e)$
$SKY_{N,q}$	全局滑动窗口 W 中的 q-Skyline 集合
PRE_i	含有计算节点 P_i 副本的计算节点集合

7.3 容错分布并行 Skyline 查询方法设计

在 FTPS 方法中，首先采用第 5 章中的 WPS 查询模型和第 6 章中的两级优化策略，实现了一种高效的不确定数据流的分布并行 Skyline 查询处理框架，以满足快速查询更新的需要。在此基础上，提出了多种容错查询策略，并将这些容错策略与分布并行查询处理框架有效结合，实现了高效的容错分布并行查询处理。

7.3.1 分布并行查询框架

在 FTPS 方法中，首先利用 WPS 分布并行查询模型和两级优化策略，实现了一种不确定数据流的高效分布并行 Skyline 查询处理框架 PS2（efficient distributed parallel Skyline query framework over uncertain data streams）。特别地，在 PS2 框架中，采用全局滑动窗口划分的方式，将集中式流数据查询处理转化为并行流数据查询处理。同时，为了提高查询处理的效率，采用了第 6 章中所提出的两级优化策略，即计算节点之间的优化和计算节点内部的优化。在各计算节点之间，将其按照算法 6.2 中的映射策略，建立各计算节点的局部窗口中，元组之间的支配关系，从而优化计算过程中元组之间的支配关系测试；在各计算节点内部，采用网格索引策略，并利用 Z-order 列表对所有的网格元胞进行高效管理，以提高各计算节点内部的查询计算效率，从而提高整个系统的并行处理效率。

特别地，为了方便后续的容错查询处理，PS2 框架与第 6 章中所提出的 PSS 方法存在一定的差异，该差异主要体现在对新到达流数据的具体分发过程，在 7.4.1 小节中将对其完整的查询处理框架展开详细论述。

7.3.2　容错查询处理策略

数据复制作为分布式系统中的一种重要技术，是实现数据容错的关键技术之一，且目前在云计算数据中心环境中运用广泛，例如在 GFS 和 HDFS 系统中均采用了复制技术。复制技术可通过为用户提供服务状态一致的不同副本来减少用户等待的时间，从而加快数据访问的速度，同时提高数据的可用性。由于本章研究的数据流查询需要及时响应和快速查询处理，且所有处理的流数据及中间数据均维护在内存中，所以相对于编码策略的数据容错技术，复制策略更适合于数据流的容错分布并行查询处理。因此，在 FTPS 方法中选择复制策略来实现数据容错。

在 FTPS 方法中，每个计算节点既是并行计算的参与者，同时也充当副本节点，以充分减少系统中所需要使用的计算节点数目；同时为了提高容错查询处理的效率，对数据复制的内容、副本的数目、副本放置策略，以及副本更新的周期和时机等进行优化。在 FTPS 方法中，将故障的检测、丢失数据的恢复和查询过程的恢复等容错处理过程与并行查询处理过程紧密结合，以减少容错处理的通信开销并实现高效的容错分布并行处理。特别地，在 FTPS 中选择参与并行处理的计算节点作为副本节点，并对各计算节点上的多个副本进行层次化管理，通过选择优先级高的副本恢复数据来保证数据恢复的高效性；同时将故障检测、丢失数据恢复和查询过程恢复贯穿于整个查询更新过程中，以减少容错处理的额外通信开销和计算开销，并实现快速的查询恢复过程。

7.4　高效的分布并行查询框架

通过 7.3 节的描述可知，在 FTPS 方法中首先基于 WPS 模型和两级优化策略实现了 PS2 分布并行查询处理框架，以高效执行不确定数据流的并行查询处理。在 PS2 框架中，利用基于窗口划分的 WPS 模型将集中式查询处理方式转换为并行查询处理方式，同时利用两级优化策略来提高并行处理的效率。以下将分别针对 PS2 框架的查询处理过程和两级优化处理策略展开具体论述。

7.4.1　分布并行查询过程

在 PS2 框架中，基于第 5 章中所提出的 WPS 模型将全局滑动窗口 W 进行逻辑划分。假定查询系统中存在 n 个计算节点 $P_i(1 \leqslant i \leqslant n)$，则将其在逻辑上划分为 n 个局部窗口 $W_i(1 \leqslant i \leqslant n)$，且该划分满足完全不重叠划分，即满足条件 $W = \bigcup\limits_{i=1}^{n} W_i$ 和 $W_i \cap W_j = \varnothing(i \neq j)$。由于采用了 WPS 模型，所以 PS2 框架的整体网络结构如图 5.4 所示。在该框架中，主要包括三类节点，即监控节点（M）、计算节点 $P_i(1 \leqslant i \leqslant n)$ 和查询节点（Q）。监控节点负责将新到达的不确定流数据发送至监控节点，同时协调各计算节点之间的查询计算；计算节点主要负责与查询处理相关的计算任务；查询节点则负责收集每次查询处理更新完成后，各计算节点所返回的最终 q-Skyline 结果。特别地，在 PS2 框架中，各计算节点分别负责其局部滑动窗口内元组的 Skyline 概率更新，同时负责对新到达流数据支配概率的计算；对于新到达流数据所映射的计算节点，还需负责计算新到达元组的全局 Skyline 概率。

在 PS2 分布并行查询架构中，假定监控节点 M 接收到新到达的流数据 e_{new}，则 M 首先将其发送至全部计算节点，并将其映射至某个计算节点（如 P_i），即元组 e_{new} 所属的计算节点。在后续处理过程中，将由 P_i 负责计算 e_{new} 的全局 Skyline 概率。由于所有的计算节点均需要根据新到达的流数据更新各自局部窗口内元组的 Skyline 概率，故 M 将 e_{new} 直接发送至所有计算节点，以避免通过其他计算节点再次转发。在查询处理过程中，过期的计算节点需要将过期的元组 e_{old} 发送至其他节点，使得各计算节点能够同时根据 e_{old} 和 e_{new} 来更新其局部窗口中元组的 Skyline 概率。

特别地，当各计算节点 $P_j(1 \leqslant j \leqslant n, \ j \neq i)$ 接收到新到达的流数据 e_{new} 后，即可根据以下公式直接计算出 e_{new} 相对于该局部滑动窗口 W_i 的支配概率值 $P_d^j(e_{\text{new}})(1 \leqslant i \leqslant n, \ j \neq i)$：

$$P_d^j(e_{\text{new}}) = \prod_{e_i \in W_j, e_i \prec e_{\text{new}}} \left[1 - P(e_i) \right] \tag{7.2}$$

当各计算节点计算出 $P_d^j(e_{\text{new}})$ 值之后，分别将其发送至 e_{new} 所映射的计算节点 P_i。因此，当计算节点 P_i 获得所有计算节点返回的支配概率之后，即可根据如下公式快速计算出 e_{new} 的全局 Skyline 概率值：

$$P_{sky}(e_{new}) = P(e_{new}) \prod_{i=1}^{n} P_d^j(e_{new})$$

$$= P(e_{new}) \cdot \prod_{i=1}^{n} \{ \prod_{e \in W_i, e < e_{new}} [1 - P(e)] \} \tag{7.3}$$

同时，各计算节点均根据所接收到的 e_{new} 和 e_{old} 元组信息，采用如下公式更新其各自局部滑动窗口中元组的 Skyline 概率：

$$P_{sky}(e) = \begin{cases} P_{sky}(e) * [1 - P(e_{new})], & \text{if } e_{new} < e \\ P_{sky}(e) / [1 - P(e_{old})], & \text{if } e_{old} < e \end{cases} \tag{7.4}$$

当更新操作完成后，各计算节点将满足条件 $P_{sky}(e) \geq q$ 的所有元组发送至查询节点 Q。需要注意的是，在各计算节点中对于其所维护的局部滑动窗口中的元组，并非需要对所有的元组进行概率更新计算，而是仅需对有希望成为最终 q-Skyline 的元组进行概率更新计算，即满足条件 $\{e | P(e) \cdot P_{new}(e) \geq q\}$ 的元组集合。因为在各局部窗口中，不满足以上条件的元组最终不可能成为全局 q-Skyline 元组。为便于描述，在后续论述中将满足以上条件的元组称为候选 q-Skyline 元组。

7.4.2　分布并行查询优化

为了有效地改进并行查询处理的效率，PS2 框架中采用了第 6 章中所提出的两级优化策略，即参与并行计算节点之间和各计算节点内部的并行查询处理优化。

在 PS2 架构中，对于并行计算节点之间的优化，利用算法 6.2 对新到达的流数据进行映射，以建立各计算节点之间的某种内在联系，从而优化各局部窗口中元组之间的支配关系测试。首先，通过抽样测试各计算节点的处理能力，并确定各计算节点所管辖的欧氏距离范围，从而将整个距离范围划分为多个区段，而每个区段由一个计算节点负责。其次，当新的流数据 e_{new} 到达后，计算 e_{new} 中确定属性的欧氏距离，通过刺探各计算节点所辖的距离区间确定其所映射的计算节点。假定所有参与并行处理的计算节点按其 ID 号排序分别为 P_1，P_2，$\cdots$，P_n，则通过上述映射方式，实际上建立了各计算节点局部滑动窗口中元组的某种支配关系。假定上述计算节点所管辖的距离区间范围由小到大排序，且满足 $i < j$，则根据定理 6.1 可知，计算节点 P_i 维护的局部

滑动窗口中的元组必然不被 P_j 中的元组支配。因此，通过此优化方式，能够极大地减少查询处理过程中大量元组的支配关系测试。

对于 PS2 架构中各计算节点内部的计算过程，采用概率网格索引进行优化。在各个计算节点内部，将所有流数据共享的数据空间划分为多个独立的网格元胞，且各网格元胞互不重叠，均维护着其所属网格区域内的元组集合。由于网格元胞数目可能较多，所以同样采用 Z-order 列表来优化网格元胞的组织和索引。特别地，首先通过计算网格元胞的 Z-order 地址对空间中所有的网格元胞进行编码，并将其按 Z-order 列表排序，然后将排序后的网格元胞的索引采用数组进行存储。

在 PS2 架构中，各计算节点内部均维护着 GArray 和 CArray 两个数组，分别存储着对于整个局部滑动窗口和候选 q-Skyline 元组集合中元组的索引。为了实现对以上数组的快速访问，各计算节点中还维护着两个与上述索引相对应的哈希表 HGList 和 HCList。假定对于某个新到达的元组 e_{new}，其位于网格元胞 C_{ij} 中，则通过分别查询哈希表 HGList 和 HCList，即可获得该网格元胞对应的 Z-order 地址的排序值 r_i 和 c_i。因此，通过 r_i 和 c_i 值可直接访问 GArray 和 CArray，以获取各网格元胞的索引。通过测试网格元胞之间或者网格元胞与元组之间的支配关系，可显著地减少查询处理过程中的支配比较次数，而无须通过完全遍历检测所有元组之间的支配关系。整个 PS2 中的优化处理过程可参考 6.4 节和 6.5 节所述。

特别地，在以上两级优化策略的基础上，PS2 分布并行查询处理框架的整个查询处理过程可归纳为如图 7.1 所示的算法 7.1。

算法 7.1 PS2 分布并行查询处理框架

1 监控节点 M 根据算法 6.2 将 e_{new} 映射至计算节点 P_i；

2 M 发送 $\langle 1, P_i, e_{new} \rangle$ 至计算节点 $P_1, P_2, \cdots, P_i$ 并通知过期节点 P_k；

3 过期计算节点 P_k 查找出 e_{old}；

4 P_k 查找 e_{old} 并发送 $\langle 0, e_{old} \rangle$ 至计算节点 $P_{k+1}, P_{k+2}, \cdots, P_m$，且发送 $\langle 0, \varnothing \rangle$ 至 $P_1, P_2, \cdots, P_{k-1}$；

5 **foreach** 计算节点 $P_j (1 \leqslant j \leqslant i-1)$ **do**

6   查找 e_{new} 所在的元胞 C_{new}；

7　　　GetDomPro(e_{new}, HGList, GArray)；

8　　　发送 $P_d^j(e_{\text{new}})$ 至计算节点 P_i；

9　P_i 收集所有的 $P_d^j(e_{\text{new}})$ 值并计算 e_{new} 的 Skyline 概率 $P_{\text{sky}}(e_{\text{new}})$；

10　P_i 将 e_{new} 插入其所属的元胞 C 中并更新 C. NEP $* = [1 - P(e)]$ 值；

11　P_k 将 e_{old} 从其所属的元胞中删除并更新 C. NEP$/ = [1 - P(e)]$ 值；

12　**foreach** 计算节点 $P_t(i \leqslant t \leqslant n)$ **do**

13　　　UpdateNew(e_{new}, HCList, CArray)；

14　**foreach** 计算节点 $P_t{}'(k \leqslant t' \leqslant n)$ **do**

15　　　查询 e_{old} 所属的网格元胞 C_{old}；

16　　　UpdateOld(e_{old}, HCList, CArray)；

17　查询节点 Q 收集所有计算节点发送的 Skyline 结果集合 SKY$_{N,q}$.

图 7.1　PS2 分布并行查询处理框架

　　如图 7.2 所示的算法 7.2 描述了在各计算节点的局部滑动窗口中，元组支配新到达元组 e_{new} 的支配概率 e_{new} 的计算过程。根据算法描述可知，首先，确定 e_{new} 所在的网格元胞 e_{new}，并初始化 e_{new} 值；其次，通过搜索 e_{new} 确定 e_{new} 在数组 e_{new} 中的索引下标 e_{new}，从而能够将支配考查的网格元胞确定为不大于索引下标 e_{new} 的网格元胞。其主要原因在于，根据性质 6.1 可知，索引下标大于 e_{new} 的网格元胞中的元组不可能支配 e_{new}。在此基础上，通过扫描相应的网格元胞，并分别根据 e_{new} 与相应的网格元胞，以及 e_{new} 与网格元胞中元组的支配关系来更新计算 e_{new} 值，其具体操作分别如算法 7.2 的第 5 ~ 6 行和第 8 ~ 10 行所示。

算法 7.2　GetDomPro(e_{new}, HGList, GArray)

1　计算 e_{new} 所在的网格元胞 G_{new}；

2　$P_{\text{dom}}(e_{\text{new}})$: $=1$；

3　根据 G_{new} 搜索 HGList 并获得其在数组 GArray 中的索引下标 r_i；

4　**foreach** GArray 中索引下标不大于 r_i 的元胞 C **do**

5　　　**if** $C < C_{\text{new}}$ **then**

6　　　　　$P_{\text{dom}}(e_{\text{new}})^* = \text{CNEP}$；

7　　　**else**

8　　　　　**foreach** 元胞 C 中的元组 e **do**

9　　　　　**if** $e < e_{new}$ **then**

10　　　　　　　　$P_{dom}(e_{new})^* = [1 - P(e)]\}$;

11　　**return** $P_{dom}(e_{new})$;

图 7.2　PS2 中计算新到达元组支配概率算法

　　如图 7.3 所示的算法 7.3 描述了当某个计算节点接收到新到达的流数据 e_{new} 时的更新处理过程。首先，计算 e_{new} 所在的网格元胞 C_{new}，并根据 C_{new} 搜索 HCList 列表，以获得 C_{new} 在 CArray 中的索引位置 c_i。其次，在所有网格元胞中，对于索引位置排在 c_i 之前的网格元胞，根据其与 e_{new} 的支配关系以及网格元胞中的元组与 e_{new} 之间的支配关系，分别更新候选元组的 Skyline 概率（如算法的第 4~9 行），以及更新所有网格元胞中候选元组的候选 Skyline 概率值（如算法的第 10~16 行）。

算法 7.3　UpdateNew (e_{new}, HCList, CArray)

1　计算 e_{new} 所在的网格元胞 C_{new};

2　根据 C_{new} 搜索 HCList 并获取其在 CArray 中的索引 c_i;

3　**foreach** CArray 中索引下标不大于 c_i 的元胞 C **do**

4　　　**if** $e_{new} < C$ **then**

5　　　　　**foreach** 元胞 C 中的元组 e **do**

6　　　　　　　$P_{can}(e)^* = [1 - P(e_{new})]$;

7　　　　　　**if** $P_{can}(e) < q$ **then**

8　　　　　　　　将 e 从元胞 C 中删除;

9　　　　　　　$P_{sky}(e)^* = [1 - P(e_{new})]$;

10　　　**else**

11　　　　　**foreach** 元胞 C 中的元组 e **do**

12　　　　　　**if** $e_{new} < e$ **then**

13　　　　　　　　$P_{can}(e)^* = [1 - P(e_{new})]$;

14　　　　　　　**if** $P_{can}(e) < q$ **then**

15　　　　　　　　　将 e 从元胞 C 中删除:

16　　　　　　　　$P_{sky}(e)^* = [1 - P(e_{new})]$;

图 7.3　PS2 中针对新到达数据的更新处理算法

如图 7.4 所示的算法 7.4 描述了计算节点针对元组过期时的更新处理过程，其处理的流程和思想与针对新到达流数据的更新处理过程类似。两者的主要区别在于：第一，在算法 7.4 中更新的对象主要考查排序在 c_i 之后的网格元胞，而非之前的网格元胞，因为只有在其后的网格元胞才有可能被过期元组 e_{old} 支配；第二，两者各自在概率更新时使用的计算规则不同，其概率更新均采用公式 (7.4) 中给定的规则。

算法 7.4　UpdateOld(e_{old}，HCList，CArray)

1　计算 e_{new} 所在的网格元胞 C_{new}；

2　根据 C_{old} 搜索 HCList 并获取其在 CArray 中的索引 C_i；

3　**foreach** CArray 中索引下标不小于 C_i 的元胞 C **do**

4　　**if** $e_{old} \prec C$ **then**

5　　　**foreach** 元胞 C 中的元组 e **do**

6　　　　$P_{sky}(e) / = [1 - P(e_{old})]$；

7　　**else**

8　　　**foreach** 元胞 C 中的元组 e **do**

9　　　　**if** $e_{old} \prec e$ **then**

10　　　　$P_{sky}(e) / = [1 - P(e_{old})]$；

图 7.4　PS2 中针对过期流数据的更新处理算法

通过算法 7.2 的描述可知，在 PS2 框架的处理过程中，监控节点 M 直接将新到达的流数据信息发送至多个对应的计算节点，而非如 PSS 方法中先由 M 发送至 P_{new}，再由 P_{new} 进行转发。此外，对 PS2 中发送的信息格式也进行了简化，以便于优化后续容错查询的需要。通过后续的实验测试可知，PS2 分布并行查询处理框架具有较好的查询性能，而且能够较好地与本章中所提出的容错策略结合。

7.5　基于复制的分布并行查询处理

FTPS 方法中采用了多种容错策略，且这些容错策略能够与分布并行查询处理的整个过程紧密结合，从而能够进行高效的容错分布并行查询。在本节中将重点论述 FTPS 方法中的容错策略和基于容错策略的查询处理过程。特别地，首先，本节对分布并行查询处理过程中需要考虑的容错问题进行了深入分析；其次，本节对数据副本的放置策略和数据恢复过程进行了详细论述；最后，本节将各种容错策略与分布并行处理过程相结合，并对整个容错分布并行处理过程进行了详细阐述和分析。

7.5.1　基于复制的容错策略设计

通常为了实现基于复制的容错并行查询处理，主要需要考虑研究解决四个方面的问题：第一，为了满足用户既需要保证查询结果的正确性，同时又尽可能地减少查询所需的通信开销和内存开销的需求，在并行查询处理过程中需要复制什么样的数据，即确定各副本中复制的内容；第二，为了满足用户减少查询等待时间和保证副本一致性的查询需求，在并行查询处理过程中什么时候复制和更新副本信息，即确定触发数据复制和副本更新的时机或事件；第三，为了保证即使在单个节点甚至多个节点发生故障时，仍然能够保证数据的可用性，在查询处理过程中需要为每个计算节点维护的数据创建多少份数据副本，即确定副本的数目；第四，为了实现高效地并行查询处理和减少参与并行处理的计算节点的数目，在查询过程中需要如何放置相应的数据副本，即确定数据副本的放置策略。

对于第一个问题，在各副本中需要复制的数据内容取决于查询处理的计算需求。对于任意的计算节点 P_i，其维护着滑动局部窗口 W_i，则在查询过程中需要复制所有 W_i 中的元组，并记录其中所有候选 Skyline 元组集合 CAN_{W_i} 的 Skyline 概率值。由于只有在 CAN_{W_i} 中的元组才可能成为最终的 q-Skyline 元组，所以在查询处理过程中无须计算和更新那些不在 CAN_{W_i} 集合中的元组的 Skyline 概率。此外，为了快速判断出一个元组是否为候选元组，对于所有 CAN_{W_i} 中的元组，均维护了 $P_{CAN}(*) = P(*) \cdot P_{new}(*)$ 值信息。如第 7.4 节中所述，由于在 FTPS 方法中采用了网格索引策略，所有上述信息均采用网格索引进行维护。因此，在并行查询处理的过程中，实际上需要为各个局部滑动窗口复制 HGList、HCList、GArray 和 CArray 信息。尽管 HGList 和 GArray 中完全包含了 HCList 和 CArray 中的元组信息，即通过对相关元组信息进行标记即可由前者查找出后者中的元组信息，然而为了实现高效的并行查询处理，在复制副本信息时将上述所有信息进行备份。

对于第二个问题，其数据复制的时机与具体的并行查询算法密切相关。在 FTPS 方法中，采用周期性地更新数据副本的方式，且具体的副本更新周期 τ 与查询处理的需求和计算节点的失效率紧密相关。在监控节点 M 处，记录流数据总共的更新次数 χ，若 $\chi\%\tau$ 值等于 0，则 M 将通知所有的计算节点更新其对应的副本信息。

对于第三个问题，副本数目的选择主要取决于计算节点的失效率以及同时失效的节点数目。事实上，在多数实际的分布式计算环境中，例如云计算环境，数据复制通常采用资源池的形式实现，且数据副本的数目一般根据历史信息来静态设定，其值一般设为 3。由此可见，在设计处理算法时一般认为同时 2 个或者 2 个以上计算节点同时发生失效的概率极低，所以主要考虑选择副本数目为 2 来实现容错处理。实际上，所提出的 FTPS 方法能够同时应对更多个计算节点同时失效，在后续论述中将会对此展开详细阐述。

对于第四个问题，为了减少参与并行计算的计算节点数目，在处理过程中选择参与并行计算的计算节点作为存储副本的节点。因此，在每个计算节点上实际上维护了多个局部滑动窗口信息，包括一个主滑动窗口（简称为 P）和多个其他计算节点的局部滑动窗口的副本信息。其次，每个计算节点只负责主窗口中候选元组的 Skyline 概率的计算和更新，而无需负责其所维护的其他计算节点副本对象的计算。此外，每个计算节点同时负责周期性地更新其在其他计算节点上的副本信息。

7.5.2　数据副本放置和数据恢复

假定整个系统中有 n 个计算节点 P_1，P_2，$\cdots$，P_n 参与并行查询处理，且在每个计算节点上均维护了用于恢复丢失数据的 $k < n$ 个其他计算节点的数据副本，通常 k 不超过 3。为便于描述，将在每个计算节点如 P_i 上的 k 个数据副本描述为 k 层副本，例如第一层副本记为 R_i^1，第二层副本记为 R_i^2，而第 l 层副本记为 R_i^l。为了避免同一个计算节点上的两个或者更多个数据副本放置于同一个计算节点上，在 FTPS 方法中采用以下数据副本放置规则来放置每个计算节点上的 k 个数据副本信息：

$$R_i^l = \begin{cases} P_i - l, & \text{if } P_i > l \\ n + P_i - l, & \text{if } P_i \leqslant l \end{cases} \tag{7.5}$$

需要注意的是，在公式(7.5)中的 P_i 表示计算节点的编号，且满足 $1 \leqslant l \leqslant k$。为了更为清楚地阐述上述数据副本的放置规则，以下将选择 $k = 2$ 作为实例进行阐述。为便于论述，将每个计算节点上的第 1 层和第 2 层副本记为次级(secondary)副本和第三级(tertiary)副本，且分别简记为 S 和 T。假定计算节点 P_1, P_2, $\cdots$, P_n 上维护的主滑动窗口分别为 $1 - P$, $2 - P$, $\cdots$, $n - P$，则根据公式(7.5)的副本放置规则可知，这些计算节点上对应的次级窗口分别为 $n - S$, $1 - S$, $\cdots$, $(n-1) - S$，而第三级窗口分别为 $(n-1) - T$, $n - T$, $\cdots$, $(n-2) - T$。假定 $n = 10$ 且 $k = 2$，则其数据副本的具体放置情况如图 7.5 所示。

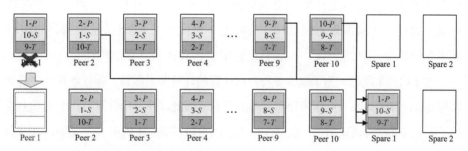

图 7.5　数据放置及单个计算节点失效时的数据恢复示例

假定在每个计算节点维护的三个副本窗口 P、S 和 T 中，三者的优先级满足 $P > S > T$ 的关系。为了避免从同一个计算节点上获取丢失的数据而引起通信阻塞或者更多的通信传输延迟，可按照计算节点副本优先级的方式来获取数据副本信息，该优先级规则可描述为：假定计算节点 P_i 失效，则从含有 P_i 的 S 副本的计算节点处获得 P 副本信息，而从其他含有主滑动窗口的计算节点处获取 S 和 T。

综上可知，在选择具体的副本节点恢复丢失的数据时，总是选择优先级最高的副本节点。如图 7.5 所示，若计算节点 $\text{Flag}_{\text{rep}} = \text{true}$ 失效，则由计算节点 Spare 1 取代 Peer 1。因此，从 M 处获取 $1\text{-}S$ 副本信息以恢复丢失的 $1\text{-}P$ 信息，而从 Peer 10 和 Peer 9 处分别获取 $10\text{-}S$ 和 $9\text{-}T$ 信息。同样的规则可用于多个计算节点失效的情形。如图 7.6 所示，当计算节点 Peer 1 和 Peer 4 同时失效时，监控节点 *M* 首先将选择 Spare 1 和 Spare 2 来替代失效节点，然后 Spare 1 分别从计算节点 Peer 2、Peer 9 和 Peer 10 处获取丢失的各级副本信息，而 Spare 2 分别从 Peer 2、Peer 3 和 Peer 5 处获取丢失的数据信息。采用该方式能够有效地避免从单个计算节点处获取副本信息而导致的通信延迟问题，对于优化整个系统的并行处理效率具有重要作用。

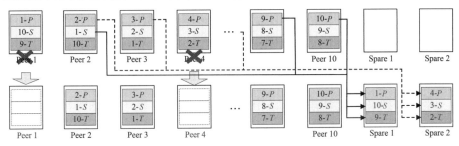

图 7.6　数据放置及两个计算节点失效时的数据恢复示例

根据 7.5.1 小节中的讨论可知，每个计算节点周期性地更新其存储于其他计算节点上的所有副本信息。该副本信息包括其局部滑动窗口中维护的所有元组信息及其候选元组的 Skyline 概率信息，这些信息均由存储网格索引的 HGList、HCList、GArray 和 CArray 结构维护。特别地，在监控节点 *M* 中维护了两个优先队列 NQ 和 OQ，分别用于记录最新到达元组和过期元组的相关信息。此外，在监控节点 *M* 处还维护了一个计算节点列表 NodeList，用于记录所有计算节点的相关配置信息，且该列表中的每一项对应一个三元组 $<P_i$, IP, Port$>$。需要注意的是，各计算节点的编号由监控节点统一分配，即分别按照 P_1, P_2, $\cdots$, P_n 排列，且该排序和编号在查询处理过程中一直不会发生改变。特别地，当某个计算节点失效时，接替失效节点的新节点仍然采用此失效节点的编号。假定 PRE_i 表示含有计算节点 P_i 副本的所有计算节点的集合，则在查询处理的过程中，当某个计算节点 P_t 失效时，可采用如下算法恢复由于该节点失效而丢失的相关数据信息。

算法 7.5　DataRecovery(P_t, $P_{t'}$, NQ, OQ)

输入　P_t：失效的计算节点；

　　　　$P_{t'}$：将替代 P_t 的空闲节点；

　　　　NQ：维护最新到达元组的优先队列；

　　　　OQ：维护最近过期元组的优先队列；

输出 P_t 中维护的所有失去的元组信息

1 M 选择一个空闲节点 $P_{t'}$ 替代失效节点 P_t，并告知其他计算节点等信息；

2 M 查找节点列表 NodeList 并获取副本节点集合 PRE_t；

3 M 发送 $\langle NQ, OQ \rangle$ 和 PRE_t 信息至计算节点 $P_{t'}$；

4 当接收到 $< NQ, OQ >$ 后 $P_{t'}$ 从 PRE_t 中的计算节点处获取丢失的副本信息；

5 $P_{t'}$ 根据 UpdateData(HCList, CArray, NQ, OQ) 算法恢复所有丢失的计算结果；

6 $P_{t'}$ 通知监控节点 M 所有丢失的数据已恢复；

图 7.7　FTPS 中单个计算节点的数据恢复算法

假定计算节点 P_t 中维护的主滑动窗口为 W_t，而 W_t 中候选的 Skyline 元组集合为 CAN_{W_t}，且剩余的其他元组所组成的集合为 $NCAN_{W_i}$。需要注意的是，由于对于任意元组 e，其数据维护的形式为 $< e, P_{can}(e), P_{sky}(e) >$，所以可直接采用如图 7.8 所示的算法 7.6 恢复已丢失的计算结果。从算法描述中可知，丢失结果的恢复过程主要包括两个部分：第一，根据 NQ 中新到达的流数据对元组的 Skyline 概率进行更新；第二，根据 OQ 中过期的流数据对元组的 Skyline 概率进行更新。

算法 7.6　UpdateData(HCList, CArray, NQ, OQ)

1 **foreach** 元组 $e_{new} \in NQ$ **do**

2 　　　　UpdateNew(e_{new}, HCList, CArray);

3 **foreach** 元组 $e_{old} \in OQ$ **do**

4 　　　　UpdateOld(e_{old}, HCList, CArray);

图 7.8　FTPS 中的数据更新算法

需要特别指出的是，假定流数据总共更新的次数为 χ，而副本更新的周期为 τ，则当 $\chi\%\tau$ 的值等于 0 时，监控节点 M 将分别对 NQ 和 OQ 进行初始化，即将 NQ 和 OQ 分别设置为空，表明 M 将在新的一个周期内重新收集相应的元组。因为在上一个更新周期中，所有计算节点上的副本已经更新完毕。特别地，根据算法 7.6 可直接从副本中恢复丢失的数据，而无须根据 $< NQ, OQ >$ 信息来恢复丢失的计算结果。由此可见，前者搜集的元组将是无用的，而只须在新的更新周期中开始收集最新到达和最新过期的流数据即可。

7.5.3　容错并行查询处理的过程

在 FTPS 方法并行查询处理的过程中，各计算节点主要关注于其所维护的滑动窗口中元组的更新处理过程，且需要快速查询和处理来满足用户的查询需求。为了实现容错和高效查询处理的目的，需要将上述提出的容错策略有效地集成至分布并行查询处理框架中。因此，即使当计算节点发生故障时，仍然能够快速检测并恢复丢失的数据，从而持续不断地执行并行查询处理过程。FTPS 方法能够将上述提出的各种容错策略无缝地集成至分布并行查询处理框架 PS2 中，其容错查询的整个处理过程可归纳为如图 7.9 所示的算法 7.7。

算法 7.7　FTPS 方法并行查询处理过程

1　　M 根据算法 6.2 将 e_{new} 映射至计算节点 P_i；

2　　M 发送 TM $= \langle 1, e_{new}, e_{old}, P_{new}, P_{exp}, Flag_{rep} \rangle$ 至所有计算节点 $P_1, P_2, \cdots, P_n$；

3　　**if** M 发送至某个计算节点 P_t 失效 **then**

4　　　　DataRecovery$(P_t, P_{t'}, NQ, OQ)$；

5　　　　M 发送 $\langle 1, e_{new}, e_{old}, P_{exp}, Flag_{rep} \rangle$ 至 $P_{t'}$；

6　　**foreach** 系统中的任意计算节点 P_i **do**

7　　　　UpdateNew$(e_{new}, HCList, CArray)$；

8　　　　UpdateOld$(e_{old}, HCList, CArray)$；

9　　**foreach** 排在 P_{new} 之前的计算节点 P_i **do**

10　　　　P_i 根据算法计算支配概率 $P_d^i(e_{new})$ 值；

11　　　　P_i 发送 $P_d^i(e_{new})$ 值至计算节点 P_{new}；

12　　　　P_{new} 计算 $P_{sky}(e_{new})$ 值并将其返回至监控节点 M；

13　　**foreach** 系统中任意计算节点 P_i **do**

14　　　　**if** $Flag_{rep} = true$ **then**

15　　　　　　P_i 更新其位于其他计算节点上的所有副本；

16　　　　　　P_i 通知监控节点 M 其所有的操作均已完成；

17　　**if** M 未收到来自所有计算节点的操作完成消息 **then**

18　　　　FaultTolerantOperatorI( )；

图 7.9　FTPS 中的数据更新算法

由算法 7.7 中的描述可知，在 FTPS 方法的查询处理过程中，首先根据算法 6.2 将新到达的元组 e_{new} 映射至某个计算节点（第 1 行），然后将 e_{new} 以及相关的其他信息以六元组 $TM = \langle 1, e_{new}, e_{old}, P_{new}, P_{exp}, Flag_{rep} \rangle$ 的形式将其发送至所有的计算节点（第 3 行），其中"1"表示该元组为来自监控节点 M 的新到达的元组，而"0"表示该元组为最新的过期元组。当接收到关于 e_{new} 和 e_{old} 的信息后，所有的计算节点即可根据该信息并行计算对于新到达元组 e_{new} 的支配概率，以及并行更新各主窗口中所维护的候选元组的 Skyline 概率值等。特别地，六元组 TM 中的 P_{new} 信息主要用于告诉其他计算节点 e_{new} 属于哪个计算节点，从而这些计算节点能够将其计算的对于 e_{new} 的支配概率值发送至计算节点 P_{new}。六元组 TM 中的 P_{exp} 表示具有下一个即将过期元组的计算节点，以用于通知相应节点发送过期元组 e_{old} 至监控节点 M。此外，六元组 TM 中的 $Flag_{rep}$ 表示告诉计算节点是否需要更新其副本信息。若 $\chi\%\tau$ 的值为 0，则 $Flag_{rep}$ 值为真，表示需要更新副本信息；否则无须更新副本。

归纳而言，在每个计算节点处主要需要处理三个方面的计算任务，即分别根据 e_{new} 和 e_{old} 信息更新其所维护的主窗口内元组的 Skyline 概率，以及计算新到达元组 e_{new} 的支配概率。特别地，当 P_{new} 接收到 $P_{sky}(e_{new})$ 值后，需要将其发送至监控节点 M，以更新 NQ 中 e_{new} 的 Skyline 概率（第 12 行）。因此，可直接根据算法 7.5 恢复丢失的 $P_{sky}(e_{new})$ 值。特别地，若 $Flag_{rep}$ 的值为真，则当所有计算节点完成其计算任务后，均需要更新其在其他计算节点上维护的副本信息。最后，当数据副本信息均更新完成后，各计算节点将通知监控节点 M 其操作已经全部完成。需要指出的是，为了便于描述，假定在所有数据恢复的过程中无失效情况发生。实际上，即使在处理的过程中发生失效故障，同样可通过算法 7.5 恢复丢失的数据。

从以上分析可知，失效故障在查询处理的任何一个步骤中均可能发生。为此，为了快速检测出故障，可直接将失效检测过程与具体的查询处理过程相结合。一方面，若监控节点 M 发送六元组信息 M 至某个计算节点（如 P_i）失败，则 P_i 被视为失效节点；另一方面，由于在查询处理的过程中所有计算节点均需要通知 M 其操作已全部完成，所以可设定一个时间阈值 θ 来监控计算节点的状态。特别地，若在一定的时间间隔 θ 内，M 未收到来自其他计算节点的回复信息，则 M 发送心跳消息至未返回信息的计算节点，并进一步采取相应的容错策略对失效问题加以解决。

需要指出的是，在查询处理过程中设定一个具体的时间间隔阈值 θ 是一个极为重要的问题。若该值设得过大，则查询处理过程中的响应时间和处理时间将会显著增加；若该值设置得过小，将会导致很多失效情形的错误判定。因此，在设置 θ 值的过程中不能盲目地设定该值，而是需要根据在历史查询过程中每次查询更新的平均处理时间作为参考来加以设定。在 FTPS 方法的查询处理过程中，M 会记录当未发生故障时每执行一次更新需要的平均时间。假定该平均时间为 t_{avg}，则将 θ 值设为 $\lambda \cdot t_{avg}$，其中 λ 是一个常整数值。此外，通常在少数更新时间周期内即可判断计算节点是否已经失效，因此在 FTPS 方法中将 λ 的缺省值设为 3。

如前面所述可知，在每个计算节点中主要包含三个方面的计算任务，即分别根据 e_{new} 和 e_{old} 信息更新其所维护的主窗口内元组的 Skyline 概率，以及计算新到达元组 e_{new} 的支配概率。假定 $Flag_{sent}$ 表示除 P_{new} 之外的计算节点是否发送支配概率值至 P_{new}，且 $Flag_{sky}$ 表示 e_{new} 的 Skyline 概率是否已经计算完成。特别地，只有当 e_{new} 从计算节点 M 处直接获得。当 M 未收到来自全部计算节点的操作完成信息时，则其将启动新的容错处理机制，其具体的执行过程如图 7.10 所示的算法 7.8。

算法 7.8　FaultTolerantOperator( )

1　Initialization( )；

2　**foreach** 系统中的计算节点 $P_i(1 \leqslant i \leqslant n)$ **do**

3　　**if** P_i 不为失效节点 P_t **then**

4　　　**if** P_i 不为 P_{new} **then**

5　　　　**if** $Flag_{sent}$ = false **then**

6　　　　　发送 $P_d^i(e_{new})$ 值至 P_{new}；

7　　　　更新 P_i 在其他计算节点上的所有数据副本信息；

8　　　**else**

9　　　　**if** $Flag_{sent}$ = false **then**

10　　　　　P_{new} 收集来自其前序节点的支配概率值；

11　　　　　P_{new} 计算 $P_{sky}(e_{new})$ 值并将其返回至 M；

12　　　　**if** $Flag_{sent}$ = true **then**

13　　　　　更新 P_i 在其他计算节点上的所有数据副本信息；

14	**else**
15	DataRecovery(P_i, $P_{i'}$, NQ, OQ);
16	P_i 根据 e_{new} 和 e_{old} 执行 Skyline 概率更新并计算 e_{new} 的支配概率值;
17	**if** P_i 即为 P_{new} **then**
18	**if** $Flag_{sky}$ = false **then**
19	P_{new} 收集来自其前序节点的支配概率值;
20	P_{new} 计算 $P_{sky}(e_{new})$ 值并将其返回至 M;
21	**else**
22	P_i 发送对于 e_{new} 的支配概率至 P_{new};
23	**if** $Flag_{rep}$ = true **then**
24	更新 P_i 在其他计算节点上的所有数据副本信息;

图 7.10　FTPS 中的容错处理操作算法

需要注意的是，在算法 7.8 中首先执行初始化工作（第 1 行），其具体操作内容如图 7.11 所示的算法 7.9。首先，监控节点发送探测信息至未返回操作完成信息的所有计算节点，以确定这些计算节点的真实状态信息。其次，当发现失效的计算节点后，M 选择系统中的空闲计算节点来替代失效节点，并通知系统中所有活跃的计算节点关于新的替代节点的信息。因此，所有因为故障发生而无法完成计算任务的计算节点均可继续执行查询处理操作。当以上操作完成后，监控节点 M 将发送二元组 $\langle NQ, OQ \rangle$ 和六元组 $\langle 1, e_{new}, e_{old}, P_{new}, P_{exp}, Flag_{rep} \rangle$ 信息至新的替代节点，则该替代节点便能够恢复全部丢失的数据信息。

算法 7.9	Initialization( )
1	M 发送探测消息至未返回操作完成信息的全部计算节点;
2	M 确定所有失效的计算节点;
3	M 选择空闲的计算节点来替代失效的计算节点;
4	M 通知所有活跃的计算节点关于新的替代节点的信息;
5	M 发送 $\langle NQ, OQ \rangle$ 和 $\langle 1, e_{new}, e_{old}, P_{new}, P_{exp}, Flag_{rep} \rangle$ 信息至替代节点;
6	**if** 失效计算节点中包含 P_{new} **then**
7	M 发送 $Flag_{sky}$ 信息至新的 P_{new}:
8	所有计算节点接收来自 M 的信息;

图 7.11　FTPS 中的容错初始化操作算法

总之，在查询处理的过程中，可能存在多种因素会导致一个计算节点无法正常地完成其查询处理操作。例如，对于某个未失效的计算节点 P_i，若 P_{new} 发生故障而导致其未能成功发送 e_{new} 的支配概率值至 P_{new}，则 P_i 显然无法继续完成其在本更新周期内的全部操作。若 P_i 不能完成其所有在其他计算节点上的副本更新操作，则显然 P_i 将不会发送操作完成的信息至监控节点 M。特别地，若 P_i 即为 P_{new}，则其需要收集来自其所有前序节点的支配概率值，而若 P_{new} 未收到任何来自其全部前序计算节点的信息，则 P_{new} 同样不会返回操作完成的信息至监控节点 M。因此，在算法 7.8 中需要对上述各种情况进行相应的容错处理。

对于所有失效计算节点的替代节点，首先，需要恢复所有丢失的数据信息；其次，根据 e_{new} 和 e_{old} 信息更新其维护的主窗口中候选元组的 Skyline 概率信息，同时计算 e_{new} 的支配概率值，而 P_{new} 节点则需要进一步计算 e_{new} 的 Skyline 概率值；最后，若失效节点即为 P_{new} 且 $Flag_{sky}$ 为假，则应该从其他计算节点处收集所有前序节点的对于 e_{new} 的支配概率，同时计算 $P_{sky}(e_{new})$ 值并将其发送至监控节点 M。否则，P_i 应该发送 e_{new} 的支配概率值至计算节点 P_{new}。当所有操作完成后，若 $Flag_{rep}$ 为真，则需要继续更新所有失效节点所对应的相关数据副本信息。

7.6　实验测试与分析

7.6.1　实验环境设置

本章中的所有实验均部署于一个实际的数据中心环境中，其环境配置与第 6 章的 6.6.1 小节中所述基本相同。该数据中心包含了 3 个集群环境，每个集群包含 16 台物理机，共 48 台物理机。所有物理节点同构，且每台机器配有双核 2.6 GHz Xeon CPU、4GB 内存、1TB 硬盘和千兆网卡。此外，实验中每个物理节点对应并行查询处理框架中的一个计算节点。所有算法均由 Java 实现，并运行于 CentOS 操作系统中。在实验测试过程中，对于不同的参数设置，每次实验均运行 5 次并取其均值。

在本章的实验中，分别采用了合成流数据和真实流数据进行实验测试，其具体的数据描述与第 6 章中的描述完全相同。特别地，在合成流数据中，主要包括独立型和反相关两种类型的合成流数据，且采用均值 μ 为 0.7，方差 σ 为 0.3 的正态分布来随机生成各元组的存在概率值。在真实流数据中，采用由 IPUMS 数据集和 Zillow 数据集来生成流数据元组的确定性属性值，且采用均值 μ 为 0.75，方差 σ 为 0.25 的正态分布来随机生成各元组的存在概率值。

在本章实验中，分别对 FTPS 方法中的 PS2 并行查询处理框架的性能，以及 FTPS 方法的整体处理性能进行了大量测试。在实验中，假定用户设定的缺省概率阈值和流数据维度分别为 0.3 和 4。表 7.2 中归纳了本章实验测试中所涉及的主要参数，如无特别指出，则采用粗体显示的数值作为实验的缺省值。特别地，在参数 $|W|$ 对应的取值中，1M 表示全局滑动窗口 W 中含有 1×10^6 个流数据元组。此外，由于实验中的各计算节点基本同构，所以假定所有计算节点中维护的局部窗口长度相同，即 $|W_i| = |W|/n(1 \leqslant i \leqslant n)$。

表 7.2　实验中涉及的相关参数及其取值

参数	值
δ	5　**10**　15　20　25　30
$|W|$	0.5M　1M　**2M**　3M　4M　5M
n	1　2　**4**　8　16
τ	**5**　10　15　20　25

7.6.2　并行查询处理框架的性能

由于在 FTPS 方法中采用了 PS2 并行查询处理框架，为进一步分析该查询处理框架的整体查询处理性能，对其在各种参数情形下的性能进行了大量测试。其测试的内容主要包括两个方面：第一，由于在 PS2 并行查询处理框架中采用了网格索引，而网格划分的粒度可能会对查询处理的性能具有重要影响，因此专门测试了网格划分粒度对 PS2 框架性能的影响；第二，测试了 PS2

框架在不同参数情形下的整体性能，其中涉及的典型参数主要包括全局滑动窗口规模和计算节点数目。以下将分别对上述两个方面的实验测试展开论述。

1. 网格划分粒度对性能的影响

由于在 PS2 并行处理框架中，每个计算节点均采用了网格索引机制以优化查询处理，而每个维度上网格划分的数目 δ 对 PS2 的性能可能产生较大的影响。因此，在实验中专门测试了 PS2 中网格划分粒度对并行查询性能的影响，其实验测试结果如图 7.12 所示。由图 7.12 可知，随着 δ 值由 5 增长至 30，无论对于合成数据还是真实数据，每次更新所需的时间均呈现出先减少后增加的趋势。产生该现象的主要原因在于，若网格划分较粗糙，则其划分后的网格元胞的数目较少，由此将导致落在每个元胞中的元组数目可能更多，则根据前面所述的基于网格元胞剪枝和优化计算的效率将不明显。相反，若网格划分较细，则其优化效果显然更优。

然而，随着每个维度上网格划分数目的增长，总的网格元胞数将呈指数级增长，该现象极易导致元胞数目巨大而显著相应的计算开销。因此，为了平衡通信开销和计算开销，选择一个合适的 δ 值对 PS2 方法的性能至关重要。从图 7.12 中的测试结果可知，当 δ 值取 10 时，无论是对于合成数据还是真实数据，PS2 框架的查询性能较其他值时更优。因此，为了达到更优的查询性能，同时为了能够更为清晰地分析方法的性能，在后续的实验中将选择 10 作为 δ 的缺省值。

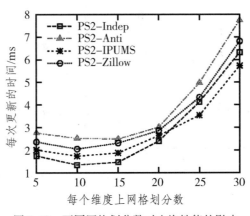

图 7.12　不同网格划分数对查询性能的影响

2. 不同参数情形下的查询性能

为了进一步测试 PS2 框架的并行处理性能，在实验中将其与当前具有较高处理效率的 DPM 并行处理方法在不同的参数下进行了对比。通过第 5 章中的测试结果可知，DPM 被证明是一种能够有效实现不确定数据流上并行 Skyline 查询处理的方法，且其整体处理性能相对其他方法较优。该方法同样基于窗口划分策略并采用全分布式的查询处理方式。然而，在 PS2 框架中，采用了多种优化处理机制，如新型的流数据映射策略、计算节点组织策略和网格索引等。在实验中分别测试了两种查询方法在不同的全局滑动窗口 | W | 和参与处理的并行计算节点数 n 时，合成流数据和真实流数据上的整体查询处理性能。

如图 7.13 所示为在不同的全局滑动窗口规模 | W | 下，两种查询方法在不同类型数据流上的测试结果。由图 7.13 中结果可知，在 PS2 和 DPM 每次更新需要的时间均随着 | W | 的增长而不断增加。产生该现象的主要原因在于：全局滑动窗口的长度越大，则平均分布在各计算节点上的局部滑动窗口的规模越大，显然其维护的计算开销越大，其中计算开销包括更新元组的 Skyline 概率的开销，以及对新到达流数据元组的支配概率和 Skyline 概率的计算开销。其次，从图 7.13 中也能发现，PS2 方法的查询性能显著优于 DPM 方法，且优化了近两个数量级。产生该结果的原因主要是因为在 DPM 中缺乏相应的优化机制和索引结构的使用。

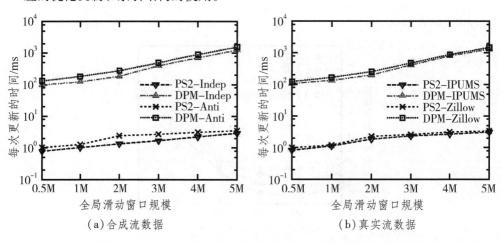

（a）合成流数据 　　　　　　　（b）真实流数据

图 7.13　全局滑动窗口规模对查询性能的影响

同时，由图 7.14 可知，PS2 和 DPM 方法无论在合成流数据还是在真实流数据上的测试结果，其每次更新的时间均随着计算节点由 1 增加至 16 而不断减少。究其主要原因在于，当参与并行处理的计算节点数目越多，则分担在每个计算节点上的计算任务量越少，特别是对于全局滑动窗口规模越大时，其优化的处理性能更为显著。然而，由图 7.14 中直线的斜率可知，其更新时间的优化比例与计算节点数的增长率不成正比。产生该现象的主要原因在于，计算节点数的增加将导致额外的通信与同步的时间开销，且这种开销的增加往往随着节点数的增加而骤增。与在不同滑动窗口长度测试下的性能类似，无论是在合成流数据还是在真实流数据下，PS2 的性能同样优于 DPM 方法，表明了 PS2 框架并行查询处理的高效性。

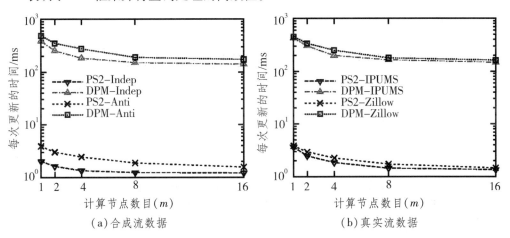

图 7.14　不同计算节点数目对查询性能的影响

在后续实验中，将重点测试 FTPS 方法对于不同失效节点数目和副本更新周期，在不同的参数情形下的查询性能。为了便于阐述，在后续实验结果图中采用"方法—数据类型—数目"的描述形式表示当前测试的方式，其中"方法"是指测试的并行查询处理方法，"数据类型"表示测试时流数据的数据类型，而"数目"则表示在查询过程中同时失效的计算节点数目。

7.6.3　无节点失效时方法的性能

在对 FTPS 方法的实验测试中，首先测试了在并行查询过程中无节点故障发生时 FTPS 方法的查询处理性能，并将其与 DPM 方法对比在不同的全局滑动窗口规模和计算节点数目时的性能，其实验结果分别如图7.15和图7.16所示。

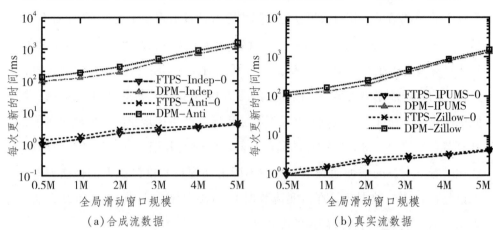

（a）合成流数据　　　　　　　　　　（b）真实流数据

图7.15　无节点失效时全局滑动窗口长度对查询性能的影响

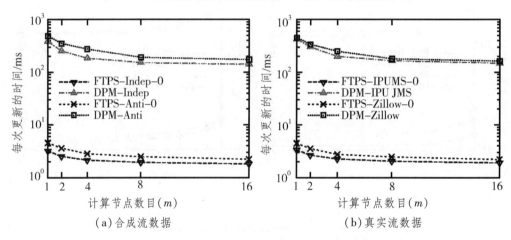

（a）合成流数据　　　　　　　　　　（b）真实流数据

图7.16　无节点失效时计算节点数目对查询性能的影响

由图7.15和图7.16所示的测试结果可知，当无计算节点故障发生时，FTPS方法在四种类型的流数据上测试的性能结果同样均显著优于DPM方法。尽管相对于PS2并行查询处理框架而言，引入了多种容错处理机制，例如维护和更新副本信息等，导致FTPS方法每次的更新时间均较PS2略长，然而由图7.15和图7.16可知FTPS方法并行处理的效率仍然很高。其主要原因在于，FTPS方法中并未引入过多的额外处理开销，在一定的程度上仍然能够满足用户快速查询处理的需要。由此可见，FTPS方法在无节点失效时均有较高的查询处理性能，显然能够满足用户的查询需求。

7.6.4　单节点失效时方法的性能

为了进一步分析 FTPS 方法的容错处理性能，分别在合成流数据和真实流数据环境下，测试了当单个计算节点失效时 FTPS 方法每次查询更新的时间，并将其与无故障发生时的处理性能进行了对比，其测试结果分别如图 7.17 和图 7.18 所示。

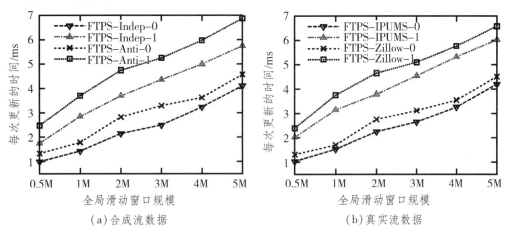

（a）合成流数据　　　　　　　　　　（b）真实流数据

图 7.17　单节点失效时全局滑动窗口规模对查询性能的影响

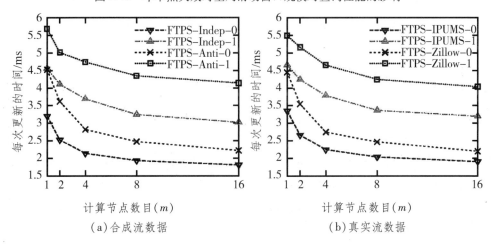

（a）合成流数据　　　　　　　　　　（b）真实流数据

图 7.18　单节点失效时计算节点数目对查询性能的影响

由图 7.17 的测试结果可知，FTPS 方法中每次执行更新的时间随着全局滑动窗口规模由 0.5M 增长至 5M 而不断增加，其主要原因在于整体需要处理的任务量在不断增加。然而，与无计算节点故障的情形相比，单个节点故障发生时其处理的性能，无论是在合成流数据还是真实流数据情形下均有所下降。该结果与图 7.18 所示的结果类似，不同之处在于参与计算的节点数目有所不同。该测试结果显然是预期的，计算节点的失效将导致额外的处理开销，如恢复丢失的数据和恢复相应查询所需要的处理开销等，在 7.5.3 小节中对此已有详细论述。尽管如此，由图中结果可知，其引入的处理开销并非很大，可见即使在单个节点发生故障时，FTPS 方法仍然能够快速有效地执行并行 Skyline 查询处理。

7.6.5　多节点失效时方法的性能

除了上述单个计算节点发生故障的情形外，在并行查询处理时，有时在单个更新处理的过程中，可能会发生两个甚至多个计算节点同时发生故障的情形。尽管该情形发生的可能性较低，然而在查询处理的过程中仍然需要考虑该情形的发生。为此，同样需要处理两个甚至多个计算节点发生故障的情况。为了测试当多个计算节点发生故障时 FTPS 方法的性能，在实验中专门测试了多个节点发生故障时，在不同的全局滑动窗口长度情形下四种流数据类型上的处理性能，其实验结果如图 7.19 所示。特别地，在实验中将参与并行处理的计算节点数设为 8，且图中给出的结果为更新 10 000 次的平均结果。

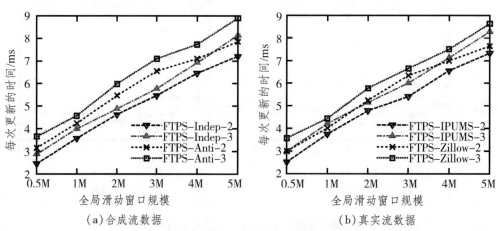

（a）合成流数据　　　　　　　　　（b）真实流数据

图 7.19　多节点失效时全局滑动窗口规模对查询性能的影响

由图 7.19 可知，与单个计算节点发生故障时的情形相比，当两个或者多个计算节点发生故障时，其并行查询处理的性能显然有所下降。产生该现象的主要原因在于，相比于单个节点发生故障的情形，当多个节点发生失效时，其容错处理过程中需要引入更多的数据恢复和查询恢复的时间。尽管在数据恢复和查询修复的过程中，多个节点故障处理时能够并行执行修复过程，然而其总体的修复时间显然会比单个节点故障恢复的时间更长。尽管如此，从图中同样可知，即使当全局滑动窗口规模较大时，在每次更新处理的过程中其所增加的处理时间相对较小。

7.6.6　复制的周期对性能的影响

如 7.5 节中所述，在并行查询处理的过程中，每个计算节点周期性地更新其维护在其他计算节点上的副本信息。然而，不同的副本更新周期长度对整体并行处理的性能可能产生较大的影响。因此，为了测试不同副本更新周期对并行处理性能的影响，专门设计实验测试了当无节点故障发生时，不同副本更新周期长度 τ 对并行查询性能的影响，其实验测试结果如图 7.20 所示。需要特别指出的是，实验中设定的副本更新周期为连续两次副本更新之间的时间间隔，而该时间间隔通过流数据的更新周期次数来设定，如图 7.20 所示的横坐标描述的副本更新周期长度值即为流数据查询更新的次数。

由图 7.20(a)可知，FTPS 方法每次执行流数据更新的时间，随着副本更新周期由 5 增加至 25 而不断减少。其主要原因在于，随着 τ 值的不断增加，单次查询更新的平均处理时间相对减少。然而，由图 7.20(b)可知，随着 τ 值的不断增加，根据算法 7.6 恢复数据的处理时间也会不断增加。因此，在并行处理的过程中，应该选择一个适当的 τ 值，使得既能满足用户对容错并行查询的需求，同时又使得并行处理的效率较高。通常地，τ 的取值与节点故障发生频率的关系较大，当故障发生较为频繁时，τ 可取较小的值；而当故障发生频率较低时，τ 可取较大的值。

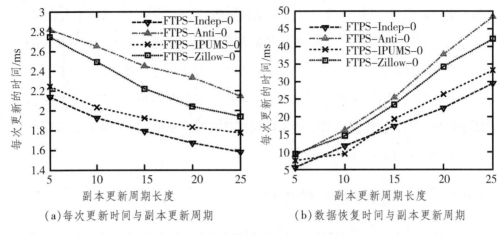

(a) 每次更新时间与副本更新周期　　　　(b) 数据恢复时间与副本更新周期

图 7.20　副本更新周期长度对查询性能的影响

7.7　本 章 小 结

针对不确定数据流的分布并行 Skyline 查询过程中由于故障而发生查询结果不准确和查询中断的问题，本章中提出了一种基于复制的容错分布并行 Skyline 查询方法 FTPS。在 FTPS 方法中，一方面采用基于 WPS 模型和两级优化策略实现的并行查询处理框架，实现了不确定数据流上 Skyline 查询的高效并行处理；另一方面，将各种基于复制的容错优化策略与并行查询处理框架有效结合，实现了高效的容错分布并行查询处理。在 FTPS 方法中，利用基于复制策略的容错机制保证了查询数据的可用性，同时对复制的内容、时机、副本的数目和副本放置的位置等方面进行了优化。特别地，在 FTPS 中选择参与并行处理的计算节点作为副本节点，并对各计算节点上的多个副本进行层次化管理，通过选择优先级高的副本恢复数据，保证了数据恢复的高效性；同时将故障检测、丢失数据恢复和查询过程恢复贯穿于整个查询过程中，减少了容错处理的额外通信开销和计算开销，并实现了快速的查询恢复过程。大量合成流数据和真实流数据上的实验测试结果表明，FTPS 方法能够快速有效地检测故障并恢复并行查询处理过程，不仅在无故障发生时具有高效的并行查询处理能力，而且在单个节点甚至多个节点失效时，仍然能够保持较高的容错并行查询处理能力。

第 8 章

结论与展望

本章首先总结全书，然后展望未来的研究工作。

8.1　工作总结

不确定数据作为一种特殊的数据类型，广泛存在于诸如传感器网络、RFID 网络、金融数据分析、基于位置的服务以及移动对象管理等各种实际应用中。不确定数据的 Skyline 查询作为不确定数据管理的重要组成部分，在信息检索、数据挖掘、决策制定和环境监控等众多应用中发挥着重要作用，目前已成为数据库领域的一个研究热点。随着分布式不确定性应用的广泛存在和普及，当前不确定数据的 Skyline 查询应用已逐步向分布式应用拓展。对于广泛分布的不确定数据集上的 Skyline 查询，当前研究的挑战在于探索优化分布式查询处理的有效策略，高效渐进地返回查询结果，以提高分布式不确定 Skyline 查询处理的效率。随着近年来不确定数据流应用的兴起和发展，不确定数据流的 Skyline 查询对当前研究提出了新的挑战。随着近年来不确定数据流应用的兴起和发展，高效处理不确定数据流的 Skyline 查询成为当前亟待解决的问题。不确定流数据源源不断地高速到达且用户关注的滑动窗口逐渐增大，导致已有的集中式不确定数据流 Skyline 查询方法难以满足数据流应用对查询效率的需求。当前诸如数据中心等分布式计算环境的兴起和广泛运用，为实现不确定数据流的分布并行 Skyline 查询处理提供了有利条件。对于高速到达的不确定数据流上的 Skyline 查询，当前研究的挑战在于如何充分利用分布式计算环境实现并行查询处理，以提高不确定数据流 Skyline 查询处理的效率。以上研究挑战表明，不确定数据的分布并行 Skyline 查询技术研究具有极其重要的现实意义，且已成为当前 Skyline 查询技术研究的必然趋势。

在当前分布式 Skyline 查询的应用和研究中，主要存在两种类型的分布式不确定数据集：一种是采用离散型概率形式表示的元组级不确定数据集，即概率数据集；另一种是采用连续型概率形式表示的属性级不确定数据集，即区间数据集。在不确定数据流的分布并行 Skyline 查询研究中，首先需要解决的问题在于研究分布并行查询模型；在此基础上，重点研究高效的不确定数据流的分布并行 Skyline 查询方法，以及解决在分布式计算环境中因故障而发生查询结果出错和中断查询等问题的容错分布并行查询处理方法。

本书针对不确定数据集和不确定数据流开展分布并行 Skyline 查询技术的研究工作，重点围绕分布式概率数据集和区间数据集上的 Skyline 查询，以及不确定数据流的分布并行 Skyline 查询模型、高效性和容错性等五个方面的问题展开了深入研究。本书的主要贡献包括以下五个方面。

1. 基于网格过滤的分布式概率 Skyline 查询方法

针对已有的分布式概率 Skyline 查询方法因剪枝效率不高而发生查询的通信开销较大的问题，提出了一种基于网格过滤的分布式概率 Skyline 查询方法 GDPS。

GDPS 方法的查询处理过程，主要包括基于网格概要剪枝的预处理阶段和基于迭代剪枝的查询处理阶段。在基于网格概要剪枝的预处理阶段，首先对数据空间进行网格划分，并基于所划分的网格结构尽可能地收集全局网格概要信息；在此基础上，利用全局网格概要信息进行剪枝，极大地过滤了不可能成为最终概率 Skyline 的对象。在基于迭代剪枝的查询处理阶段，分别对协调节点和局部节点的处理过程进行优化。在协调节点的处理过程中，利用历史信息最大化地过滤非概率 Skyline 对象，并选择具有最大支配能力的元组进行反馈，有效地剪枝了局部节点中的非概率 Skyline 对象。在各局部节点的处理过程中，一方面，不断更新元组的临时 Skyline 概率信息，充分利用历史的查询计算过程优化了查询剪枝；另一方面，选择综合支配能力最强的元组进行反馈，增强了候选反馈元组的剪枝能力。

实验结果表明，相对于已有的分布式概率 Skyline 查询方法，GDPS 方法不仅满足了用户渐进式查询处理需求、保证了查询结果的正确性，而且极大地降低了查询所需的通信开销，从而有效地解决了分布式概率 Skyline 查询的查询效率问题。

2. 基于迭代反馈的分布式区间 Skyline 查询方法

针对已有的 Skyline 查询技术在分布式区间 Skyline 查询建模和查询效率方面不足的问题，提出了一种基于迭代反馈的分布式区间 Skyline 查询方法 DISQ。

在 DISQ 方法中，首先对区间 Skyline 查询问题进行了有效建模，并采用了一种四阶段的迭代反馈机制执行分布式查询处理。在局部节点的处理过程中，根据协调节点的反馈信息不断更新区间元组的临时区间 Skyline 概率，并快速剪枝该概率值低于阈值的元组；选择最具代表性的区间元组及其概率信息传输至协调节点，有效地优化了反馈对象的剪枝效率；同时选择最优的返回元组数目，进一步降低了查询所需的通信开销。在协调节点的处理过程中，一方面，通过不断收集并遴选来自各局部节点的优势元组，有效地提高了反馈元组的剪枝效率；另一方面，利用历史信息剪枝候选反馈元组，进一步优化了反馈对象的选择且减少了反馈元组的数目，从而有效地降低了查询所需的通信开销。

实验结果表明，相对于已有的分布式不确定 Skyline 查询处理方法，DISQ 不仅有效建模了区间不确定数据的 Skyline 查询问题，满足查询的正确性和渐进性，而且极大地降低了查询所需的通信开销，从而有效地解决了分布式区间 Skyline 查询的建模问题和查询效率问题。

3. 基于窗口划分的分布并行 Skyline 查询模型

针对已有的分布并行查询模型（如 MapReduce）由于其自身结构的原因而难以支持不确定数据流的分布并行 Skyline 查询的问题，提出了一种基于窗口划分的分布并行 Skyline 查询模型 WPS。

在 WPS 模型中，在逻辑上将全局滑动窗口划分为多个局部窗口，并通过将各局部窗口中的查询任务映射至各计算节点，有效地实现了并行查询处理；同时，基于排队理论建模分析了流数据的到达速率、处理速率和缓存容量之间的关系，自适应地调整窗口滑动的粒度，防止了流数据的溢出；根据计算节点的综合处理能力划分各局部窗口长度，较好地实现了各计算节点上的负载均衡。

特别地，为了适应各种分布式计算环境和查询需求，WPS 模型中实现了四种流数据映射策略，即集中式映射策略 CMS、轮转式映射策略 AMS、分布式映射策略 DMS 和角划分映射策略 APS。在 CMS 中，各计算节点均维护着全局滑动窗口，且计算节点之间无须通信，适合于带宽受限的分布式计算环境。在 AMS 中，监控节点以轮转的方式映射流数据并依次按序填满各计算节点上的局部窗口，显著降低了各局部窗口的动态变化性且适合于高带宽的网络环境。在 DMS 中，监控节点逐个交替地将流数据按序映射至各计算节点，其查询处理采用完全分布式的形式执行，查询处理的效率较高且具有较好的负载均衡性能。在 APS 中，监控节点根据流数据的角坐标确定其映射的计算节点，通过强化流数据之间的支配关系提高了查询处理的效率，适合于高带宽的网络环境且无须完全负载均衡的查询应用。

实验结果表明，与已有的集中式不确定数据流 Skyline 查询方法相比，基于 WPS 模型实现的分布并行查询方法的处理效率显著提高，且对于不同的更新粒度、数据维度和滑动窗口长度，均维持了较好的查询处理和负载均衡性能，从而有效地解决了不确定数据流 Skyline 查询的分布并行查询模型问题。

4. 基于两级优化的分布并行 Skyline 查询方法

针对已有的不确定数据流 Skyline 查询方法难以解决高吞吐率数据流环境下对大规模滑动窗口进行快速 Skyline 查询的问题，提出了一种基于两级优化的分布并行 Skyline 查询方法 PSS。

在 PSS 方法中，采用基于窗口划分的 WPS 模型实现基本的分布并行查询处理；在此基础上，利用计算节点之间和计算节点内部的两级优化处理，实现了高效的不确定数据流的分布并行 Skyline 查询。对于计算节点之间的优化，利用新到达流数据的映射策略对所有的计算节点进行有效组织，以建立各计算节点内维护的元组之间支配关系的内在联系，从而极大地减少了各计算节点内元组之间的支配测试次数。对于计算节点内部的优化，采用了网格索引结构来优化各计算节点内部的计算过程，包括元组之间的支配测试计算、候选对象的 Skyline 概率计算和更新等；同时，利用了一种基于 Z-order 曲线的管理策略对大量网格元胞进行高效管理，并通过 Z-order 列表的单调性优化了网格元胞之间的支配关系测试，从而进一步提高了各计算节点内部的查询处理效率。

实验结果表明，与已有的不确定数据流 Skyline 查询技术相比，PSS 方法极大地改进了不确定数据流的分布并行 Skyline 查询处理的效率，同时其所消耗的通信开销更小，并且具有较好的负载均衡性能，从而有效地解决了大规模滑动窗口的快速分布并行 Skyline 查询问题。

5. 基于复制的容错分布并行 Skyline 查询方法

针对在不确定数据流的分布并行 Skyline 查询过程中由于故障而发生查询结果不准确和查询中断的问题，提出了一种基于复制的容错分布并行 Skyline 查询方法 FTPS。

FTPS 方法的主体包括两个部分：高效的并行查询处理框架和有效的容错处理策略。一方面，FTPS 方法中采用了基于 WPS 模型和两级优化策略实现的并行查询处理框架，实现了不确定数据流 Skyline 查询的高效并行处理；另一方面，将各种基于复制的容错策略与并行查询处理框架有效结合，实现了高效的容错分布并行查询处理。特别地，在 FTPS 方法中利用基于复制策略的容错机制来保证了查询数据的可用性，同时对复制的内容、时机、副本的数目和副本放置的位置等方面进行了优化。在 FTPS 选择参与并行处理的计算节点作为副本节点，并对各计算节点上的多个副本进行层次化管理，通过选择优先级高的副本恢复数据，保证了数据恢复的高效性；同时将故障检测、数据恢复和查询过程恢复贯穿于整个查询更新过程中，减少了容错处理的通信和计算开销且实现了快速的查询恢复过程。

实验结果表明，FTPS 方法能够快速有效地检测故障并恢复并行查询处理过程，不仅在无故障发生和单个节点失效时具有较高的查询处理效率，而且随着失效节点数的上升，依然维持了较高的处理速率且足以满足用户的查询需求，从而有效地解决了不确定数据流的容错分布并行 Skyline 查询问题。

8.2 研究展望

在本书工作的基础上，拟针对以下三个方面的问题展开进一步研究：

1. 区间 Skyline 查询的扩展研究

区间不确定数据广泛存在于众多的实际应用中，对其上的 Skyline 查询进行深入分析和研究具有重要的现实意义。尽管本书对分布式区间数据集上的 Skyline 查询进行了深入研究，然而这只是对区间 Skyline 查询研究的一个方面。在未来工作中，将对其在以下两个方面展开深入研究：第一，研究区间不确定数据流的各种并行 Skyline 查询处理方法，包括基于不同流数据模型和查询定义的区间 Skyline 查询研究；第二，将拓展已有的各种 Skyline 查询定义，研究区间数据上的各种特殊类型的 Skyline 查询，例如子空间区间 Skyline 查询、反区间 Skyline 查询、Top-k 区间 Skyline 查询、Top-k 支配区间 Skyline 查询、k-支配区间 Skyline 查询、约束区间 Skyline 查询、k-Skyband 区间 Skyline 查询和最近邻区间 Skyline 查询等。

2. 基于 n-of-N 不确定流模型的分布并行 Skyline 查询

目前不确定数据流查询研究主要采用滑动窗口模型，该模型主要关注于最近若干个数据对象上的查询。以基于计数的滑动窗口为例，通常查询主要关注于最近 N 个元组的不确定 Skyline 查询。尽管通过分布并行查询处理，使得用户能够关注于更大的滑动窗口范围，然而不同的用户可能同时对该数据流进行查询，且不同用户的查询需求往往不同，可能需要同时考查在不同滑动窗口范围内的 Skyline 查询结果。因此，为用户的 Skyline 查询提供高度的灵活性是必要的，在现实生活中具有重要的意义。为了解决此问题，目前数据流查询领域专门提出了一种能够较好地适应该查询灵活性的数据流模型，即 n-of-N 数据流模型。该模型是一种特殊的滑动窗口模型，其查询关注于最近 n（$n \leqslant N$）个数据对象的查询结果，而非固定的 Skyline 个最近元组的查询结果。因此，n-of-N 数据流模型上的 Skyline 查询，实际上相当于 N 个固定尺寸的滑动窗口上 Skyline 查询的总和。该查询在形式上便充满了挑战性，且目前已有的 Skyline 查询方法均无法解决此问题。鉴于该查询的重要性和挑战性，在下一步工作中将对其展开深入研究。

3. 不确定数据流的高效分布并行 *k*-支配 **Skyline** 查询

由于信息技术的飞速发展，当前现实应用中的数据呈现出向海量和高维方向发展的趋势。在高维数据空间中求解 Skyline 查询结果，极易导致"维度灾难"问题，即维度过大而导致 Skyline 查询的结果集合过大的问题。为解决"维度灾难"问题，提高 Skyline 查询的实用性，不少研究人员提出了 *k*-支配的概念。*k*-支配概念的引入，不仅能够有效地解决对于高维数据 Skyline 查询结果返回过多而导致的 Skyline 查询在实用性方面不足的问题，而且使得用户能够从另一个角度考查数据对象的重要性，是一种具有较强实用性的 Skyline 查询的扩展研究。尽管确定性数据上的 *k*-支配 Skyline 查询研究已经不少，然而缺乏有效的解决不确定数据流上的 *k*-支配 Skyline 查询的方法，而已有的各种 Skyline 查询技术也无法解决此问题。因此，在未来研究中将考虑充分利用数据中心环境，研究解决高维不确定数据流应用中由于维度过高而造成的"维度灾难"问题，进一步增强高维不确定数据流上 Skyline 查询的实用性，为用户决策提供更为有力的支持。

参 考 文 献

[1] RÉ C, DALVI N, SUCIU D. Efficient top-k query evaluation on probabilistic data[C]. In Proceedings of the 23rd IEEE International Conference on Data Engineering (ICDE), 2007: 886-895.

[2] JEFFERY S, GAROFALAKIS M, FRANKLIN M. Adaptive cleaning for RFID data streams[C]. In Proceedings of the 32nd International Conference on Very Large Data Bases (VLDB), 2006: 163-174.

[3] TRAN T, SUTTON C, COCCI R, et al. Probabilistic inference over RFID streams in mobile environments [C]. In Proceedings of 25th IEEE International Conference on Data Engineering (ICDE), 2009: 1096-1107.

[4] CHEN L, ÖZSU M, ORIA V. Robust and fast similarity search for moving object trajectories[C]. In Proceedings of the ACM International Conference on Management of Data (SIGMOD), 2005: 491-502.

[5] LJOSA V, SINGH A. APLA: Indexing arbitrary probability distributions [C]. In Proceedings of the IEEE International Conference on Data Engineering (ICDE), 2007: 946-955.

[6] JAYRAM T, KALE S, VEE E. Efficient aggregation algorithms for probabilistic data [C]. In Proceedings of the 18th annual ACM-SIAM Symposium on Discrete Algorithms (SODA), 2007: 346-355.

[7] CORMODE G, MCGREGOR A. Approximation algorithms for clustering uncertain data[C]. In Proceedings of the 27th ACM Symposium on Principles of Database Systems (PODS), 2008: 191-200.

[8] ZHOU B, PEI J. The k-anonymity and l-diversity approaches for privacy preservation in social networks against neighborhood attacks[J]. Knowledge

and Information Systems (KAIS), 2011, 28 (1): 47-77.

[9] WANG Y J, LI X J, LI X L, et al. A survey of queries over uncertain data [J]. Knowledge and Information Systems (KAIS), 2013, 37(3): 485-530.

[10] WIDOM J. Trio: A system for integrated management of data, accuracy, and lineage [C]. In Proceedings of the 2nd Biennial Conference on Innovative Data Systems Research (CIDR), 2005: 262-276.

[11] BENJELLOUN O, SARMA A, Halevy A, et al. ULDBs: Databases with uncertainty and lineage[C]. In Proceedings of the International Conference on Very Large Data Bases (VLDB), 2006: 953-964.

[12] SARMA A, BENJELLOUN O, HALEVY A, et al. Working models for uncertain data [C]. In Proceedings of the 22nd IEEE International Conference on Data Engineering (ICDE), 2006.

[13] FUXMAN A, FAZLI E, MILLER R. Conquer: Efficient management of inconsistent databases [C]. In Proceedings of the ACM International Conference on Management of Data (SIGMOD), 2005: 155-166.

[14] ANDRITSOS P, FUXMAN A, MILLER R. Clean answers over dirty databases: A probabilistic approach[C]. In Proceedings of the 22nd IEEE International Conference on Data Engineering (ICDE), 2006: 30-30.

[15] DALVI N, SUCIU D. Efficient query evaluation on probabilistic databases [J]. The VLDB Journal—The International Journal on Very Large Data Bases (VLDBJ), 2007, 16 (4): 523-544.

[16] CHENG R, KALASHNIKOV D, PRABHAKAR S. Evaluation of probabilistic queries over imprecise data in constantly-evolving environments [J]. Information Systems (IS), 2007, 32 (1): 104-130.

[17] SOLIMAN M, ILYAS I, CHANG K. URank: formulation and efficient evaluation of top-k queries in uncertain databases[C]. In Proceedings of the ACM International Conference on Management of Data (SIGMOD), 2007: 1082-1084.

[18] WANG D Z, MICHELAKIS E, GAROFALAKIS M, et al. Bayesstore: Managing

large, uncertain data repositories with probabilistic graphical models[C]. In Proceedings of the International Conference on Very Large Data Bases (VLDB), 2008: 340-351.

[19] JAMPANI R, XU F, WU M X, et al. MCDB: a monte carlo approach to managing uncertain data [C]. In Proceedings of the ACM International Conference on Management of Data (SIGMOD), 2008: 687-700.

[20] ANTOVA L, JANSEN T, KOCH C, et al. Fast and simple relational processing of uncertain data [C]. In Proceedings of the 24th IEEE International Conference on Data Engineering (ICDE), 2008: 983-992.

[21] OLTEANU D, HUANG J, KOCH C. Sprout: Lazy vs. eager query plans for tuple-independent probabilistic databases [C]. In Proceedings of the IEEE International Conference on Data Engineering (ICDE), 2009: 640-651.

[22] SEN P, DESHPANDE A, GETOOR L. PrDB: managing and exploiting rich correlations in probabilistic databases [J]. The VLDB Journal—The International Journal on Very Large Data Bases (VLDBJ), 2009, 18 (5): 1065-1090.

[23] TRAN T T L, PENG L, LI B, et al. PODS: A new model and processing algorithms for uncertain data streams [C]. In Proceedings of the ACM International Conference on Management of Data (SIGMOD), 2010: 157-168.

[24] TRAN T T L, PENG L, DIAO Y, et al. CLARO: modeling and processing uncertain data streams[J]. The VLDB Journal—The International Journal on Very Large Data Bases (VLDBJ), 2012: 1-26.

[25] BARBARÁ D, GARCIA-MOLINA H, PORTER D. The management of probabilistic data [J]. IEEE Transactions on Knowledge and Data Engineering (TKDE), 1992, 4 (5): 487-502.

[26] PEARL J. Fusion, propagation, and structuring in belief networks [J]. Artificial intelligence (AI), 1986, 29 (3): 241-288.

[27] CHAUDHURI S, DAS G, HRISTIDIS V, et al. Probabilistic information retrieval approach for ranking of database query results [J]. ACM Transactions on Database Systems (TODS), 2006, 31(3): 1134-1168.

[28] AGRAWAL S, CHAUDHURI S. Automated ranking of database query results[C]. In Proceedings of the Biennial Conference on Innovative Data Systems Research (CIDR), 2003.

[29] UKKONEN E. Approximate string-matching with q-grams and maximal matches[J]. Theoretical Computer Science (TCS), 1992, 92 (1): 191-211.

[30] GUPTA R, SARAWAGI S. Creating probabilistic databases from information extraction models[C]. In Proceedings of the International Conference on Very Large Data Bases (VLDB), 2006.

[31] MCLACHLAN G J, PEEL D. Finite mixture models[J]. Technometrics, 2000, 44.

[32] KANAGAL B, DESHPANDE A. Online filtering, smoothing and probabilistic modeling of streaming data[C]. In Proceedings of the 24th IEEE International Conference on Data Engineering (ICDE), 2008.

[33] GUO P J. Fuzzy data envelopment analysis and its application to location problems[J]. Information Sciences, 2009, 179 (6): 820-829.

[34] HONG T P, CHEN C H, LEE Y C, et al. Genetic-fuzzy data mining with divide-and-conquer strategy [J]. IEEE Transactions on Evolutionary Computation (TEC), 2008, 12 (2): 252-265.

[35] BERNECKER T, EMRICH T, KRIEGEL H, et al. Probabilistic ranking in fuzzy object databases[C]. In Proceedings of the ACM International Conference on Information and Knowledge Management (CIKM), 2012: 2647-2650.

[36] CHU D, DESHPANDE A, HELLERSTEIN J M, et al. Approximate data collection in sensor networks using probabilistic models[C]. In Proceedings of the IEEE International Conference on Data Engineering (ICDE), 2006: 48-48.

［37］ JIANG B, PEI J. Online interval skyline queries on time series［C］. In Proceedings of the 25th IEEE International Conference on Data Engineering （ICDE）, 2009：1036-1047.

［38］ KHALEFA M, MOKBEL M, LEVANDOSKI J. Skyline query processing for incomplete data［C］. In Proceedings of the IEEE 24th International Conference on Data Engineering （ICDE）, 2008.

［39］ SOLIMAN M, ILYAS I, BEN-DAVID S. Supporting ranking queries on uncertain and incomplete data［J］. The VLDB Journal—The International Journal on Very Large Data Bases （VLDBJ）, 2010, 19 （4）：477-501.

［40］ TAO Y F, XIAO X K, CHENG R. Range search on multidimensional uncertain data［J］. ACM Transactions on Database Systems （TODS）, 2007, 32 （3）：15-63.

［42］ 周傲英, 金澈清, 王国仁,等. 不确定性数据管理技术研究综述[J]. 计算机学报, 2009, 32 （1）：1-16.

［42］ 王意洁, 李小勇, 祁亚斐,等. 不确定数据查询技术研究[J]. 计算机研究与发展, 2012, 49 （7）：1460-1466.

［43］ KLIR G J, FOLGER T A, KRUSE R. Fuzzy sets, uncertainty, and information［M］. Prentice Hall Englewood Cliffs, 1988.

［44］ LAKSHMANAN L, LEONE N, ROSS R, et al. ProbView：a flexible probabilistic database system［J］. ACM Transactions on Database Systems （TODS）, 1997, 22 （3）：419-469.

［45］ HERNαNDEZ M, STOLFO S. Real-world data is dirty：Data cleansing and the merge/purge problem ［J］. Data Mining and Knowledge Discovery （DMKD）, 1998, 2 （1）：9-37.

［46］ ZHANG W J, LIN X M, PEI J, et al. Managing uncertain data：Probabilistic approaches［C］. In Proceedings of International Conference on Web-Age Information Management （WAIM）, 2008：405-412.

［47］ SOLIMAN M, ILYAS I, CHANG K. Probabilistic top-k and ranking-aggregate queries［J］. ACM Transactions on Database Systems （TODS）,

2008, 33 (3): 1-54.

[48] FRIEDMAN N, GETOOR L, KOLLER D, et al. Learning probabilistic relational models[C]. In Proceedings of the International Joint Conferences on Artificial Intelligence (IJCAI), 1999.

[49] BURDICK D, DESHPANDE P, JAYRAM T, et al. OLAP over uncertain and imprecise data[J]. The VLDB Journal—The International Journal on Very Large Data Bases (VLDBJ), 2007, 16 (1): 123-144.

[50] SEN P, DESHPANDE A. Representing and querying correlated tuples in probabilistic data [C]. In Proceedings of the 23rd IEEE International Conference on Data Engineering (ICDE), 2007: 596-605.

[51] SINGH S, MAYFIELD C, SHAH R, et al. Database support for probabilistic attributes and tuples [C]. In Proceedings of the IEEE International Conference on Data Engineering (ICDE), 2008: 1053-1061.

[52] CORMODE G, GAROFALAKIS M. Sketching probabilistic data streams [C]. In Proceedings of the ACM International Conference on Management of Data (SIGMOD), 2007: 281-292.

[53] PEI J, JIANG B, LIN X M, et al. Probabilistic skylines on uncertain data [C]. In Proceedings of the International Conference on Very Large Data Bases (VLDB), 2007: 15-26.

[54] WOODRUFF A, STONEBRAKER M. Supporting fine-grained data lineage in a database visualization environment [C]. In Proceedings of the 13th IEEE International Conference on Data Engineering (ICDE), 1997: 91-102.

[55] KOLLER D, FRIEDMAN N. Probabilistic Graphical Models: Principles and Techniques[M]. The MIT Press, 2009.

[56] ROSS R, SUBRAHMANIAN V, GRANT J. Aggregate operators in probabilistic data [J]. Journal of the ACM (JACM), 2005, 52 (1): 54-101.

[57] CUZZOCREA A. Retrieving accurate estimates to OLAP queries over

uncertain and imprecise multidimensional data streams[C]. In Proceedings of International Conference on Scientific and Statistical Database Management (SSDBM), 2011: 575-576.

[58] CHENG R, KALASHNIKOV D V, PRABHAKAR S. Evaluating probabilistic queries over imprecise data[C]. In Proceedings of the ACM International Conference on Management of Data (SIGMOD), 2003: 551-562.

[59] HUA M, PEI J, ZHANG W J, et al. Ranking queries on uncertain data: a probabilistic threshold approach [C]. In Proceedings of the ACM International Conference on Management of Data (SIGMOD), 2008: 673-686.

[60] CHENG R, XIA Y, PRABHAKAR S, et al. Efficient indexing methods for probabilistic threshold queries over uncertain data[C]. In Proceedings of the International Conference on Very Large Data Bases (VLDB), 2004: 876-887.

[61] TAO Y F, CHENG R, XIAO X K, et al. Indexing multi-dimensional uncertain data with arbitrary probability density functions [C]. In Proceedings of the International Conference on Very Large Data Bases (VLDB), 2005: 922-933.

[62] CHEN J C, CHENG R. Efficient evaluation of imprecise location-dependent queries[C]. In Proceedings of the 23rd IEEE International Conference on Data Engineering (ICDE), 2007: 586-595.

[63] CHUNG B, LEE W, CHEN A. Processing probabilistic spatio-temporal range queries over moving objects with uncertainty[C]. In Proceedings of the ACM International Conference on Extending Database Technology (EDBT), 2009: 60-71.

[64] ISHIKAWA Y, IIJIMA Y, YU J. Spatial range querying for gaussian-based imprecise query objects [C]. In Proceedings of the IEEE International Conference on Data Engineering (ICDE), 2009: 676-687.

[65] POTAMIAS M, BONCHI F, GIONIS A, et al. K-nearest neighbors in uncertain graphs[C]. In Proceedings of the International Conference on Very Large Data Bases (VLDB), 2010: 997-1008.

[66] ABITEBOUL S, CHAN T, KHARLAMOV E, et al. Aggregate queries for discrete and continuous probabilistic XML[C]. In Proceedings of the International Conference on Database Theory (ICDT), 2010: 50-61.

[67] KIMELFELD B, KOSHAROVSKY Y, SAGIV Y. Query efficiency in probabilistic XML models[C]. In Proceedings of the ACM International Conference on Management of Data (SIGMOD), 2008: 701-714.

[68] LI J X, LIU C F, ZHOU R, et al. Top-k keyword search over probabilistic XML data[C]. In Proceedings of the 27th IEEE International Conference on Data Engineering (ICDE), 2011: 673-684.

[69] SENELLART P, ABITEBOUL S. On the complexity of managing probabilistic XML data[C]. In Proceedings of the 25th ACM Symposium on Principles of Database Systems (PODS), 2007: 283-292.

[70] XU C F, WANG Y Q, LIN S K, et al. Efficient fuzzy top-k query processing over uncertain objects[C]. In Proceedings of Database and Expert Systems Applications (DEXA), 2011: 167-182.

[71] SOLIMAN M, ILYAS I, CHEN-CHUAN CHANG K. Top-k query processing in uncertain data[C]. In Proceedings of the 23rd IEEE International Conference on Data Engineering (ICDE), 2007: 896-905.

[72] HUA M, PEI J, ZHANG W J, et al. Efficiently answering probabilistic threshold top-k queries on uncertain data[C]. In Proceedings of the IEEE International Conference on Data Engineering (ICDE), 2008: 1403-1405.

[73] JIN C Q, YI K, CHEN L, et al. Sliding-window top-k queries on uncertain streams[C]. In Proceedings of the International Conference on Very Large Data Bases (VLDB), 2008.

[74] LIAN X, CHEN L. Top-k dominating queries in uncertain data[C]. In Proceedings of the ACM International Conference on Extending Database

Technology（EDBT），2009：660-671.

[75] 李建中，于戈，周傲英. 不确定性数据管理的要求与挑战［J］. 中国计算机学会通讯，2009，5（4）：6-14.

[76] BABCOCK B，BABU S，DATAR M，et al. Models and issues in data stream［C］. In Proceedings of the ACM Symposium on Principles of Database Systems（PODS），2002：1-16.

[77] GREEN T，TANNEN V. Models for incomplete and probabilistic information ［J］. IEEE Data Engineering Bulletin，2006，29（1）：17-24.

[78] NIERMAN A，JAGADISH H. ProTDB：Probabilistic data in XML［C］. In Proceedings of the International Conference on Very Large Data Bases （VLDB），2002：646-657.

[79] COHEN S，KIMELFELD B，SAGIV Y. Incorporating constraints in probabilistic XML［J］. ACM Transactions on Database Systems（TODS），2009，34（3）：109-118.

[80] HUNG E，GETOOR L，SUBRAHMANIAN V. PXML：A probabilistic semistructured data model and algebra［C］. In Proceedings of the IEEE 19th International Conference on Data Engineering（ICDE），2003.

[81] KUNG H，LUCCIO F，PREPARATA F. On finding the maxima of a set of vectors［J］. Journal of the ACM（JACM），1975，22（4）：469-476.

[82] BENTLEY J，KUNG H，SCHKOLNICK M，et al. On the average number of maxima in a set of vectors and applications［J］. Journal of the ACM （JACM），1978，25（4）：536-543.

[83] BENTLEY J，CLARKSON K，LEVINE D. Fast linear expected-time algorithms for computing maxima and convex hulls［J］. Algorithmica，1993，9（2）：168-183.

[84] BÖRZSÖNYI S，KOSSMANN D，STOCKER K. The skyline operator［C］. In Proceedings of the IEEE International Conference on Data Engineering （ICDE），2001：421-430.

[85] GODFREY P，SHIPLEY R，GRYZ J. Algorithms and analyses for maximal

vector computation［J］. The VLDB Journal—The International Journal on Very Large Data Bases（VLDBJ）, 2007, 16（1）：5-28.

［86］ BALKE W, GÜNTZER U. Multi-objective query processing for database systems［C］. In Proceedings of the International Conference on Very Large Data Bases（VLDB）, 2004：936-947.

［87］ DELLIS E, VLACHOU A, VLADIMIRSKIY I, et al. Constrained subspace skyline computation［C］. In Proceedings of the 15th ACM International Conference on Information and Knowledge Management（CIKM）, 2006：415-424.

［88］ DELLIS E, SEEGER B. Efficient computation of reverse skyline queries ［C］. In Proceedings of the International Conference on Very Large Data Bases（VLDB）, 2007：291-302.

［89］ KHALEFA M, MOKBEL M, LEVANDOSKI J. Skyline query processing for uncertain data［C］. In Proceedings of the 19th ACM International Conference on Information and Knowledge Management（CIKM）, 2010：1293-1296.

［90］ BALKE W, GÜNTZER U, ZHENG J. Efficient distributed skylining for web information systems［C］. In Proceedings of the International Conference on Extending Database Technology：Advances in Database Technology（EDBT）, 2004：573-574.

［91］ SHARIFZADEH M, SHAHABI C. The spatial skyline queries［C］. In Proceedings of the International Conference on Very Large Data Bases（VLDB）, 2006：751-762.

［92］ HUANG J, JIANG B, PEI J, et al. Skyline distance：a measure of multidimensional competence［J］. Knowledge and Information Systems（KAIS）, 2013, 34（2）：373-396.

［93］ YU Q, BOUGUETTAYA A. Efficient Service Skyline Computation for Composite Service Selection［J］. IEEE Transaction on Knowledge and Data Engineering（TKDE）, 2011, 25（4）：776-789.

[94] YU Q, BOUGUETTAYA A. Computing service skyline from uncertain qows [J]. IEEE Transactions on Services Computing (TSC), 2010, 3 (1): 16-29.

[95] PEI J, JIN W, ESTER M, et al. Catching the best views of skyline: A semantic approach based on decisive subspaces[C]. In Proceedings of the International Conference on Very Large Data Bases (VLDB), 2005: 253-264.

[96] YUAN Y D, LIN X M, LIU Q, et al. Efficient computation of the skyline cube[C]. In Proceedings of the International Conference on Very Large Data Bases (VLDB), 2005: 241-252.

[97] TAO Y F, XIAO X F, PEI J. Subsky: Efficient computation of skylines in subspaces[C]. In Proceedings of the IEEE International Conference on Data Engineering (ICDE), 2006.

[98] TAN K-L, ENG P-K, OOI B C, et al. Efficient progressive skyline computation[C]. In Proceedings of the International Conference on Very Large Data Bases (VLDB), 2001: 301-310.

[99] LEE K C K, ZHENG B H, LI H J, et al. Approaching the skyline in Z order[C]. In Proceedings of the International Conference on Very Large Data Bases (VLDB), 2007: 279-290.

[100] PAPADIAS D, TAO Y F, FU G, et al. An optimal and progressive algorithm for skyline queries[C]. In Proceedings of the ACM International Conference on Management of Data (SIGMOD), 2003: 467-478.

[101] KOSSMANN D, RAMSAK F, ROST S. Shooting stars in the sky: An online algorithm for skyline queries[C]. In Proceedings of the International Conference on Very Large Data Bases (VLDB), 2002: 275-286.

[102] CHOMICKI J, GODFREY P, GRYZ J, et al. Skyline with presorting[C]. In Proceedings of the IEEE International Conference on Data Engineering (ICDE), 2003: 717-719.

[103] BARTOLINI I, CIACCIA P, PATELLA M. Efficient sort-based skyline

evaluation[J]. ACM Transactions on Database Systems (TODS), 2008, 33 (4):1-49.

[104] LO E, YIP K Y, LIN K, et al. Progressive skylining over web-accessible data[J]. Data & Knowledge Engineering (DKE), 2006, 57 (2): 122-147.

[105] WANG S Y, OOI B C, TUNG A K H, et al. Efficient skyline query processing on peer-to-peer networks [C]. In Proceedings of the IEEE International Conference on Data Engineering (ICDE), 2007: 1126-1135.

[106] VLACHOU A, DOULKERIDIS C, KOTIDIS Y, et al. Skypeer: Efficient subspace skyline computation over distributed data[C]. In Proceedings of the 23rd IEEE International Conference on Data Engineering (ICDE), 2007: 416-425.

[107] CUI B, LU H, XU Q Q, et al. Parallel distributed processing of constrained skyline queries by filtering [J]. IEEE Transactions on Knowledge and Data Engineering (TKDE), 2008, 21 (7): 546-555.

[108] FOTIADOU K, PITOURA E. BITPEER: Continuous subspace skyline computation with distributed bitmap indexes[C]. In Proceedings of the ACM International Workshop on Data Management in Peer-to-Peer Systems (DaMaP), 2008: 35-42.

[109] CHEN L, CUI B, LU H, et al. iSky: Efficient and progressive skyline computing in a structured P2P network[C]. In Proceedings of the 28th IEEE International Conference on Distributed Computing Systems (ICDCS), 2008: 160-167.

[110] ZHANG W J, LIN X M, ZHANG Y, et al. Probabilistic skyline operator over sliding windows [C]. In Proceedings of the IEEE International Conference on Data Engineering (ICDE), 2009: 1060-1071.

[111] ZHU L, TAO Y F, ZHOU S G. Distributed skyline retrieval with low bandwidth consumption[J]. IEEE Transactions on Knowledge and Data Engineering (TKDE), 2009, 21(3): 384-400.

[112] HUANG Z H, JENSEN C, LU H, et al. Skyline queries against mobile lightweight devices in MANETs[C]. In Proceedings of the 22nd IEEE International Conference on Data Engineering (ICDE), 2006: 66.

[113] XIN J C, WANG G R, CHEN L, et al. Continuously maintaining sliding window skylines in a sensor network [C]. In Proceedings of the International Conference on Database Systems for Advanced Applications (DASFAA), 2007: 509-521.

[114] MA C Y, ZHANG R, LIN X M, et al. DuoWave: Mitigating the curse of dimensionality for uncertain data[J]. Data & Knowledge Engineering, 2012, 76-78: 16-38.

[115] 王意洁, 李小勇, 杨永滔, 等. 不确定 Skyline 查询技术研究[J]. 计算机研究与发展, 2012, 49 (10): 2045-2053.

[116] KIM D, IM H, PARK S. Computing Exact Skyline Probabilities for Uncertain Databases [J]. IEEE Transactions on Knowledge and Data Engineering (TKDE), 2012, 24(12): 2113-2126.

[117] HOSE K, VLACHOU A. Distributed skyline processing: a trend in database research still going strong [C]. In Proceedings of the ACM International Conference on Extending Database Technology (EDBT), 2012: 558-561.

[118] HOSE K, VLACHOU A. A survey of skyline processing in highly distributed environments[J]. The VLDB Journal—The International Journal on Very Large Data Bases (VLDBJ), 2012, 21 (3): 359-384.

[119] BÖHM C, FIEDLER F, OSWALD A, et al. Probabilistic skyline queries [C]. In Proceedings of the ACM International Conference on Information and Knowledge Management (CIKM), 2009: 651-660.

[120] SUN S L, HUANG Z H, ZHONG H, et al. Efficient monitoring of skyline queries over distributed data streams [J]. Knowledge and Information Systems (KAIS), 2010, 25 (3): 575-606.

[121] YIU M L, MAMOULIS N, DAI X, et al. Efficient evaluation of

probabilistic advanced spatial queries on existentially uncertain data[J]. IEEE Transactions on Knowledge and Data Engineering (TKDE), 2009, 21 (1): 108-122.

[122] ATALLAH M, QI Y. Computing all skyline probabilities for uncertain data [C]. In Proceedings of the ACM Symposium on Principles of Database Systems (PODS), 2009: 279-287.

[123] DING X F, JIN H. Efficient and progressive algorithms for distributed skyline queries over uncertain data[C]. In Proceedings of the 28th IEEE International Conference on Distributed Computing Systems (ICDCS), 2010: 149-158.

[124] YE M, LIU X J, LEE W, et al. Probabilistic Top-k query processing in distributed sensor networks[C]. In Proceedings of the IEEE International Conference on Data Engineering (ICDE), 2010.

[125] YANG Y T, WANG Y J. Towards estimating expected sizes of probabilistic skylines[J]. Science China: Information Sciences, 2011, 54 (12): 2554-2564.

[126] DENG L, WANG F, HUANG B X. Probabilistic threshold join over distributed uncertain data [C]. In Proceedings of the International Conference on Web-Age Information Management (WAIM), 2011: 68-80.

[127] WU P, ZHANG C J, FENG Y, et al. Parallelizing skyline queries for scalable distribution[C]. In Proceedings of the International Conference on Extending Database Technology: Advances in Database Technology (EDBT), 2006: 112-130.

[128] HOSE K, LEMKE C, SATTLER K. Processing relaxed skylines in PDMS using distributed data summaries[C]. In Proceedings of the 15th ACM International Conference on Information and Knowledge Management (CIKM), 2006: 425-434.

[129] WANG S Y, VU Q, OOI B C, et al. Skyframe: a framework for skyline query processing in peer-to-peer systems [J]. The VLDB Journal—The

International Journal on Very Large Data Bases（VLDBJ），2009，18（1）：345-362.

[130] ROCHA-JUNIOR J, VLACHOU A, DOULKERIDIS C, et al. AGiDS：A grid-based strategy for distributed skyline query processing［C］. In Proceedings of the Data Management in Grid and Peer-to-Peer Systems（Globe），2009.

[131] LI J, SAHA B, DESHPANDE A. A unified approach to ranking in probabilistic data［C］. In Proceedings of the International Conference on Very Large Data Bases（VLDB），2009.

[132] ZHANG Y, ZHANG W J, LIN X M, et al. Ranking uncertain sky：The probabilistic top-k skyline operator［J］. Information Systems（IS），2011，36（5）：898-915.

[133] CUI B, CHEN L J, XU L H, et al. Efficient skyline computation in structured peer-to-peer systems［J］. IEEE Transactions on Knowledge and Data Engineering（TKDE），2009，21（7）：1059-1072.

[134] ZHANG Z J, CHENG R, PAPADIAS D, et al. Minimizing the communication cost for continuous skyline maintenance［C］. In Proceedings of the ACM International Conference on Management of Data（SIGMOD），2009：495-508.

[135] TAO Y F, PAPADIAS D. Maintaining sliding window skylines on data streams［J］. IEEE Transactions on Knowledge and Data Engineering（TKDE），2006，18（3）：377-391.

[136] MORSE M, PATEL J, GROSKY W. Efficient continuous skyline computation［J］. Information Sciences，2007，177（17）：3411-3437.

[137] LIN X M, YUAN Y D, WANG W, et al. Stabbing the sky：Efficient skyline computation over sliding windows［C］. In Proceedings of the IEEE International Conference on Data Engineering（ICDE），2005：502-513.

[138] LU H, ZHOU Y L, HAUSTAD J. Efficient and scalable continuous skyline monitoring in two-tier streaming settings［J］. Information Systems（IS），

2013, 38 (1): 68-81.

[139] KONTAKI M, PAPADOPOULOS A N, MANOLOPOULOS Y. Continuous Top-k Dominating Queries[J]. IEEE Transactions on Knowledge and Data Engineering (TKDE), 2012, 24 (5): 840-853.

[140] LIAN X, CHEN L. Monochromatic and bichromatic reverse skyline search over uncertain data [C]. In Proceedings of the ACM International Conference on Management of Data (SIGMOD), 2008: 213-226.

[141] DING X F, LIAN X, CHEN L, et al. Continuous monitoring of skylines over uncertain data streams[J]. Information Sciences, 2012, 184 (1): 196-214.

[142] PARK S, KIM T, PARK J, et al. Parallel skyline computation on multicore architectures [C]. In Proceedings of the IEEE International Conference on Data Engineering (ICDE), 2009: 760-771.

[143] KÖHLER H, YANG J, ZHOU X F. Efficient parallel skyline processing using hyperplane projections[C]. In Proceedings of the ACM International Conference on Management of Data (SIGMOD), 2011: 85-96.

[144] AFRATI F N, KOUTRIS P, SUCIU D, et al. Parallel skyline queries[C]. In Proceedings of International Conference on Data Theory (ICDT), 2012.

[145] TANIAR D, LEUNG C, RAHAYU W, et al. High performance parallel database processing and grid databases[M]. Wiley, 2008.

[146] DEAN J, GHEMAWAT S. MapReduce: Simplified data processing on large clusters[C]. In Proceedings of the USENIX Symposium on Operating System Design and Implementation (OSDI), 2004: 137-150.

[147] CONDIE T, CONWAY N, ALVARO P, et al. MapReduce online[C]. In Proceedings of the USENIX Symposium on Networked Systems Design and Implementation (NSDI), 2010.

[148] EKANAYAKE J, PALLICKARA S, FOX G. Mapreduce for data intensive scientific analyses [C]. In Proceedings of the 4th IEEE International Conference on eScience, 2008: 277-284.

[149] BU Y, HOWE B, BALAZINSKA M, et al. HaLoop: Efficient iterative data processing on large clusters[C]. In Proceedings of the International Conference on Very Large Data Bases (VLDB), 2010: 285-296.

[150] DITTRICH J, QUIANÉ-RUIZ J, JINDAL A, et al. Hadoop + +: Making a yellow elephant run like a cheetah (without it even noticing)[C]. In Proceedings of the International Conference on Very Large Data Bases (VLDB), 2010: 515-529.

[151] DIAO Y L, LI B D, LIU A N, et al. Capturing data uncertainty in high-volume stream processing[C]. In Proceedings of the Biennial Conference on Innovative Data Systems Research (CIDR), 2009.

[152] MACCORMICK J, MURPHY N, NAJORK M, et al. Boxwood: Abstractions as the Foundation for Storage Infrastrucure [C]. In Proceedings of the USENIX Symposium on Operating System Design and Implementation (OSDI), 2004.

[153] XIAO Y Y, CHEN Y G. Efficient distributed skyline queries for mobile applications[J]. Journal of Computer Science and Technology (JCST), 2010, 25 (3): 523-536.

[154] RATNASAMY S, FRANCIS P, HANDLEY M, et al. A scalable content-addressable network [C]. In Proceedings of the ACM International Conference on the applications, technologies, architectures, and protocols for computer communication (SIGCOMM), 2001.

[155] JAGADISH H, OOI B, VU Q. Baton: A balanced tree structure for peer-to-peer networks[C]. In Proceedings of the International Conference on Very Large Data Bases (VLDB), 2005: 661-672.

[156] ROCHA-JUNIOR J, VLACHOU A, DOULKERIDIS C, et al. Efficient execution plans for distributed skyline query processing [C]. In Proceedings of the 14th International Conference on Extending Database Technology (EDBT), 2011: 271-282.

[157] VLACHOU A, DOULKERIDIS C, KOTIDIS Y, et al. Efficient routing of

subspace skyline queries over highly distributed data［J］. IEEE Transactions on Knowledge and Data Engineering（TKDE）, 2010, 22（12）：1694-1708.

［158］ VLACHOU A, NØRVÅG K. Bandwidth-constrained distributed skyline computation［C］. In Proceedings of the Eighth ACM International Workshop on Data Engineering for Wireless and Mobile Access, 2009：17-24.

［159］ 孙圣力, 李金玖, 朱扬勇. 高效处理分布式数据流上 Skyline 持续查询算法［J］. 软件学报, 2009, 20（7）：1839-1853.

［160］ KOUTRIS P, SUCIU D. Parallel evaluation of conjunctive queries［C］. In Proceedings of the ACM Symposium on Principles of Database Systems（PODS）, 2011：223-234.

［161］ AFRATI F N, ULLMAN J D. Optimizing joins in a map-reduce environment［C］. In Proceedings of the ACM International Conference on Extending Database Technology（EDBT）, 2010：99-110.

［162］ ZHANG B L, ZHOU S G, GUAN J H. Adapting skyline computation to the mapreduce framework：algorithms and experiments［C］. In Proceedings of the International Conference on Database Systems for Advanced Applications（DASFAA）, 2011：403-414.

［163］ 丁琳琳, 信俊昌, 王国仁, 等. 基于 Map-Reduce 的海量数据高效 Skyline 查询处理［J］. 计算机学报, 2011, 34（10）：1785-1796.

［164］ PAN L, CHEN L, WU J. Skyline web service selection with mapreduce［C］. In Proceedings of the International Conference on Computer Science and Service System（CSSS）, 2011：739-743.

［165］ DEHNE F, FABRI A, RAU-CHAPLIN A. Scalable parallel geometric algorithms for coarse grained multicomputers［C］. In Proceedings of the 9th ACM annual Symposium on Computational Geometry（SoCG）, 1993：298-307.

［166］ VLACHOU A, DOULKERIDIS C, KOTIDIS Y. Angle-based space partitioning for efficient parallel skyline computation[C]. In Proceedings of the ACM International Conference on Management of Data (SIGMOD), 2008: 227-238.

[167] HUANG J, ZHAO F, CHEN J, et al. Towards progressive and load balancing distributed computation: a case study on skyline analysis[J]. Journal of Computer Science and Technology (JCST), 2010, 25 (3): 431-443.

[168] PAPADIAS D, TAO Y F, FU G, et al. Progressive skyline computation in database systems[J]. ACM Transactions on Database Systems (TODS), 2005, 30 (1): 41-82.

[169] KAPOOR S. Dynamic maintenance of maxima of 2-d point sets[J]. SIAM Journal on Computing (SICOMP), 2000, 29(6): 1858-1877.

[170] CHAN C, JAGADISH H V, TAN K, et al. Finding k-dominant skylines in high dimensional space [C]. In Proceedings of the ACM International Conference on Management of Data (SIGMOD), 2006: 503-514.

[171] KONTAKI M, PAPADOPOULOS A, MANOLOPOULOS Y. Continuous k-dominant skyline computation on multidimensional data streams [C]. In Proceedings of the ACM Symposium on Applied Computing (SOAC), 2008: 956-960.

[172] LIN X, LU H, XU J, et al. Continuously maintaining quantile summaries of the most recent N elements over a data stream[C]. In Proceedings of the IEEE International Conference on Data Engineering (ICDE), 2004: 362-373.

[173] 孙圣力, 戴东波, 黄震华, 等. 概率数据流上 Skyline 查询处理算法 [J]. 电子学报, 2009, 37 (2): 285-293.

[174] 杨永滔, 王意洁. n-of-N 数据流模型上高效概率 Skyline 计算[J]. 软件学报, 2012, 23 (3): 550-564.

[175] AVIŽIENIS A. Design of fault-tolerant computers[C]. In Proceedings of the fall Joint Computer Conference, 1967:733-743.

[176] TREASTER M. A survey of fault-tolerance and fault-recovery techniques in parallel systems[J]. Technical Report cs. DC/0501002, ACM Computing Research Repository (CoRR), 2005:1-11.

[177] ELNOZAHY E, ALVISI L, WANG Y M, et al. A survey of rollback-recovery protocols in message-passing systems [J]. ACM Computing Surveys (CSUR), 2002, 34(3): 375-408.

[178] ZHENG Z B, LYU M R. Ws-dream: A distributed reliability assessment mechanism for web services[C]. In Proceedings of the IEEE International Conference on Dependable Systems and Networks (DSN), 2003: 392-397.

[179] ZHENG Z B, LYU M R. A distributed replication strategy evaluation and selection framework for fault tolerant web services[C]. In Proceedings of the IEEE International Conference on Web Services (ICWS), 2008: 145-152.

[180] BARATZ A, GOPAL I, SEGALL A. Fault tolerant queries in computer networks[J]. Distributed Algorithms, 1988, 312: 30-40.

[181] SMITH J, WATSON P. Fault-tolerance in distributed query processing [C]. In Proceedings of the IEEE International Symposium on Database Engineering and Application, 2005: 329-338.

[182] LAZARIDIS L, HAN Q, MEHROTRA S, et al. Fault-Tolerant Queries over Sensor Data [C]. In Proceedings of International Conference on Management of Data (COMAD), 2006:14-16.

[183] ZHU R B. Efficient Fault-Tolerance Event Query Algorithm in Distributed Wireless Sensor Networks[J]. International Journal of Distributed Sensor Networks, 2010.

[184] 王媛，王意洁，邓瑞鹏,等. 云计算环境下的容错并行 Skyline 查询算法研究[J]. 计算机科学与探索, 2011, 5(9): 804-814.

[185] DING X F, JIN H. Efficient and progressive algorithms for distributed skyline queries over uncertain data[J]. IEEE Transaction on Knowledge and Data Engineering (TKDE), 2012, 24(8): 1448-1462.

［186］ GE T, ZDONIK S, MADDEN S. Top-k queries on uncertain data: On score distribution and typical answers［C］. In Proceedings of the ACM International Conference on Management of Data（SIGMOD）, 2009.

［187］ LI F F, YI K, JESTES J. Ranking distributed probabilistic data［C］. In Proceedings of the ACM International Conference on Management of Data（SIGMOD）, 2009: 361-374.

［188］ DESHPANDE A, GUESTRIN C, MADDEN S, et al. Model-Driven Data Acquisition in Sensor Networks［C］. In Proceedings of the International Conference on Very Large Data Bases（VLDB）, 2004.

［189］ ALICHERRY M, LAKSHMAN T. Network aware resource allocation in distributed clouds［C］. In Proceedings of the IEEE International Conference on Computer Communications（INFOCOM）, 2012: 963-971.

［190］ DENG K, ZHOU X F, SHEN H T. Multi-source skyline query processing in road networks［C］. In Proceedings of the IEEE International Conference on Data Engineering（ICDE）, 2007: 796-805.

［191］ CHEN L, LIAN X. Dynamic skyline queries in metric spaces［C］. In Proceedings of the ACM International Conference on Extending Database Technology（EDBT）, 2008: 333-343.

［192］ COOPER R B. Introduction to queueing theory［M］. Elsevier North Holland Inc. New York, 1981.

［193］ KUROSE J, LYONS E, MCLAUGHLIN D, et al. An end-user-responsive sensor network architecture for hazardous weather detection, prediction and response［J］. Technologies for Advanced Heterogeneous Networks II, 2006: 1-15.

［194］ JEFFERY S, FRANKLIN M, GAROFALAKIS M. An adaptive RFID middleware for supporting metaphysical data independence［J］. The VLDB Journal—The International Journal on Very Large Data Bases（VLDBJ）, 2008, 17(2): 265-289.

［195］ ZHU L, LI C P, TUNG A K H, et al. Microeconomic analysis using dominant relationship analysis [J]. Knowledge and Information Systems (KAIS), 2012, 30(1): 179-211.

[196] LU X C, WANG H M, WANG J, et al. Internet-based Virtual Computing Environment: Beyond the data center as a computer[J]. Future Generation Computer Systems (FGCS), 2011, 29: 309-322.

[197] WANG Y J, LI S J. Research and performance evaluation of data replication technology in distributed storage systems [J]. Computers & Mathematics with Applications, 2006, 51 (11): 1625-1632.

[198] JIN C Q, QIAN W N, SHA C F, et al. Dynamically maintaining frequent items over a data stream [C]. In Proceedings of the ACM International Conference on Information and Knowledge Management (CIKM), 2003: 287-294.

[199] FLAJOLET P, MARTIN G N. Probabilistic counting algorithms for data base applications[J]. Journal of Computer and System Sciences (JCSS), 1985, 31(2): 182-209.

[200] SUN D W, CHANG G R, GAO S, et al. Modeling a dynamic data replication strategy to increase system availability in cloud computing environments[J]. Journal of Computer Science and Technology (JCST), 2012, 27(2): 256-272.

[201] ZHANG Y Y, SHI Y X, ZHOU Z M, et al. Efficient and secure skyline queries over vertical data federation[J]. IEEE Transactions on Knowledge and Data Engineering (TKDE), 2022, 35(9): 9269-9280.

[202] WANG Z, DING X F, JIN H, et al. Efficient secure and verifiable location-based skyline queries over encrypted data[J]. Proceedings of the VLDB Endowment, 2022, 15(9): 1822-1834.

[203] WANG Z, ZHANG L, DING X F, et al. A dynamic-efficient structure for secure and verifiable location-based skyline queries[J]. IEEE Transactions on Information Forensics and Security, 2022, 18: 920-935.

[204] CUZZOCREA A, KARRAS P, VLACHOU A. Effective and efficient

skyline query processing over attribute-order-preserving-free encrypted data in cloud-enabled databases[J]. Future Generation Computer Systems (FGCS), 2022, 126: 237-251.

[205] ZHANG S N, RAY S, LU R X, et al. Towards efficient and privacy-preserving user-defined skyline query over single cloud [J]. IEEE Transactions on Dependable and Secure Computing, 2022, 20 (2): 1319-1334.

[206] DING X F, WANG Z, ZHOU P, et al. Efficient and privacy-preserving multi-party skyline queries over encrypted data[J]. IEEE Transactions on Information Forensics and Security, 2021, 16: 4589-4604.

[207] HIDAYAT A, CHEEMA M A, LIN X, et al. Continuous monitoring of moving skyline and top-k queries [J]. The VLDB Journal (VLDB J). 2022, 31(3): 459-482.

[208] DENG Z, WANG Y, LIU T, et al. Spatial-keyword skyline publish/subscribe query processing over distributed sliding window streaming data [J]. IEEE Transactions on Computers, 2022, 71(10): 2659-2674.

[209] VLACHOU A, DOULKERIDIS C, ROCHA-JUNIOR J B, et al. Decisive skyline queries for truly balancing multiple criteria[J]. Data & Knowledge Engineering, 2023, 147:17.

[210] KUO A T, CHEN H Q, TANG L, et al. ProbSky: Efficient computation of probabilistic skyline queries over distributed data[J]. IEEE Transactions on Knowledge and Data Engineering (TKDE), 2022, 35(5): 5173-5186.

[211] LI Q Y, ZHU Y Y, YE J H, et al. Skyline group queries in large road-social networks revisited[J]. IEEE Transactions on Knowledge and Data Engineering (TKDE), 2021, 35(3): 3115-3129.

[212] WANG Z, DING X F, LU J F, et al. Efficient location-based skyline queries with secure r-tree over encrypted data[J]. IEEE Transactions on Knowledge and Data Engineering (TKDE), 2023, 35 (10): 10436-10450.

［213］ ZHANG S N, RAY S, LU R X, et al. Toward privacy-preserving aggregate reverse skyline query with strong security［J］. IEEE Transactions on Information Forensics and Security,2022, 17: 2538-2552.

［214］ LIU Q, PENG Y, XU M Z, et al. MPV: enabling fine-grained query authentication in hybrid-storage blockchain［J］. IEEE Transactions on Knowledge and Data Engineering (TKDE), 2024, 36(7): 3297-3311.

［215］ ANDREASEN T, BORDOGNA G, TRÉ G D, et al. The power and potentials of flexible query answering systems: a critical and comprehensive analysis［J］. Data&Knowledge Engineering, 2024,149:1022.

［216］ ZHANG S N, RAY S, LU R X, et al. Towards efficient and privacy-preserving interval skyline queries over time series data［J］. IEEE Transactions on Dependable and Secure Computing, 2022, 20(2): 1348-1363.

［217］ BOURAHLA C, MAAMRI R, BRAHIMI S. Skyline recomputation in big data［J］. Information Systems, 2023, 114:102164.

［218］ ZHENG Y F, WANG W B, WANG S L, et al. SecSkyline: Fast privacy-preserving skyline queries over encrypted cloud databases［J］. IEEE Transactions on Knowledge and Data Engineering (TKDE),2022, 35(9): 8955-8967.

［219］ ZENG S C, HSU C F, HARN L, et al. Efficient and privacy-preserving skyline queries over encrypted data under a blockchain-based audit architecture［J］. IEEE Transactions on Knowledge and Data Engineering (TKDE), 2024, 36(9): 1-14.

［220］ SHU Y J, ZHANG J H, ZHANG W E, et al. IQSrec: An efficient and diversified skyline services recommendation on incomplete QoS［J］. IEEE Transactions on Services Computing (TSC), 2022, 16(3): 1934-1948.

［221］ WANG W B, ZHENG Y F, WANG S L, et al. BopSkyline: Boosting privacy-preserving skyline query service in the cloud［J］. Computers & Security, 2024, 140:103803.

［222］ WANG K G, HAN X X, WAN X L, et al. Efficient computation of Top-k

G-Skyline groups on large-scale database[J]. Information Sciences, 2024, 670:120614.

[223] CHEN W M, TSAI H H, LING J F. Parallel computation of dominance scores for multidimensional datasets on GPUs[J]. IEEE Transactions on Parallel and Distributed Systems (TPDS), 2024, 35(6): 764-776.

[224] BAI M, HAN Y X, YIN P, et al. S_IDS: An efficient skyline query algorithm over incomplete data streams [J]. Data & Knowledge Engineering, 2024, 149:102258.

[225] HE J X, HAN X X, WAN X L, et al. Efficient skyline frequent-utility itemset mining algorithm on massive data [J]. IEEE Transactions on Knowledge and Data Engineering (TKDE), 2024, 36(7): 3009-3023.